"十二五"职业教育国家规划教材

经全国职业教育教材审定委员会审定

机 械 工 业 出 版 社 精 品 教 材

机 械 制 图

第3版

主 编 杨老记 马 英

副主编 马 璇 高英敏 陈荣强

参 编 高运芳 张莉萍 黄继明

　　　 尹向高 张庆武

U0352384

机械工业出版社

CHINA MACHINE PRESS

本书是在普通高等教育"十一五"国家级规划教材《机械制图　第2版》的基础上，结合国家示范院校教学改革经验修订而成。本书仍以培养高等技术应用型人才为目标，以掌握基本知识和基本技能为基础，侧重绘制和识读机械图样的实际能力训练。

本次修订完全采用最新国家标准，重新编写了"表面结构"、"极限与配合"、"几何公差"等内容，充实、调整了个别章节，删除了实际应用较少的内容，重新润饰了所有的立体图，与之配套的习题集也做了相应的修订。在电子教案中，凡是与立体图形相关的示例，都制作了三维虚拟模型；在习题集参考答案中，与立体图形相关的习题，也都制作了三维虚拟模型。全套教材整体质量有了很大提高。

本书内容包括：制图的基本知识和基本技能、投影基础、基本立体及立体的形成、截交线和相贯线、物体三视图、轴测图、机件的各种表达方法、标准件和常用件的画法、零件图、装配图、零部件测绘等。本书整体思路清晰，编排合理，循序渐进，重点突出，便于教和学。

本书可作为高职、高专以及理论知识没有过高要求的本科院校的机械和近机械类专业的教材，亦可作为企业培训及工程技术人员参考用书。

本书配套教学资源包，内容包括：电子教案、习题集参考答案、习题三维虚拟模型、与本书相关的参考资料。凡使用本书作为教材的教师可登录机械工业出版社教材服务网 www.cmpedu.com 下载。资讯邮箱：cmpgaozhi@sina.com。咨询电话：010 - 88379375。

图书在版编目（CIP）数据

机械制图/杨老记，马英主编. —3 版. —北京：机械工业出版社，2012.7
（2017.7 重印）

"十二五"职业教育国家规划教材. 机械工业出版社精品教材

ISBN 978-7-111-39523-2

Ⅰ.①机…　Ⅱ.①杨…②马…　Ⅲ.①机械制图 – 高等职业教育 – 教材
Ⅳ.①TH126

中国版本图书馆 CIP 数据核字（2012）第 196353 号

机械工业出版社（北京市百万庄大街22 号　邮政编码100037）
策划编辑：王海峰　责任编辑：王海峰
版式设计：霍永明　责任校对：常天培
封面设计：张　静　责任印制：杨　曦
北京天时彩色印刷有限公司印刷
2017年7月第 3 版第 6 次印刷
184mm×260mm • 18.75印张 • 462千字
标准书号：ISBN 978-7-111-39523-2
　　　　　ISBN 978-7-89433-716-0（光盘）
定价：49.00元（含IDVD）

第 3 版前言

本书是在普通高等教育"十一五"国家级规划教材《机械制图第 2 版》（杨老记、马英主编）的基础上修订而成的。本教材第 2 版已出版 6 年，这期间国家颁布了许多与制图相关的新标准；另外，教学要求及学生素质也有一些变化。因此，为了贯彻新国家标准，进一步提高教材质量，总结使用该教材多年的经验，我们对教材进行了细致地修订。

全书以培养高等技术应用型人才为目标，注重对解决实际问题能力的培养。第 3 版进一步降低理论要求，重视基本知识和基本技能的掌握，增强了对学生空间想象能力的培养，重点加强了对绘制和阅读机械图样的基本能力的训练。全书强化国标意识，全面贯彻新标准。相对第 2 版，第 3 版具有以下特点：

1) 全面、准确贯彻新国家标准。这次修订，对于引用的国家标准，在易于理解的前提下，尽量引用标准原文。对于书中涉及的与国家标准中意义相同的术语，尽可能采用国家标准术语，并力图按国家标准原意解释。对于最近几年颁布的变化较大的新国家标准，如"表面结构"、"极限与配合"、"几何公差"等，都做了较为细致、通俗的阐述。由于"表面结构"相对以前的"表面粗糙度"变化很大，如果对表面结构全面介绍，会增加较多的篇幅，且对于学生来说会增加难度，但为了教师在教学中使用方便，在随书光盘的"参考资料"文件夹中（均为 Word 文件）有"表面结构参数的意义、标注及示例"内容，可随时打开参考。

2) 进一步精简画法几何内容。投影基础部分删掉了"求一般位置直线的实长和对投影面的倾角"（即"直角三角形法求线段的实长"）以及"直角投影定理"等内容。但考虑到一些学生参加社会上的证书考试可能会用到这些知识及"投影变换"的内容，因此，把这些内容和"投影变换"放到了随书光盘的"参考资料"文件夹中。

3) 充实、调整了个别章节，删除了非必需内容。在第 3 章增加了一节"立体的形成"，以使学生对计算机构型技术有初步的了解，也使章节内容间的关系更清晰。对第 5 章和第 9 章的一些内容进行了补充或调整，以便于学生的理解和教学的顺畅。考虑到目前实际工作中均使用计算机绘制工程图，一些手工绘图工具、绘图方式已不再重要，因此，书中删除了"分规""等分圆周"的内容。另外，为减小本书篇幅，同时便于学生和教师查找，本次修订将第 2 版中的一些表格，如"表面粗糙度 Ra 的选用"、"一般、常用和优先的孔（轴）公差带"、"基孔（轴）制优先、常用配合"等表格放到了随书光盘的"参考资料"文件夹的"表面粗糙度、极限与配合相关表格"文件中。在"表面粗糙度、极限与配合相关表格"文件中，还含有"公差等级与加工方法的关系"、"优先配合选用说明"和"一些典型配合的特性及应用实例"表格，以方便读者进一步参考相关内容。

4) 重新编写了第 11 章零、部件测绘的"一级圆柱齿轮减速器的测绘步骤"一节。

详细地阐述了测绘的整个过程，使得整个测绘步骤更具体、清晰。

5）重新绘制了教材中所有的立体图，使得图形更逼真、美观。全书真正做到了图文并茂。

6）与之配套的习题集也做了相应修改。减少了部分理论题目，增加了看图、绘图实际能力训练题目，总体上减少了篇幅。习题集与教材紧密结合，相互对应，习练所讲。各章题目归类编排由易到难，便于取舍，适合各个层次的读者需要。习题集图形标准清晰，各个题目所留做题空间及位置合适，方便练习。

7）章节编排更合理。全书思路清晰，层次分明，重点突出，通俗易懂，符合学生的认识规律，便于教学。

8）制作了与教材配套的教学资源包。教学资源包内容有：与教材内容配套的电子教案、与教材相关的参考资料、习题集的全部参考答案。在电子教案中，凡是与立体相关的示例，都制作了三维虚拟模型；在习题集参考答案中，与立体相关的习题，也都制作了三维虚拟模型。在教学中利用三维虚拟模型，可对形体进行全方位浏览、剖切、标注等，比实际立体更形象、方便，非常便于教师教学示范，同时省去了教师携带实际模型的麻烦。习题集参考答案中的三维虚拟模型，方便学生自学、自检，有助于提高学习效率。

参加本书和配套习题集编写的人员有：张莉萍（绪论、第1章）、黄继明（第2章）、张庆武（第3、6章）、尹向高（第4章）、高运芳（第5章）、马璇（第7章）、高英敏（第8章）、杨老记（第9章及附录）、陈荣强（第10章）、马英（第11章）。全书立体图主要由高运芳完成，三维虚拟模型主要由马英完成。与教材配套的电子教案及习题参考答案主要由杨老记、马英完成。全书主要由杨老记统稿，参与统稿的还有马英、高英敏、马璇、陈荣强。

本书在修订过程中，参考和引用了很多文献资料，并邀请行业、企业专家对书稿进行了审阅，在此，对文献的原作者和对本书提出宝贵意见和建议的行业、企业专家表示衷心的感谢。

无论是书中的错误还是瑕疵，都真诚地希望读者不吝赐教，我们将认真修改，以提高本书质量。谢谢！

编　者

目　　录

绪　　论

1. 图样的作用

用图形表达物体，具有形象、生动、逼真和一目了然的特点，比用语言和文字描述更直观、更简洁，特别是对工程技术上一些结构复杂的设备和工程，必须用图形表达。**工程技术上根据投影原理，并遵照国家标准或有关规定绘制的表达工程对象的形状、大小、及技术要求的图，称为工程图样，简称图样。**

在现代工业中，无论是设计和制造各种机器设备，还是设计工程或工程施工都离不开工程图样。在设计阶段，通过图样表达设计意图；在制造、施工阶段，图样是主要技术依据；在使用、维修中，由图样了解设备或工程的结构和性能；在科技交流中，图样是重要的技术资料，是交流技术思想的工具。因此，工程图样是工业生产中的一种重要技术资料，是工程界共同的技术语言。作为工程技术人员，必须掌握这种语言。也就是说，工程技术人员必须具备绘制和阅读工程图样的能力。

不同的生产部门，对图样有不同的要求和名称，如机械图样、建筑图样、水利图样。用于表达机器、仪器等的图样，称为**机械图样**。

2. 本课程的性质

本课程是一门既有系统理论又有较强实践性的课程，是探讨绘制机械图样的理论和方法的技术基础课。本课程主要包括三部分内容：画法几何、制图基础和机械图。画法几何部分主要研究正投影法的基本原理；制图基础部分主要介绍制图的基本知识与国家标准规定的各种表达方法；机械图部分主要是零件图、装配图。制图基础和机械图部分是本课程的重点。

3. 本课程的任务

根据培养技术应用型人才的要求，本课程的主要任务是培养学生绘制和阅读机械图样的基本能力。主要包括以下几方面：

1）学习正投影法的基本理论，为绘制和应用各种工程图样打下良好的理论基础。

2）培养形象思维能力、空间想象能力、空间分析能力和简单的空间几何问题的图解能力。

3）培养绘制和阅读机械零件图和装配图的基本能力。

4）掌握制图国家标准的基本内容，具有查阅标准和手册的初步技能。

5）培养认真负责的工作态度和严谨细致的工作作风。

4. 本课程的学习方法

本课程的特点是实践性很强，只有通过大量地画图和看图才能掌握本课程的内容。因此，在学习本课程时，必须完成一系列的作业。学习机械制图的大部分时间是画图，要想把图样画得又快又好，必须做到以下几点：

1）弄懂基本原理和基本方法，掌握看图和绘图的基本方法和思路，按照正确的步骤画图。

2）注意培养空间想象力和空间构思能力，这是看图的基本功和关键。

3）注意画图和看图相结合，物体与图样相结合，多看多画，只有这样才能提高看图和绘图水平。

4）严格遵守机械制图国家标准，正确使用有关标准和资料；只有这样才能画出符合工程需要的图样。

5）鉴于图样的重要作用，在学习中要注意养成认真负责、耐心细致、一丝不苟的工作作风。

本课程是机械类和近机械类学生的一门十分重要的课程，学习期间务必要打好基础，还应注意在后续课程、生产实习、课程设计和毕业设计中进一步提高。

第1章　制图的基本知识和基本技能

机械图样是现代工业生产过程中的重要技术资料。要绘制出符合工业要求的机械图样，必须首先掌握机械制图的基本知识和基本技能。

1.1　有关制图的国家标准基本规定

为了便于生产和技术交流，绘图和读图应该有共同的准则。也就是说，图样的画法、尺寸的标注、代号的使用等，应该有统一的规定。为此，国家质量监督检验检疫总局和中国国家标准化管理委员会颁布了国家标准《技术制图》，对机械图样作了统一的技术规定，要求凡是从事机械工程的技术人员都必须掌握并遵守。所以，必须树立严格的标准化观念，在绘图时认真执行国家标准。

我国的国家标准（简称"**国标**"）代号为"GB"，"G"、"B"分别是"国标"两个字的汉语拼音的第一个字母。"GB"是国家强制性标准；"GB/T"是国家推荐标准（"T"表示是推荐标准）。例如，"GB/T 14689—2008"是2008年发布的标准序号为14689的国家推荐标准。

本节摘录国家标准《技术制图》中的部分内容，作为制图基本规定予以介绍，其余的内容将在以后的有关章节中分别叙述。

1.1.1　图纸幅面及格式（GB/T 14689—2008）

1. 图纸幅面

绘制图样时，应采用国标（见表1-1）规定的基本幅面尺寸。

表1-1　基本幅面尺寸　　　　　　　　　　（单位：mm）

幅面代号		A0	A1	A2	A3	A4
尺寸 $B \times L$		841×1189	594×841	420×594	297×420	210×297
边框	a	25				
	c	10			5	
	e	20			10	

在基本幅面中，A0图纸长边与短边之比为$\sqrt{2}:1$，其面积是$1m^2$。A1图纸的面积是A0的一半。其余各种幅面都是后一幅面的面积为前一幅面的面积的一半。

如果必要，可以对幅面加长。加长后的幅面尺寸是由基本幅面的短边成整数倍数增加后得出，如图1-1所示。图1-1中的粗实线部分为基本幅面（第一选择），细实线部分为加长幅面（第二选择），虚线部分也是加长幅面（第三选择）。加长后幅面代号记作：基本幅面代号×倍数。如A4×3，表示按A4图幅短边210mm加长3倍，即加长后图纸尺寸为297mm×630mm。

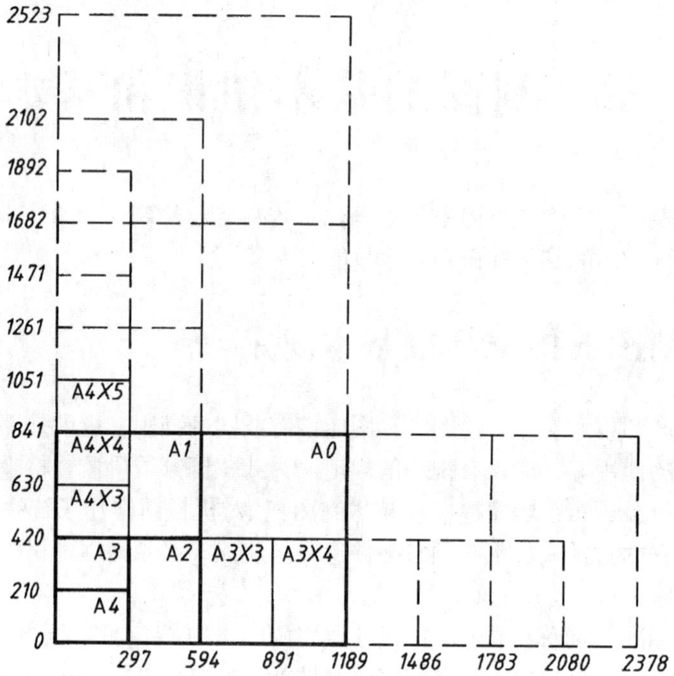

图 1-1　图纸的基本幅面及加长幅面尺寸

2. 图框格式

无论图样是否装订，均应在图幅内画出图框，图框线用粗实线绘制。需要装订的图样，装订边预留 25mm 宽。图框距离图纸边界的尺寸要依据图幅大小以及有无装订边而不同，格式如图 1-2 所示。装订图样时一般采用 A4 幅面竖装或 A3 幅面横装。不需装订的图样则不留装订边，其图框格式如图 1-3 所示。

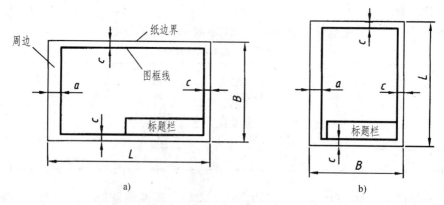

图 1-2　留装订边的图框格式

a) 有装订边 X 型图纸　　b) 有装订边 Y 型图纸

3. 标题栏

每张图样都必须有标题栏。标题栏的格式、分区及尺寸由 GB/T 10609.1—2008 规定，线型使用粗实线和细实线。图 1-4 所示为标题栏的格式示例。标题栏的位置应位于图纸右下角，右边和底边与图框线重合。为了方便在学习本课程时作图，可采用图 1-5 所示的简化标题栏。

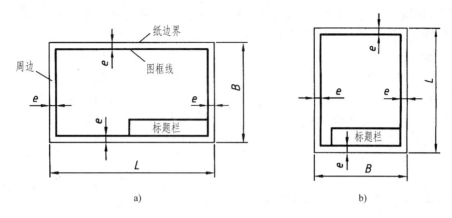

图 1-3 不留装订边的图框格式

a) 无装订边 X 型图纸 　b) 无装订边 Y 型图纸

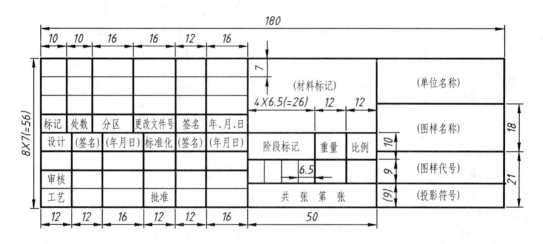

图 1-4 标题栏的格式示例

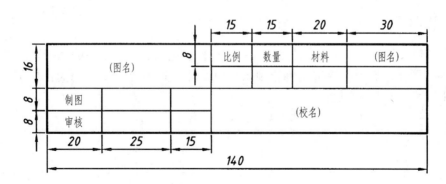

图 1-5 简化标题栏

4. X 型、Y 型图纸

标题栏的长边置于水平方向并与图纸的长边平行,则构成 X 型图纸,如图 1-2a 和图 1-3a 所示。若标题栏的长边与图纸的长边垂直,则构成 Y 型图纸,如图 1-2b 和图 1-3b 所示。在此情况下,看图的方向与看标题栏方向一致。

为了利用预先印制的图纸，允许将 X 型图纸的短边置于水平位置使用，如图 1-6 所示；或将 Y 型图纸的长边置于水平位置使用，如图 1-7 所示。

5. 附加符号

1）对中符号 为了使图样复制和缩微摄影时定位方便，应在图纸各边的中点处分别画出对中符号，如图 1-6 和图 1-7 所示。对中符号用粗实线绘制，长度从纸边界开始至伸入图框内约 5mm，位置误差不大于 0.5mm。当对中符号处在标题栏范围内时，则伸入标题栏部分省略不画，如图 1-7 所示。

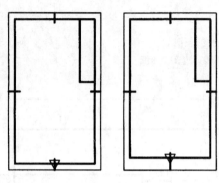

图 1-6　X 型图纸的短边置于水平　　　　图 1-7　Y 型图纸的长边置于水平

2）方向符号 对于利用预先印制的图纸，为了明确绘图与看图时图纸的方向，应在图纸的下边对中符号处画出一个方向符号，如图 1-6 和图 1-7 所示。

方向符号是用细实线绘制的等边三角形，其大小和所处位置如图 1-8 所示。

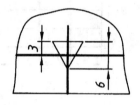

图 1-8　方向符号

1.1.2　比例（GB/T 14690—1993）

图中图形与其实物相应要素的线性尺寸之比称为比例。表 1-2、表 1-3 是 GB/T 14690—1993 规定的图样比例。需要按比例绘制图样时，应优先采用表 1-2 中的比例值，必要时，也可以采用表 1-3 中的比例值。

表 1-2　图样比例（优先系列）

种　类	比　例		
原值比例	1:1		
放大比例	5:1 $5 \times 10^{n}:1$	2:1 $2 \times 10^{n}:1$	$1 \times 10^{n}:1$
缩小比例	1:2 $1:2 \times 10^{n}$	1:5 $1:5 \times 10^{n}$	1:10 $1:1 \times 10^{n}$

注：n 为正整数。

表 1-3 图样比例（允许系列）

种　类	比　例				
放大比例	4∶1	2.5∶1			
	$4 \times 10^n∶1$	$2.5 \times 10^n∶1$			
缩小比例	1∶1.5	1∶2.5	1∶3	1∶4	1∶6
	$1∶1.5 \times 10^n$	$1∶2.5 \times 10^n$	$1∶3 \times 10^n$	$1∶4 \times 10^n$	$1∶6 \times 10^n$

注：n 为正整数。

使用比例时要注意：

1）无论采用何种比例画图，图上标注的尺寸是机件的实际尺寸。

2）原则上，同一机件的各个视图采用相同的比例，并注在标题栏的比例栏内。如果某个视图不采用标题栏中比例栏内的比例，必须在视图名称的下方或右方注出比例。

1.1.3 字体（GB/T 14691—1993）

国家标准要求，图样和有关技术文件中书写的汉字、字母和数字必须做到：字体端正、笔画清楚、排列整齐、间隔均匀。

图样中书写的字体应采用 GB/T 14691—1993 规定号数。字体的号数即字体高度（用 h 表示），有 1.8mm、2.5mm、3.5mm、5mm、7mm、10mm、14mm、20mm。若书写更大的字，字体高度按 $\sqrt{2}$ 的比率递增。

1. 汉字

汉字要写成长仿宋体，并采用国家正式公布的简化字，汉字高度不小于 3.5mm，字宽一般为 $h/\sqrt{2}$。长仿宋体的书写要领：横平竖直、起落有锋、结构匀称、写满方格。图 1-9 所示为长仿宋体汉字示例。

10 号字

横平竖直起落有锋结构匀称写满方格

7 号字

书写汉字字体工整笔画清楚间隔均匀排列整齐

5号字

机械制图国家标准认真执行耐心细致技术要求尺寸公差配合性质

图 1-9 长仿宋体汉字示例

2. 字母和数字

字母和数字分 A 型和 B 型。A 型字体的笔画宽度 d 为字高 h 的 1/14，B 型字体的笔画宽度 d 为字高 h 的 1/10。同一图样应采用同一种字体。

字母和数字可写成斜体或直体。斜体字字头向右倾斜，与水平线成 75°角，如图 1-10 所示。

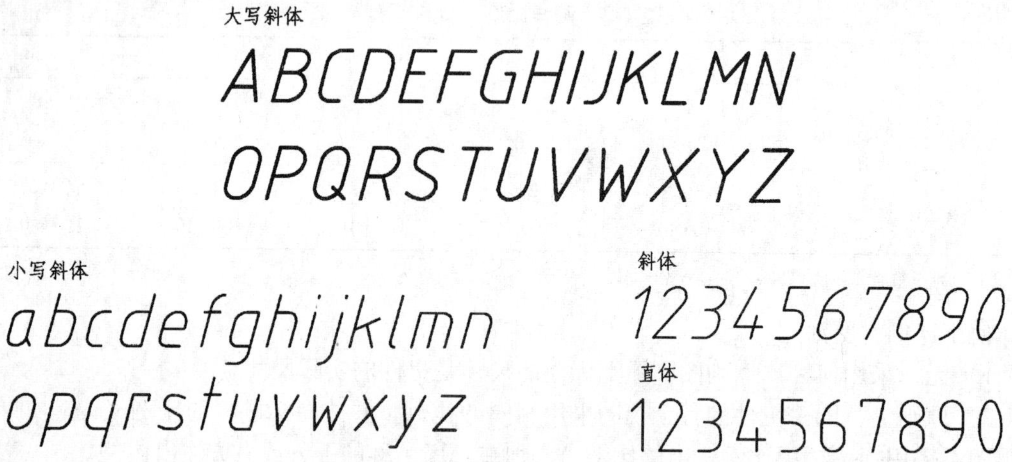

大写斜体

ABCDEFGHIJKLMN
OPQRSTUVWXYZ

小写斜体

abcdefghijklmn
opqrstuvwxyz

斜体

1234567890

直体

1234567890

图 1-10　字母和数字书写示例

1.1.4　图线 （GB/T 17450—1998 和 GB/T 4457.4—2002）

工程图样是用不同型式的图线绘制而成的，为了统一，便于看图和绘图，绘制图样时应采用国家标准中规定的图线。

1. 图线线型及应用

国家标准 GB/T 17450—1998《技术制图　图线》规定了绘制各种技术图样的基本线型。在实际应用时，各专业（如机械、电气、土木工程等）要根据该标准制定相应的图线标准。GB/T 4457.4—2002《机械制图　图样画法　图线》中规定的 9 种图线（见表 1-4）符合 GB/T 17450—1998 的规定，是机械制图使用的图线标准。各种图线的名称、型式、图线宽度及其应用见表 1-4。图 1-11 所示为线型应用举例。

表 1-4　机械制图使用的图线

代码 No.	线　型	一　般　应　用
01.1	细实线	过渡线；尺寸线；尺寸界线；指引线和基准线；剖面线；重合断面的轮廓线；短中心线；螺纹的牙底线；尺寸线的起止线；表示平面的对角线；零件形成前的弯折线；范围线及分界线；重复要素表示线，例如，齿轮的齿根线；锥形结构的基面位置线；叠片结构位置线，例如，变压器叠钢片；辅助线；不连续的同一表面的连线；成规律分布的相同要素的连线；投影线；网格线
	波浪线	断裂处的边界线；视图和剖视图的分界线
	双折线	
01.2	粗实线	可见棱边线；可见轮廓线；相贯线；螺纹的牙顶线；螺纹长度终止线；齿顶圆（线）；表格图、流程图中的主要表示线；系统结构线（金属结构工程）；模样分型线；剖切符号用线

（续）

代码 No.	线 型	一 般 应 用
02.1	细虚线	不可见棱边线；不可见轮廓线
02.2	粗虚线	允许表面处理的表示线
04.1	细点画线	轴线；对称中心线；分度圆（线）；孔系分布的中心线；剖切线
04.2	粗点画线	限定范围表示线
05.1	细双点画线	相邻辅助零件的轮廓线；可动零件的极限位置的轮廓线；重心线；成形前轮廓线；剖切面前的结构轮廓线；轨迹线；毛坯图中制成品的轮廓线；特定区域线；延伸公差带表示线；工艺用结构的轮廓线；中断线

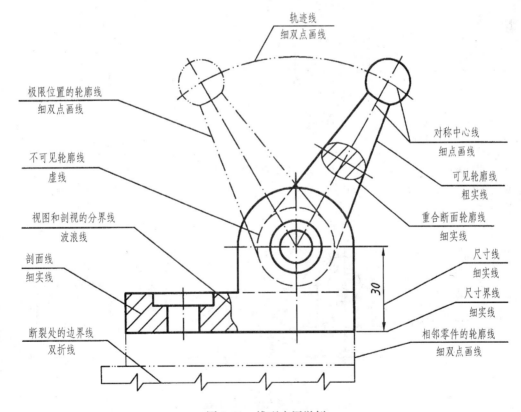

图 1-11　线型应用举例

2. 图线的尺寸

图线的宽度 d 应根据图幅的大小、机件的复杂程度等在下列数字系列中选择。该数字系列的公比为 $1:\sqrt{2}$。

0.13mm、0.18mm、0.25mm、0.35mm、0.5mm、0.7mm、1mm、1.4mm、2mm。机械图常用的粗线宽度 d 为 0.5～2mm。细线的宽度约为 $d/2$。

3. 线素的长度

图线中的点、长度不同的画和间隔称为线素。表 1-4 中的线型有点、短间隔、画和长画线素。虚线由画和短间隔组成；点画线、双点画线由长画、短间隔和点组成。若图线宽度为 d，线素长度为：点的长度 ≤0.5d；短间隔的长度 =3d；画的长度 =12d；长画的长度 =24d。

4. 图线画法注意事项

1）同一图样中同类图线的宽度应一致。

2）除非另有规定，两条平行线之间的最小间隙不得小于 0.7mm。

3）各种图线相交时，应以画线相交，而不是点或间隔相交，如图 1-12 所示。

4）点画线和双点画线的首末两端应是画线而不是点。点画线应超出图形的轮廓线 3～5mm，如图 1-13 所示。在较小的图形上绘制点画线有困难时，可用细实线代替。

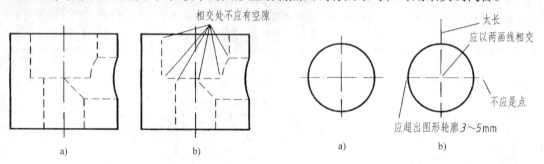

图 1-12　图线相交应以画线相交
a）正确　b）错误

图 1-13　点画线画法注意事项
a）正确　b）错误

5）如果虚线是粗实线的延长线，连接处应留出空隙，如图 1-14 所示。

6）各种图线的优先次序：可见轮廓线—不可见轮廓线—尺寸线—各种用途的细实线—轴线、对称线等。

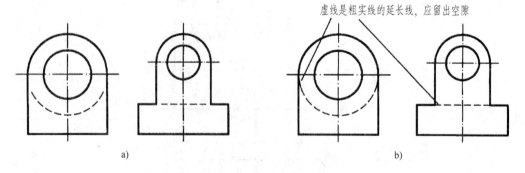

图 1-14　虚线作为粗实线的延长线
a）正确　b）错误

1.1.5　尺寸注法（GB/T 4458.4—2003 和 GB/T 16675.2—1996）

图样中的尺寸是必不可少的，这是由于尺寸能够准确反映机件的大小及机件上各部分结构的相对位置。在图样上标注尺寸时，必须严格遵守制图标准中有关尺寸注法的规定。

1. 基本规则

1）机件的真实大小应以图样上所注的尺寸数值为依据，与图形的大小及绘图的准确度无关。

2）图样（包括技术要求和其他说明）中的尺寸，以毫米（mm）为单位时，不需标注计量单位的符号或名称。如采用其他单位，则必须注明相应计量单位的符号或名称。

3）图样中所标注的尺寸应为该图样所示机件的最后完工尺寸，否则应另加说明。

4）机件的每一尺寸一般只标注一次，并应标在反映该结构最清晰的图形上。

2. 尺寸的组成

在图样上标注的尺寸，一般应由尺寸界线、尺寸线和尺寸数字所组成，如图 1-15 所示。

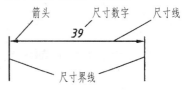

图 1-15　尺寸的组成

（1）尺寸界线　尺寸界线用于表明在图形上所标注尺寸的范围，其画法规定如下：

1）尺寸界线用细实线绘制，并应由图形的轮廓线、轴线或对称中心线处引出；也可利用轮廓线、轴线或对称中心线作尺寸界线，如图 1-16 所示。

2）尺寸界线一般应与尺寸线垂直，必要时才允许倾斜。在光滑过渡处标注尺寸时，应用细实线将轮廓线延长，从它们的交点处引出尺寸界线，如图 1-17 所示。

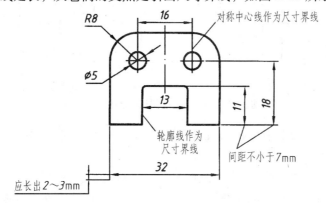

图 1-16　尺寸界线

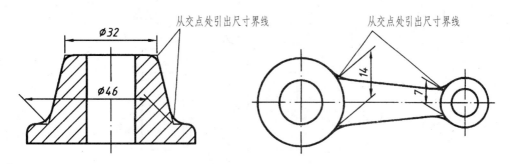

图 1-17　尺寸界线的允许画法

（2）**尺寸线** 尺寸线用于表明所注尺寸的度量方向，尺寸线不能用其他图线代替，一般也不能与其他图线重合或画在其延长线上。尺寸线用细实线绘制，其终端有下列两种形式：

1）箭头：箭头的形式如图1-18所示。箭头尖端应画到与尺寸界线接触，不得超过或留有空隙。在同一张图样中，箭头的大小应一致。箭头的形式适用于各种类型的图样。

2）斜线：斜线用细实线绘制，其方向和画法如图1-19所示。尺寸线的终端采用斜线形式时，尺寸线与尺寸界线必须垂直。

当采用箭头时，在位置不够的情况下，允许用圆点或斜线代替箭头，如图1-20所示。

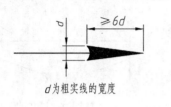

图1-18 箭头的形式

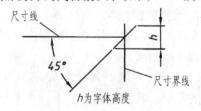

图1-19 尺寸线终端的斜线

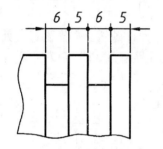

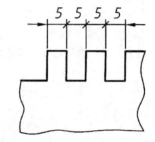

图1-20 用圆点或斜线代替箭头

同一张图样中只能采用一种尺寸线的终端形式。机械图样一般采用箭头作为尺寸线的终端。

（3）**尺寸数字** 尺寸数字用于表明机件实际尺寸的大小，与图形大小无关。

1）线性尺寸的数字一般应注写在尺寸线的上方，也允许注写在尺寸线的中断处，如图1-21所示。

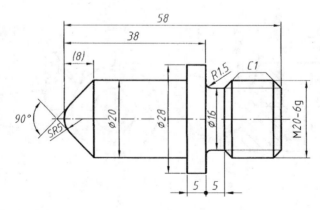

图1-21 尺寸数字的注写位置

2）线性尺寸数字的方向有以下两种注法，一般采用方法一，在不致引起误解时，也允许采用方法二。但在同一张图样中应尽可能采用一种方法。

方法一：线性尺寸数字的方向按图 1-22 所示的方向注写，并尽可能避免在图示 30°范围内标注尺寸，当无法避免时，可按图 1-23 所示的形式标注。

方法二：对于非水平方向的尺寸，其数字也允许注写在尺寸线的中断处，如图 1-24 所示。

3）角度的尺寸数字一律写成水平方向，一般注写在尺寸线的中断处，必要时也可以用指引线引出注写，如图 1-25 所示。

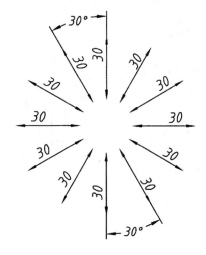

图 1-22 尺寸数字的注写方向

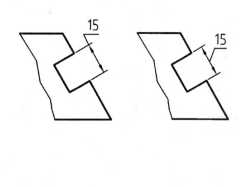

图 1-23 在左倾斜 30°范围内的尺寸数字的注写

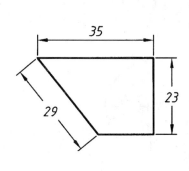

图 1-24 非水平方向的尺寸数字的注法

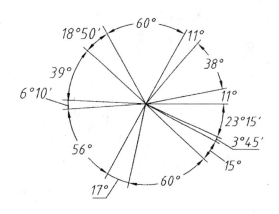

图 1-25 角度数字的注写

4）尺寸数字不可被任何图线通过，否则必须将该图线断开，如图 1-26 所示。

3. 各种尺寸的标注

（1）**线性尺寸标注** 标注线性尺寸时，尺寸线必须与所注的线段平行。串列尺寸箭头对齐，如图 1-27 所示；并列尺寸，小尺寸在内，大尺寸在外，如图 1-28 所示。尺寸线间隔应不小于 7mm，且间隔应基本保持一致。

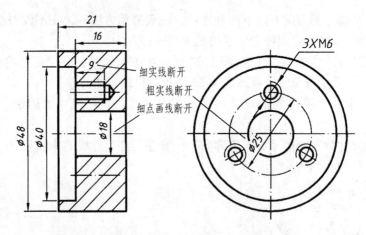

图 1-26 尺寸数字不可被任何图线通过

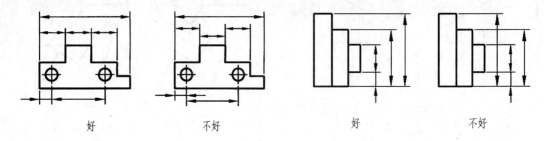

好　　　　不好　　　　好　　　　不好

图 1-27　串列线性尺寸标注　　　　图 1-28　并列线性尺寸标注

（2）直径和半径尺寸的标注　圆的直径和圆弧半径的尺寸线终端应画成箭头，尺寸线通过圆心或箭头指向圆心。圆或大于半圆的弧一般注直径，直径尺寸在尺寸数字前加 φ，如图 1-29 所示。小于或等于半圆的弧一般注半径，半径尺寸在尺寸数字前加 R，如图 1-30 所示。圆弧的半径过大或在图纸范围内无法标出其圆心位置时，可采用折线形式标注，如图 1-30 所示的 R46。

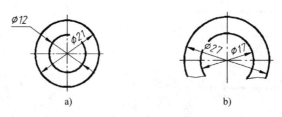

a)　　　　　　　　　b)

图 1-29　直径的标注

a) 圆标注直径　b) 大于半圆的弧标注直径

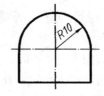

图 1-30　半径的标注

图 1-31 所示为小圆直径的标注。图 1-32 所示为小圆弧半径的标注。

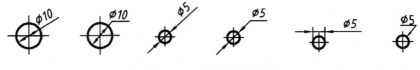

图 1-31　小圆直径的标注

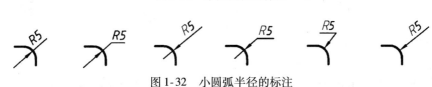

图 1-32　小圆弧半径的标注

（3）角度标注　标注角度时，尺寸界线径向引出，尺寸线应画成圆弧，其圆心是该角的顶点，如图 1-33 所示。

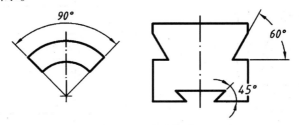

图 1-33　角度标注

（4）球面标注　标注球面的半径或直径时，应在符号"R"或"ϕ"前加注符号"S"。对于轴、螺杆、铆钉以及手柄等的端部，在不致引起误解的情况下可省略符号"S"，如图 1-34 所示。

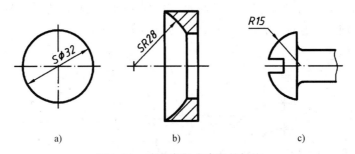

图 1-34　球面半径或直径的标注
a）标注球面的直径　b）标注球面的半径　c）标注球面半径（省略符号"S"）

（5）弦长和弧长的标注　标注弦长的尺寸线应平行于该弦的垂直平分线，如图 1-35 所示。标注弧长时，应在尺寸数字左方加注符号"⌒"，且弧长的尺寸界线应平行于该弧所对圆心角的角平分线，如图 1-36a 所示。当弧度较大时，尺寸界线可沿径向引出，如图 1-36b所示。

（6）参考尺寸的标注　标注参考尺寸时，应将尺寸数字加上圆括号，如图 1-37 所示。

（7）对称图形的标注　对称图形，应把尺寸对称标注，如图 1-38 所示的 19。当对称机件的图形只画出一半或略大于一半时，尺寸线应略超过对称中心线或断裂边界线，此时仅在尺寸线的一端画出箭头，如图 1-38 所示的 58、78、ϕ16。

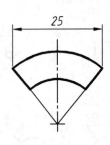

图1-35 弦长的标注

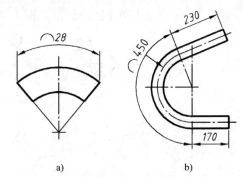

a)   b)

图1-36 弧长的标注

a）弧较小 b）弧度较大

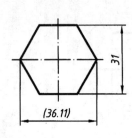

图1-37 参考尺寸的标注

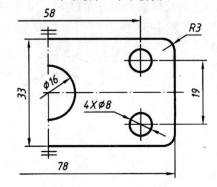

图1-38 对称图形的标注

4. 标注举例

标注尺寸要认真细致，严格遵守国家标准，做到正确、完整、清晰。图1-39a 所示的标注举例列举了初学标注尺寸时常犯的错误，应尽量避免。

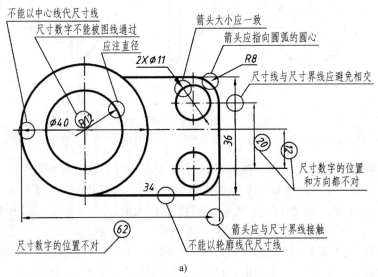

a)

图1-39 标注举例

a）错误

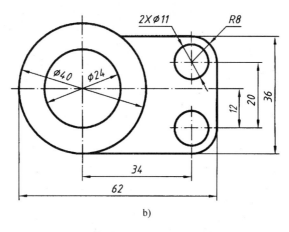

图 1-39 标注举例（续）

b）正确

1.2 几何作图

绘制斜度、锥度，线段连接等是机械制图中常用的几何作图方法，工程技术人员要熟练掌握，以便提高绘图速度和保证作图的准确性。

1.2.1 斜度和锥度

1. 斜度

一直线（或平面）对另一直线（或平面）的倾斜程度称为斜度。其大小用该两直线（或平面）间夹角的正切来表示，通常把比值化成 $1:n$ 的形式，如图 1-40 所示。

机件上斜度的标注采用斜度符号和比值，如图 1-41 所示。标注斜度时，符号的方向应与斜度方向一致。斜度符号的画法如图 1-42 所示。

图 1-40　斜度定义　　　　图 1-41　斜度的标注　　　　图 1-42　斜度符号的画法

下面以图 1-43a 为示例，说明斜度的画法，步骤如下：

1）画图 1-43b，使 *AB* 为 5 个单位，*BC* 为 1 个单位。

2）延长 *BA* 至 *F*，使 *BF* 为 50mm。由 *F* 作 *FE* 垂直于 *BF* 且 *FE* = 8mm。过 *E* 作 *ED* 平行于 *AC*，最后连接 *BD*，作图完成，如图 1-43c 所示。

2. 锥度

正圆锥底圆直径与其高度之比称为锥度。若是正圆锥台，则锥度为两底圆直径之差与其高度之比。通常也把锥度写成 $1:n$ 的形式，如图 1-44 所示。

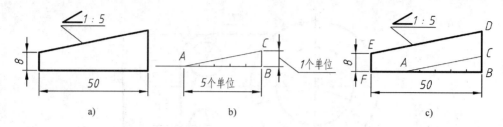

图 1-43 斜度画法

a）斜度示例　b）画法步骤1　c）画法步骤2

锥度的标注如图 1-45 所示，符号的方向应与锥度方向一致。锥度符号的画法如图 1-46 所示。

下面以图 1-47a 为示例，说明锥度的画法，步骤如下：

1）画图 1-47b，其中 AB 为 1 个单位（AC、CB 分别为 0.5 个单位），CD 为 5 个单位。

2）延长 CD 至 E，使 CE 为 32mm。延长 AB 至 FG，使 FG 为 16mm。过 F 作 FH 平行于 AD，过 G 作 GK 平行于 BD。过 E 作 CE 的垂线分别与 FH 交于 H，与 GK 交于 K，作图完成，如图 1-47c 所示。

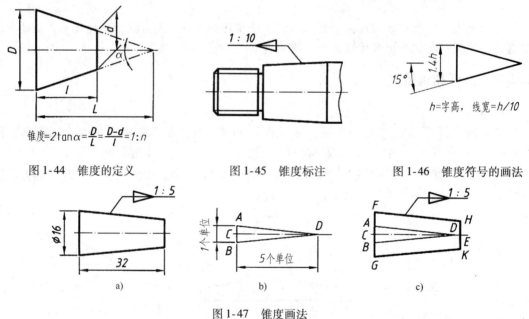

$$锥度 = 2\tan\alpha = \frac{D}{L} = \frac{D-d}{l} = 1:n$$

图 1-44　锥度的定义　　　　图 1-45　锥度标注　　　图 1-46　锥度符号的画法

图 1-47　锥度画法

a）锥度示例　b）画法步骤1　c）画法步骤2

1.2.2　圆弧连接

在绘制机件的图形时，常会遇到从一条线（直线或圆弧）光滑地过渡到另一条线的情况。这种光滑过渡就是平面几何中的相切，在制图中称为连接，切点称为连接点。用圆弧连接时，这个圆弧称为连接弧。画连接弧的关键是求其圆心和切点。

1. 圆弧连接的基本作图原理

（1）圆弧与已知直线相切　半径为 R 的圆弧与已知直线 L 相切，其圆心的轨迹是距离

直线 L 为 R 的两条平行直线 L_1 和 L_2。即以直线 L_1 或 L_2 上任意一点为圆心 O，以 R 为半径画圆弧，圆弧与 L 相切。由圆心 O 向直线 L 作垂线，垂足 K 即为切点，如图 1-48 所示。

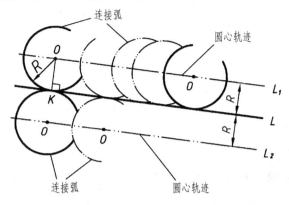

图 1-48　圆弧与已知直线相切

（2）圆弧与已知圆弧相切　半径为 R 的圆弧与已知圆弧（圆心为 O_1、半径为 R_1）相切，其圆心的轨迹是已知弧的同心圆，该圆的半径 R_2 根据相切的情况而定：两圆弧外切时，$R_2 = R + R_1$，如图 1-49a 所示；圆弧内切时，$R_2 = R_1 - R$，如图 1-49b 所示。即以同心圆上任意一点为圆心 O，以 R 为半径画圆弧，圆弧与已知圆弧相切。连心线 OO_1（或 OO_1 的延长线）与已知圆弧的交点 K 即为切点。

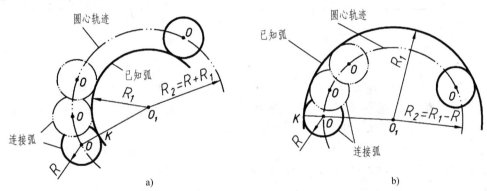

a)　　　　　　　　　　　　　　　　　b)

图 1-49　圆弧与已知圆弧相切
a）外切　b）内切

2. 圆弧连接的作图步骤

（1）用半径为 R 的圆弧连接两已知直线　如图 1-50a 所示，L_1 和 L_2 为已知直线，当两直线成锐角或钝角时，作图方法如下：

1）分别作与直线 L_1、L_2 相距为 R 的平行线，交点 O 即为连接弧的圆心，如图 1-50b 所示。

2）自圆心 O 分别向直线 L_1 和 L_2 作垂线，垂足 K_1 和 K_2 即为切点，如图 1-50c 所示。

3）以 O 为圆心、R 为半径画弧 K_1K_2，即为所求连接弧，如图 1-50d 所示。

如图 1-51a 所示，如果已知两直线 L_1 和 L_2 相互垂直，作图方法如下：

1）以两直线交点 A 为圆心、R 为半径画弧，交直线 L_1、L_2 于 K_1、K_2 两点，K_1 和 K_2

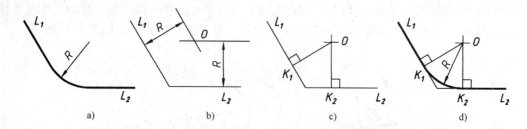

图 1-50　用圆弧连接钝角或锐角

a）圆弧连接两直线示例　b）作图步骤 1　c）作图步骤 2　d）作图步骤 3

即为切点，如图 1-51b 所示。

2）分别以 K_1、K_2 两点为圆心、R 为半径，画圆弧交于 O，O 点即为连接弧的圆心，如图 1-51c 所示。

3）以 O 为圆心、R 为半径画弧 K_1K_2，即为所求连接弧，如图 1-51d 所示。

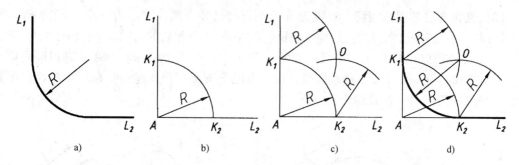

图 1-51　用圆弧连接直角

a）圆弧连接两垂直直线示例　b）作图步骤 1　c）作图步骤 2　d）作图步骤 3

（2）用半径为 R 的圆弧连接一已知直线和一已知圆弧　如图 1-52a 所示，L 为已知直线，已知圆弧的圆心为 O_1，半径为 R_1。作图步骤如下：

1）作直线 L_1 平行于直线 L，距离为 R，以 O_1 为圆心，$R_1 + R$ 为半径画弧，与直线 L_1 的交点 O 点即所求连接弧圆心，如图 1-52b 所示。

2）作连心线 OO_1 与已知弧交于 K_1，自 O 点向已知直线 L 作垂线得垂足 K_2。K_1、K_2 为切点，如图 1-52c 所示。

3）以 O 为圆心、R 为半径画弧 K_1K_2，即为所求连接弧，如图 1-52d 所示。

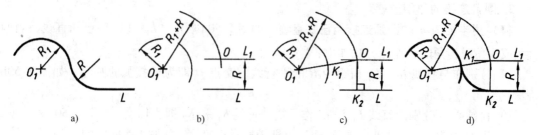

图 1-52　用圆弧连接一已知直线和一已知圆弧

a）圆弧连接直线和一圆弧示例　b）作图步骤 1　c）作图步骤 2　d）作图步骤 3

（**3**）**用半径为 R 的圆弧连接两已知圆弧**　用半径为 R 的圆弧连接两已知圆弧有三种情况：外切、内切和内外切。现以外切（见图 1-53）为例说明作图步骤，另外两种情况分别如图 1-54 和图 1-55 所示。

如图 1-53a 所示，已知两圆弧的圆心分别为 O_1 和 O_2，其半径分别为 R_1 和 R_2。作图步骤如下：

1）分别以 O_1 和 O_2 为圆心，$R_1 + R$ 和 $R + R_2$ 为半径作弧，交于 O 点，O 即为所求连接弧的圆心，如图 1-53b 所示。

2）作连心线 OO_1 和 OO_2 与已知圆弧交于 K_1 和 K_2，K_1、K_2 即为切点，如图 1-53c 所示。

3）以 O 为圆心、R 为半径，作圆弧 K_1K_2，即为所求连接弧，如图 1-53d 所示。

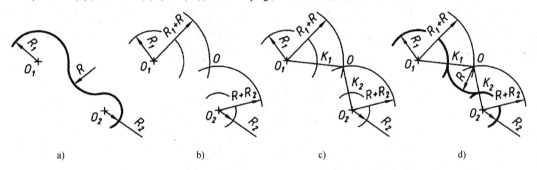

图 1-53　圆弧同时外切两已知圆弧

a）圆弧外切两圆弧的示例　b）作图步骤 1　c）作图步骤 2　d）作图步骤 3

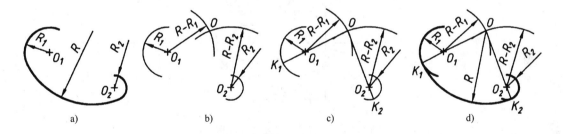

图 1-54　圆弧同时内切两已知圆弧

a）圆弧内切两圆弧的示例　b）作图步骤 1　c）作图步骤 2　d）作图步骤 3

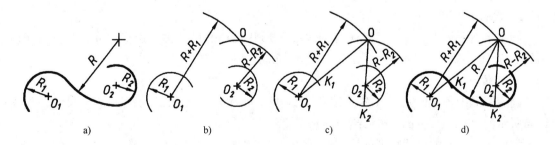

图 1-55　圆弧与一已知圆弧外切，与另一已知圆弧内切

a）圆弧内外切两圆弧的示例　b）作图步骤 1　c）作图步骤 2　d）作图步骤 3

1.3 平面图形的尺寸及画法

尺寸对图形非常重要。图形中每条线段的形状、长短及相对位置，都由尺寸确定。图形能否绘出，甚至绘图的顺序，都与尺寸有关。因此，绘制平面图形时，首先应对所要画的平面图形进行分析，以便确定正确的绘图顺序，快速准确地绘图。

1.3.1 平面图形的尺寸分析

平面图形的尺寸分析是为了确定尺寸的基准及尺寸的类型，明确尺寸的作用。

1. 尺寸基准

在标注图形尺寸时，应首先确定标注的起始点。标注尺寸的起点称为尺寸基准。对于平面图形，应有水平（左右）方向和垂直（上下）方向的两个基准。图1-56所示的水平方向和垂直方向的尺寸基准分别为 $\phi27$mm 圆的垂直中心线和水平中心线。

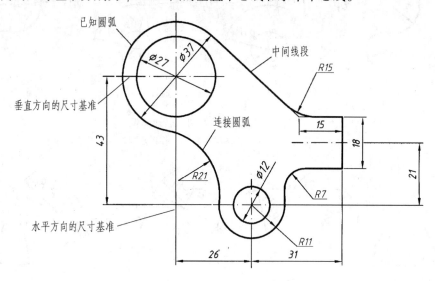

图 1-56　平面图形的尺寸和线段分析

一般平面图形中常把图形的对称中心线、较长的直线和较大直径的圆的对称中心线作为尺寸基准。

2. 定形尺寸

确定平面图形中各几何元素（各种线段）形状大小的尺寸称为定形尺寸，如图1-56所示的 $\phi27$mm、$\phi37$mm、$\phi12$mm、$R21$mm、$R11$mm、18mm 等。

3. 定位尺寸

确定图形中各几何元素（各个线段或线框）间相对位置的尺寸称为定位尺寸，如图1-56所示的 43mm、26mm、31mm、21mm 等。

需要指出，有的尺寸既可以是定形尺寸，又可以是定位尺寸，如图 1-56 所示的 18mm，它既可确定所注直线段的长度（属于定形尺寸），又是图中斜线段右下端点垂直方向的定位尺寸。

1.3.2 平面图形的线段分析

根据图形中给出的各线段的定形尺寸和定位尺寸是否齐全，可将线段分为已知线段、中间线段和连接线段三种。

1. 已知线段

定形尺寸和定位尺寸齐全的线段称为已知线段。对于图中的已知线段，根据给出的尺寸能直接画出来，如图 1-56 所示的 $\phi 37 \text{mm}$、$\phi 27 \text{mm}$、$R11 \text{mm}$、$\phi 12 \text{mm}$、18mm、15mm 等。

对于直线段，已知其两个端点的定位尺寸，或已知其一个端点的定位尺寸又知其方向，则该直线段是一条已知线段。对于圆（弧），已知其半径尺寸及圆心的水平和垂直两个方向的定位尺寸，则该圆（弧）是一条已知线段。

2. 中间线段

有定形尺寸，但定位尺寸不全的线段称为中间线段。对于图中的中间线段，要根据该线段与相邻线段的关系才能画出来，如图 1-56 所示的斜线段。

对于直线段，仅已知其一个端点的定位尺寸，另一端点或其方向要根据连接关系确定，则该直线是一条中间线段；对于圆弧，通常是圆弧半径已知且仅有一个方向的圆心定位尺寸，则该圆弧是一条中间线段。

3. 连接线段

仅有定形尺寸而没有定位尺寸的线段称为连接线段。连接线段只有在相邻线段已经画出时，才能用几何作图方法画出来，如图 1-56 所示的 $R21 \text{mm}$、$R7 \text{mm}$、$R15 \text{mm}$。

1.3.3 平面图形的作图步骤

根据上述对平面图形的分析，下面以图 1-57 所示的手柄平面图形为例，说明平面图形的一般作图步骤：

1）首先画出尺寸基准线，并根据图形的定位尺寸画出线段的定位线，如图 1-58a 所示。

2）画已知线段，如图 1-58b 所示。

3）画中间线段。以 $R10 \text{mm}$ 的圆心 O_2 为圆心，以 $R135 \text{mm}$ 为半径画圆弧 R_1；作 L 的平行线 L_1；以 R_1 与 L_1 的交点 O_3 为圆心，以 $R145 \text{mm}$ 为半径画圆弧，如图 1-58c 所示。

4）画连接线段。以 O_1 为圆心，以 $R33 \text{mm}$ 为半径画圆弧 R_3；以 O_3 为圆心，以 $R161 \text{mm}$ 为半径画圆弧 R_4；以 R_3 与 R_4 的交点 O_4 为圆心，以 $R16 \text{mm}$ 为半径画圆弧，如图 1-58d 所示。

5）检查整理，描深图线，如图 1-58e 所示。注写尺寸，如图 1-57 所示。

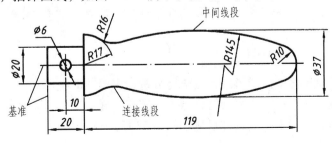

图 1-57　手柄平面图

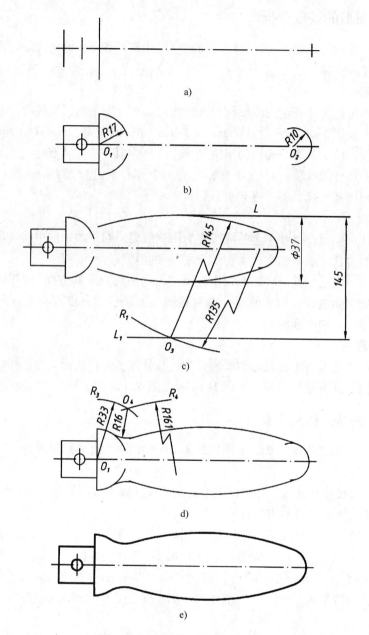

图 1-58　手柄平面图的作图步骤

a）画基准线　b）画已知线段　c）画中间线段　d）画连接线段　e）检查整理，描深图线

1.3.4　平面图形的尺寸标注

标注尺寸时，要先对平面图形的构成进行分析，根据图形特点，选定尺寸基准，而后标注定形尺寸和定位尺寸。尺寸注写要符合国家标准有关规定，位置要合适，数字应清晰、无误；尺寸要注全但又不能重复。具体示例如图 1-57 所示。

1.4 手工绘图

1.4.1 手工绘图工具和用品

要提高手工绘图的准确性和效率，必须正确使用各种绘图工具和仪器，下面介绍常用绘图工具及其用法。

1. 图板

图板用于固定图纸，如图 1-59 所示。板面必须平整，无裂纹，工作边（左侧边）为导边，应平直，使用时应注意加以保护。

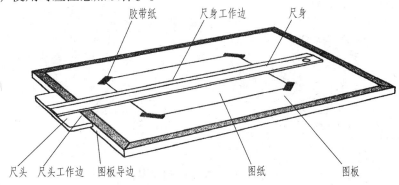

图 1-59 图板和丁字尺

2. 丁字尺

丁字尺由尺头和尺身两部分组成，尺头工作边称为导边（见图 1-59）。丁字尺与图板配合使用，用于画水平直线。使用时，用左手扶尺头，使其导边与图板导边靠紧，上下移动丁字尺至画线位置，按住尺身，沿尺身工作边从左向右画出水平线。用铅笔沿尺边画线时，笔杆应稍向外倾斜，笔尖应贴靠尺边，如图 1-60 所示。

3. 三角板

一副三角板是由一块 45°等腰直角三角板和一块 30°、60°的直角三角板组成。

利用三角板的直角边与丁字尺配合，可画出水平线的垂直线，如图 1-61 所示。三角板与丁字尺配合还可以画出与水平线成 15°整倍数的角度或倾斜线，如图 1-62 所示。

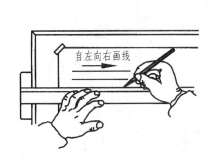

图 1-60 用丁字尺画水平线

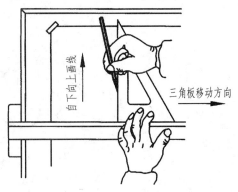

图 1-61 用丁字尺、三角板画垂直线

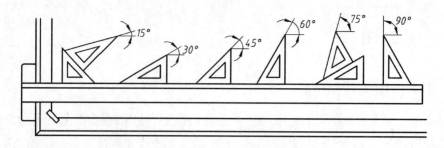

图 1-62　画与水平线成 15°整倍数角度的线段

此外，利用一副三角板还可以画出任意已知直线的平行线或垂直线，如图 1-63 所示。

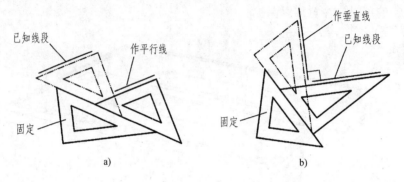

a)　　　　　　　　　　　　　　　b)

图 1-63　画任意已知直线的平行线或垂直线

a）画已知线段的平行线　b）画已知线段的垂直线

4. 曲线板

曲线板用于绘制非圆曲线，其使用方法如下：

首先点出曲线上的点，如图 1-64a 所示；再用铅笔徒手轻轻地将各点连接起来，如图 1-64b 所示；依次选择曲线板与曲线吻合的一段进行连线（吻合线段应至少包括三个已知点），如图 1-64c 和图 1-64d 所示。分段连线时应注意，对于曲线板与曲线相吻合的最后一段，只连其前半段，后半段留待下次再连。连接过程中应注意曲线的弯曲趋势。

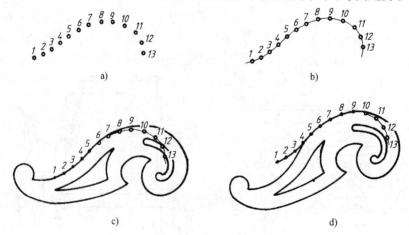

a)　　　　　　　　　　　　　　　b)

c)　　　　　　　　　　　　　　　d)

图 1-64　曲线板的使用方法

a）点出曲线上的点　b）轻轻地连接各点　c）选择曲线板与曲线吻合
的一段连线　d）选择曲线板与曲线吻合的下一段连线

5. 圆规

圆规主要用于画圆或圆弧。圆规的一条腿上装有铅芯，另一条腿上装有钢针，画图时，应将带台阶的针尖对准圆心并扎入图板，然后画圆或圆弧，如图 1-65 所示。

画圆时，应根据圆的半径大小，准确地调节圆规两腿的开度，并使钢针与铅芯近乎平行，用力要均匀。为了便于转动圆规，可使圆规两腿微倾于转动方向。画大圆时，可利用加长杆，将其接到圆规腿上。

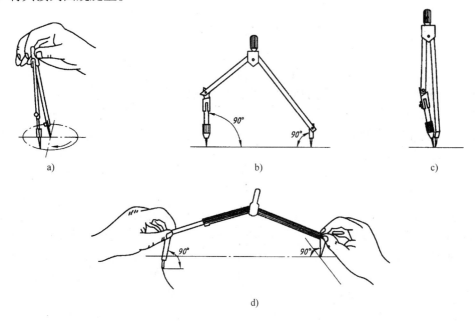

图 1-65 圆规的使用方法

a）圆规稍向画线方向倾斜 b）圆规两脚应垂直纸面 c）小圆画法 d）大圆画法

6. 铅笔

铅笔的铅芯软硬用字母"B"和"H"表示，"B"前的数字值越大，表示铅芯越软（黑）；"H"前的数字值越大表示铅芯越硬。画图时常选用 2B、B、HB、H、2H 和 3H 的绘图铅笔。

通常，铅芯较硬的铅笔磨削成锥状，常用于写字、画底稿和加深细线用；铅芯较软的铅笔磨削成四棱柱状，主要用于加深粗线，如图 1-66 所示。

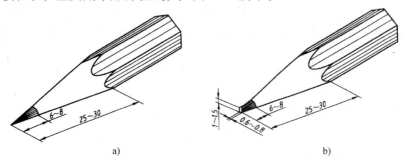

图 1-66 铅笔磨削

a）铅芯锥状 b）铅芯四棱柱状

7. 图纸

图纸应选用 GB/T 14689—2008 规定的幅面。绘图纸要质地坚实，用橡皮擦不易起毛。图纸用胶带纸固定在图板的偏左上位置，不要倾斜，如图 1-59 所示。

8. 其他绘图工具和用品

绘图过程中，还可能用到其他绘图工具和用品，如分规、比例尺、模板、小刀、橡皮、擦图片、毛刷等，这里不再一一介绍。

1.4.2 手工绘图的步骤

要使图样绘制得又快又好，除了必须熟悉国家标准关于制图的规定、掌握几何作图方法和正确使用绘图工具外，还要按一定的工作程序进行。下面介绍手工绘图的一般步骤。

（1）准备绘图工具、仪器及用品 画图前要准备好图板、丁字尺、三角板、圆规、图纸、铅笔、橡皮等。

（2）选择图幅，固定图纸 根据图形大小、数量和复杂程度，选定绘图比例，按照国家标准规定确定图纸幅面。检查图纸的正反面，方法是用橡皮分别擦图纸的两个面，易起毛的是反面。图纸正面朝上，用胶带纸固定在图板的左上方。注意，图纸下方到图板的下边距离要大于丁字尺尺身的宽度。

（3）画图框和标题栏 按照国家标准规定画出图框线和标题栏。

（4）图面布局，画出基准线 根据各图形的长、宽尺寸，确定每一个图形的位置，画出各图形基准线。基准线即图形的主要对称中心线、轴线和轮廓线。基准线一旦画出，图形的位置随之确定，所以画基准线时，要注意各图之间间隔适当，图面布局合理，匀称美观。

（5）画底稿 按平面图形绘图步骤画底稿，用硬芯铅笔画出各种线型，线型先不分粗细。图线要画得准、细、轻，但要能看清。按照先画主要轮廓、后画细节部分的顺序进行。

（6）检查描深 校对图形，改正错误，擦去辅助作图线。用稍硬铅芯的铅笔描深细实线，用软芯铅笔描深粗实线。先描圆或圆弧，再描直线；先描水平线，再描垂直线，最后描倾斜线。

（7）标注尺寸 先画出尺寸界线、尺寸线及箭头，再填写尺寸数字。尺寸标注要一次性完成，不再加深。

（8）填写标题栏 按要求填写好标题栏中各项内容。

1.4.3 徒手画图

作为工程技术人员，还要具备一定的徒手画图能力。徒手画图是指不借助绘图仪器、工具，用目测比例徒手绘制图样，这样的图又叫草图。绘制草图在机器测绘、讨论设计方案和技术交流中应用广泛，是一项重要的基本技能。

草图同样要求做到内容完整、图形正确、图线清晰、比例匀称、字体工整、尺寸准确，同时绘图速度要快。

初学徒手画图，最好在方格纸上进行，以便控制图线的平直和图形的大小。经过一定的训练后，最后能够在空白图纸上画出比例匀称、图面工整的草图。

徒手画图运笔力求自然，能看清笔尖前进的方向，并随时留意线段的终点，以便控制图线。画各种图线时，手腕要悬空，小指接触纸面，捏笔手指距笔尖约 35mm。草图纸不固定，为了顺手，可随时将图纸转动适当的角度。

1. 直线的画法

图形中的直线应尽量与分格线重合。将笔放在起点，而眼睛要盯在终点，要均匀用力，匀速运笔一气完成，切忌一小段、一小段地描绘。画垂直线时自上而下运笔；画水平线时以顺手为原则；画斜线时可斜放图纸，对特殊角度的斜线，可根据它们的斜率，按近似比值画出，如图1-67所示。

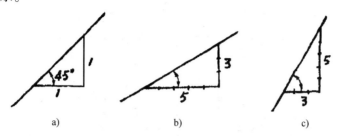

图1-67 特殊角度的斜线画法

a）画45°直线 b）画30°直线 c）画60°直线

2. 椭圆、圆的画法

画椭圆时，可先根据长、短轴的大小，定出4个端点，然后画图，并注意图形的对称性，如图1-68所示。

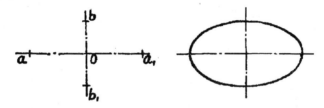

图1-68 椭圆的画法

画小圆时，先画出中心线，在中心线上定出半径的4个端点，然后过这4个端点连接成圆，如图1-69a所示。

画大圆时，除在对称中心线上定出4点外，还可过圆心画两条45°的斜线，再取4个点，然后通过这8个点连接成圆，如图1-69b、c所示。

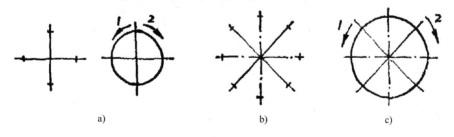

图1-69 圆的画法

a）画小圆 b）定出8个点 c）画大圆

3. 草图示例

图1-70所示为在方格纸上画草图示例。画图时，圆的中心线或其他直线尽可能参照方格纸上的线条，大小也可按方格纸的读数来控制。

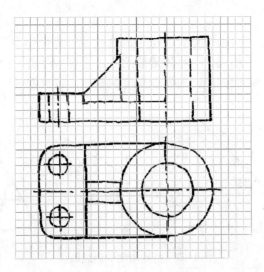

图 1-70 画草图示例

第 2 章　投 影 基 础

机械图样是按照一定的投影法绘制而成的，本章讨论投影法的基础知识。

2.1　投影法的基本知识

2.1.1　投影法的概念

物体被光线照射后，会在预设的表面（如墙壁、地面、幕布等）上产生影子，这就是自然界的投影现象（见图 2-1）。物体的影子在预设的表面上是一个图形，它在一定程度上反映了物体的形状。在工程图学中，把这种自然界的投影现象科学抽象，实现用图形表达物体形状的目的。

在工程图学中，把照射物体的光线、观察物体的视线等想象为通过物体上各点的射线，称为**投射线**。用投射线通过物体，向选定的面投射，并在该面上得到图形的方法称为**投影法**，图形称为物体的**投影**（投影图），得到投影的面称为**投影面**，如图 2-2 所示。

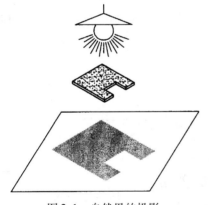

图 2-1　自然界的投影

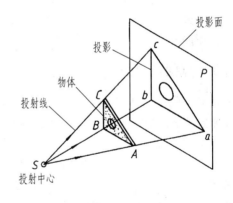

图 2-2　中心投影法

2.1.2　投影法的种类

1. 中心投影法

投射线由一有限远点 S（该点称为**投射中心**）发出的投影法称为**中心投影法**。在中心投影法中，改变物体与投影面间的距离，物体的投影也会发生变化，如图 2-2 所示。

用中心投影法画出的图形称为**透视图**，其立体感强，符合人们的视觉习惯，常用于绘制建筑效果图。但透视图作图复杂，度量性差，不适合绘制机械图样。

2. 平行投影法

投射线相互平行的投影法（投射中心位于无限远处）称为**平行投影法**。在平行投影中，由于所有的投射线都相互平行，改变物体与投影面间的距离，物体的投影的大小、形状都不发生变化，如图 2-3 和图 2-4 所示。

根据投射线与投影面垂直与否，平行投影法又分为正投影法和斜投影法两种。

1）正投影法：投射线与投影面相垂直的平行投影法称为**正投影法**。根据正投影法所得的图形称为**正投影**，如图2-3所示。

2）斜投影法：投射线与投影面相倾斜的平行投影法称为**斜投影法**。根据斜投影法所得的图形称为**斜投影**，如图2-4所示。

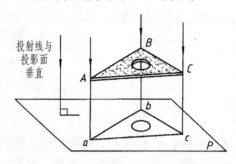

图2-3 平行投影法（正投影）

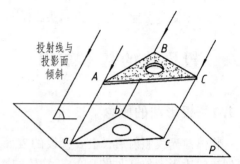

图2-4 平行投影法（斜投影）

正投影因其度量性好，作图方便，在工程中得到了广泛的应用。机械工程图就是根据正投影理论绘制的。为了叙述简单起见，本书把"正投影"简称为"投影"。

2.2 点的投影

点是最基本的几何元素，一切几何形体都可以看做是某些点的集合，因此，下面讨论点的正投影的规律。

2.2.1 点的两面投影

已知空间一点 A 和投影面 H，过点 A 向投影面 H 作垂线，垂足为 a，根据正投影的定义，a 即为点 A 在 H 面上的投影。应注意如下事实：

空间点 A 在 H 面上的投影是唯一的，因为过点 A 向 H 面的垂线，垂足只有一个；反之，如果已知点 A 在投影面 H 上的投影 a，却不能唯一地确定点 A 的空间位置，这是由于过点 a 的 H 面的垂线上所有点（如点 A、A_1 等）的投影都位于点 a 处（见图2-5）。因此，由点的一个投影不能确定点的空间位置。

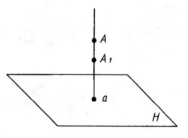

图2-5 点的单面投影

1. 两投影面体系

为了确定点的空间位置，以互相垂直的两平面作为投影面，组成两投影面体系。竖直放置的投影面称为正立投影面（简称正面），用 V 表示。水平放置的投影面称为水平投影面（简称水平面），用 H 表示。V 面和 H 面的交线称为投影轴 X。V 面和 H 面将空间分成了 Ⅰ、Ⅱ、Ⅲ、Ⅳ 四个分角，并按逆时针的顺序来划分这四个分角，如图2-6所示。

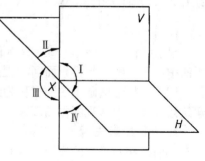

图2-6 两投影面体系

2. 点的两面投影

我国《机械制图》国家标准规定，机件的图形按正投影绘制，并采用第一角画法。因此，下面着重讨论点在第一角中的投影。

为讨论方便，规定如下使用符号：空间点用大写拉丁字母表示，如 A、B、C…；空间点在水平面 H 上的投影称为点的水平投影，用小写拉丁字母如 a、b、c…表示；空间点在正面 V 上的投影称为点的正面投影，用小写拉丁字母如 a'、b'、c'…表示。

在第 I 分角里取一点 A，由点 A 分别向 H 面和 V 面作垂线，其垂足为 a 和 a'；a 就是点 A 的水平投影；a' 就是点 A 的正面投影，如图 2-7a 所示。

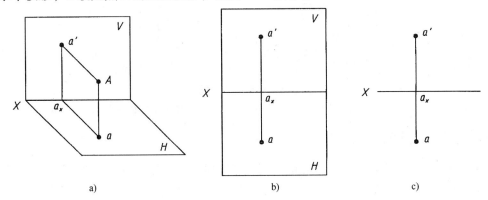

图 2-7　点的两面投影

a）点的两面投影（立体图）　　b）H 面绕 X 轴旋转 90° 与 V 面重合　c）点的两面投影图

由前述已知，已知点的一个投影不能确定点的空间位置。但是，如果已知空间点的两个投影（水平投影 a 和正面投影 a'），是否能确定点的空间位置呢？事实上，过 a 和 a' 分别作 H 面和 V 面的垂线，其交点 A 是唯一的。由此可见，已知空间点的两个投影即可确定该点的空间位置。

为绘图方便，需要把互相垂直的两个投影面重合到同一平面上。为此，规定 V 面不动，将 H 面绕 X 轴向下旋转 90°，与 V 面重合成一平面，这样得到的点 A 的投影图如图 2-7b 所示。

投影面可以认为是无边界的，因此，在投影图上不画出它们的边框，也不标记 H 和 V。投影图上的细实线 aa' 称为投影连线，如图 2-7c 所示。

3. 点的两面投影规律

根据以上点的投影过程，可以得出如下投影规律：

1）点的正面投影和水平投影的连线垂直于 X 轴，即 $a'a \perp X$ 轴。因为 aa_x 和 $a'a_x$ 在由 Aa 和 Aa' 所决定的平面上，而该平面垂直于 H 面和 V 面，因而垂直于 H 面和 V 面的交线 X 轴，所以有 $aa_x \perp X$ 和 $a'a_x \perp X$。当 a 随着 H 面旋转而与 V 面重合时，$aa_x \perp X$ 轴的关系不变，因此在投影图上 a、a_x、a' 三点共线，且 $a'a \perp X$ 轴。

2）点的正面投影到 X 轴的距离，等于该点到 H 面的距离；而其水平投影到 X 轴的距离，等于该点到 V 面的距离。即 $a'a_x = Aa$，$aa_x = Aa'$。这是因为平面 $Aaa_xa'A$ 是一个矩形，其对边相等。

上述投影规律，对于各种位置点的两面投影都是适用的。

4. 特殊位置点的投影

1）点处于投影面上：点的一个投影与空间点本身重合，点的另一投影在 X 轴上，如图 2-8 所示的 B、C 两点。

2）点处于投影轴上：点和它的两个投影都重合于 X 轴上，如图 2-8 所示的 D 点。

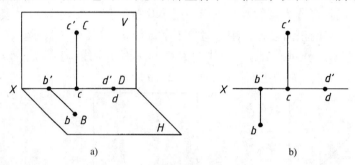

图 2-8　特殊位置点的投影

a）点处于投影面上或投影轴上（立体图）　b）点处于投影面上或投影轴上的投影图

2.2.2　点的三面投影

尽管点的两个投影已能确定该点的空间位置，但为了清楚地表达某些几何形体，常需采用三面投影图。

1. 三投影面体系

三投影面体系是在两投影面体系的基础上，加上一个与 H 面、V 面都垂直的侧立投影面 W（简称侧面）组成的。三个投影面互相垂直相交，它们的交线称为投影轴。V 面和 H 面的交线称为 OX 轴，H 面和 W 面的交线称为 OY 轴，V 面和 W 面的交线称为 OZ 轴。三个投影轴互相垂直相交于一点 O，称为原点，如图 2-9 所示。

2. 点的三面投影

设 A 是三投影面体系中的一点，它在 H 面和 V 面上的投影分别为 a 和 a'。自点 A 向 W 面作垂线，其垂足 a'' 即为点 A 在 W 面上的投影，a'' 称为点 A 的侧面投影，如图 2-10 所示。规定点的侧面投影用小写拉丁字母加两撇"""表示。

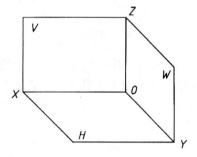

图 2-9　三投影面体系

绘图时，仍需把三个投影面摊平在一个平面上，为此，规定 V 面不动，将 H 面绕 OX 轴向下旋转 90°、将 W 面绕 OZ 轴向右旋转 90° 与 V 面重合（随 H 面旋转的 OY 轴用 OY_H 表示，随 W 面旋转的 OY 轴用 OY_W 表示），如图 2-11a 所示。去掉投影面的边框，即得点 A 的三面投影图，如图 2-11b 所示。

3. 点的三面投影规律

与分析点的两面投影的投影规律相同，在三投影面体系中点的投影规律如下：

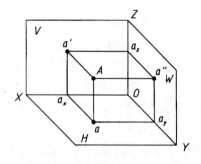

图 2-10　三投影面体系中点的投影

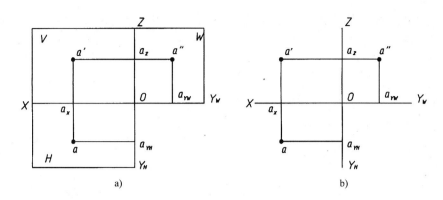

图 2-11　点的三面投影

a）三个投影面摊平在一个平面上　b）点 A 的三面投影图

1）点的正面投影和水平投影的连线垂直于 OX 轴，即 $aa' \perp OX$。

2）点的正面投影和侧面投影的连线垂直于 OZ 轴，即 $a'a'' \perp OZ$。

3）点的正面投影到 OX 轴的距离与点的侧面投影到 OY_W 轴的距离相等，都反映点 A 到 H 面的距离，即 $a'a_x = a''a_{YW} = Aa$。

4）点的正面投影到 OZ 轴的距离与点的水平投影到 OY_H 轴的距离相等，都反映点 A 到 W 面的距离，即 $a'a_z = aa_{YH} = Aa''$。

5）点的水平投影到 OX 轴的距离与点的侧面投影到 OZ 轴的距离相等，都反映点 A 到 V 面的距离，即 $aa_x = a''a_z = Aa'$。

在投影图中，为了直观地表达 $aa_x = a''a_z$ 的关系，可画一条过原点 O 的 45°斜线，过水平投影 a 画水平线，过侧面投影 a'' 画垂直线，相交于斜线上，如图 2-12a 所示。也可以原点 O 为圆心画圆弧，把水平投影和侧面投影连起来，如图 2-12b 所示。

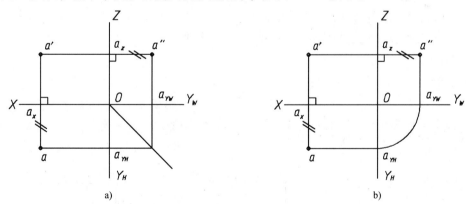

图 2-12　点的三面投影规律

a）通过 45°斜线表达 $aa_x = a''a_z$ 的关系　b）通过圆弧表达 $aa_x = a''a_z$ 的关系

4. 根据点的两个投影求其第三投影

根据上述点的投影规律，只要给出点的两个投影，就可以求出其第三投影（即"知二求三"的作图方法）。

例 2-1　如图 2-13a 所示，已知点 A 的水平投影 a 和正面投影 a'，求其侧面投影。

解 由点的投影规律可知，点 A 的侧面投影 a'' 与其正面投影 a' 的连线垂直 OZ 轴，且 a'' 到 OZ 轴的距离等于点 A 的水平投影 a 到 OX 轴的距离。

作图方法一（见图 2-13b）：

1）过 a' 作 OZ 轴的垂线，交 OZ 于 a_z。

2）在 $a'a_z$ 的延长线上截取 $a_za'' = aa_x$，a'' 即为所求。

作图方法二（见图 2-13c）：

1）过原点 O 画一条 45°斜线。

2）过水平投影 a 画水平线与 45°斜线相交于 e，由 e 向上画垂线。

3）过正面投影 a' 画水平线，与由 e 向上所画垂线相交于 a'' 点，a'' 即为所求。

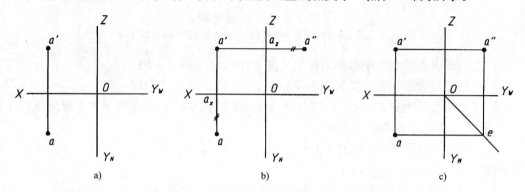

图 2-13　例 2-1 图

a) 例 2-1 原题　b) 作图方法一　c) 作图方法二

例 2-2 如图 2-14a 所示，已知点 A 的正面投影 a' 和侧面投影 a''，求其水平投影。

解　**作图方法一**（见图 2-14b）：

1）过 a' 作 OX 轴的垂线，交 OX 于 a_x。

2）在 $a'a_x$ 的延长线上截取 $a_xa = a_za''$，a 即为所求。

作图方法二（见图 2-14c）：

1）过侧面投影 a'' 作 OY_W 轴的垂线，与 OY_W 轴相交于 a_{YW}。

2）以原点 O 为圆心，Oa_{YW} 为半径画圆弧，与 OY_H 相交于 a_{YH}，由 a_{YH} 向左画水平线。

3）过正面投影 a' 作 OX 轴的垂线，与由 a_{YH} 向左画的水平线相交于 a 点，a 即为所求。

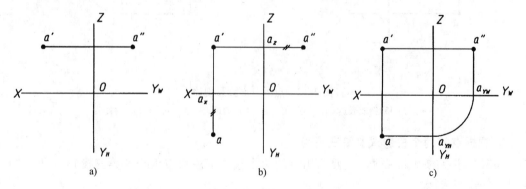

图 2-14　例 2-2 图

a) 例 2-2 原题　b) 作图方法一　c) 作图方法二

2.2.3　点的投影与直角坐标的关系

如果把投影面 V 视为坐标面 XOZ，把投影面 H 视为坐标面 XOY，把投影面 W 视为坐标面 YOZ，把投影轴 OX、OY、OZ 作为三个坐标轴，原点仍为原点，则三投影面体系就是一个空间直角坐标系，如图 2-15a 所示。

如果空间点 A 在空间直角坐标系中的三个坐标分别为 x、y、z，则点 A 到投影面的距离可由 x、y、z 表示，即：$Aa'' = x$（点的 x 坐标等于点到 W 面的距离）；$Aa' = y$（点的 y 坐标等于点到 V 面的距离）；$Aa = z$（点的 z 坐标等于点到 H 面的距离），如图 2-15a 和图 2-15b 所示。

点 A 的三个投影的坐标应分别为：

$a\ (x,\ y,\ 0)$，$a'\ (x,\ 0,\ z)$，$a''\ (0,\ y,\ z)$。

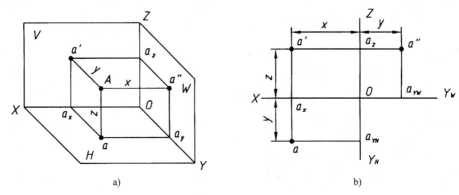

图 2-15　点的投影与直角坐标的关系

a）空间直角坐标系中点的投影与直角坐标的关系　b）投影图中点的投影与直角坐标的关系

例 2-3　已知点 A 的坐标为（15，10，20），求作其三面投影图。

解　从点 A 的三个坐标值可知，点 A 到 W 面的距离为 15mm，到 V 面的距离为 10mm，到 H 面的距离为 20mm。根据点的投影规律及点的三面投影与其三个坐标的关系，即可求得点 A 的三个投影。作图过程如下：

1）画出投影轴，并标出相应的符号，如图 2-16a 所示。

2）从原点 O 沿 OX 轴向左量取 $x = 15$mm，得 a_x；然后过 a_x 作 OX 的垂线，由 a_x 沿该垂线向下量取 $y = 10$mm，即得点 A 的水平投影 a；向上量取 $z = 20$mm，即得点 A 的正面投影 a'，如图 2-16b 所示。

3）侧面投影 a''，可用知二求三的作图方法求得，如图 2-16c 所示。

例 2-4　在所给出的三投影面体系中，画出空间点 A（20，15，16）的三面投影及点 A 的空间位置。

解　作图过程如下：

1）分别在 OX、OY、OZ 轴上量取 $Oa_x = x = 20$mm，$Oa_y = y = 15$mm，$Oa_z = z = 16$mm。然后，分别过 a_x 和 a_y，作 OY 和 OX 轴的平行线，其交点即为点 A 的水平投影 a；过 a_x 和 a_z，作 OZ 和 OX 轴的平行线，其交点即为正面投影 a'；过 a_y 和 a_z，作 OZ 和 OY 轴的平行线，其交点即为侧面投影 a''，如图 2-17a 所示。

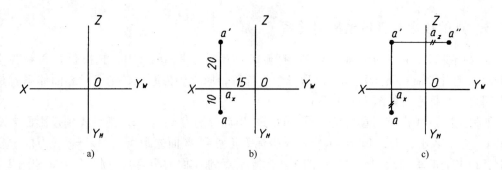

图 2-16　例 2-3 图

a）画投影轴　b）求水平投影 a 和正面投影 a'　c）求侧面投影 a''

2）分别过 a、a' 和 a''，作 OZ、OY 和 OX 轴的平行线，这三条直线必交于一点，该点即为点 A 的空间位置，如图 2-17b 所示。

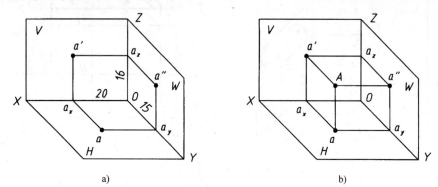

图 2-17　例 2-4 图

a）求 a、a' 和 a''　b）作出点 A

2.2.4　空间两点的相对位置的判定

空间两点的相对位置是指两点间的上下、左右、前后关系。可通过点的投影确定空间两点的相对位置：点的 V 面投影可确定空间两点的左右和上下位置；点的 H 面投影可确定空间两点的左右和前后位置；点的 W 面投影可确定空间两点的前后和上下位置。

点的 V 面投影由点相对于 W 面和 H 面的距离决定，即由点的 x 坐标和 z 坐标确定；点的 H 面投影由点相对于 W 面和 V 面的距离决定，即由点的 x 坐标和 y 坐标确定；点的 W 面投影由点相对于 V 面和 H 面的距离决定，即由点的 y 坐标和 z 坐标确定。因此，通过比较空间两点各坐标值的大小，可判定两点的相对位置。

设两点分别为 A 和 B，若 A 点的 x 坐标大于 B 点 x 坐标，A 点在左，B 点在右；若 A 点的 z 坐标大于 B 点的 z 坐标，A 点在上，B 点在下；若 A 点的 y 坐标大于 B 点 y 坐标，A 点在前，B 点在后。

例 2-5　A（x_A，y_A，z_A）、B（x_B，y_B，z_B）两点的投影如图 2-18a 所示，由投影图判断空间两点的相对位置。

解　由于 $x_A < x_B$，$y_A < y_B$，$z_A > z_B$，所以，点 A 位于点 B 的右后上方，点 B 处于点 A 的

左前下方，如图 2-18b 所示。

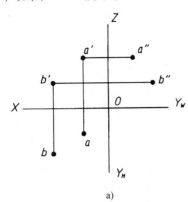

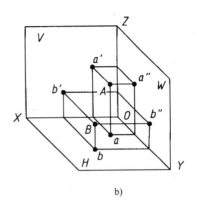

a)   b)

图 2-18　例 2-5 图
a）*A*、*B* 两点的投影图　b）*A*、*B* 两点的空间位置

2.2.5　重影点及其可见性

当空间两点位于一个投影面的同一条投射线上时，它们在该投影面上的投影重合成一个点，称为重影，这空间两点就称为该投影面的重影点。研究重影点的目的，是为了今后解决投影图中出现的可见性问题。

在图 2-19 中，由于 *A*、*B* 两点位于 *V* 面的同一条投射线上，所以它们的正面投影 *a′* 和 *b′* 重合成一点，*A*、*B* 两点为 *V* 面的重影点。

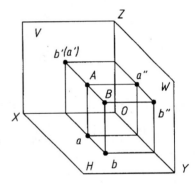

若空间的两个点是某个投影面的重影点，两点在该投影面上的两个坐标值相等。如图 2-19 所示，*A*、*B* 两点的 *x* 坐标和 *z* 坐标相同。

在投影图中，判别重影点的可见性与观察方向有关。约定：**可见性观察方向为自上向下，自前向后，自左向右。**

判别重影点的可见性方法可归纳为：

1）若两点的水平投影重合，*z* 坐标值大者为可见。

2）若两点的正面投影重合，*y* 坐标值大者为可见。

图 2-19　重影点

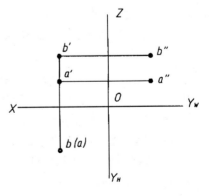

3）若两点的侧面投影重合，*x* 坐标值大者为可见。

例 2-6　在图 2-20 中，水平投影 *a*、*b* 重合为一点，但正面投影中 *b′* 在 *a′* 的上方，即 $z_B > z_A$，这对 *H* 面来说，*B* 点是可见的，*A* 点是不可见的。

规定，不可见点的重合投影加一圆括号表示，如图 2-20 所示 *A* 点的水平投影（*a*）。

图 2-20　例 2-6 图

2.3 直线的投影

在平行投影法中，如果直线与投射线不平行，直线的投影仍是直线。

直线的空间位置由线上两点决定，因此画直线的投影图，一般是在直线上取两点（通常取线段两个端点），画出两点的投影图后，再把两点的同面投影用直线连起来。

对于图 2-21 所示的直线 AB，若求作它的三面投影，可先分别求出 A、B 两端点的三面投影（a、a′、a″）、（b、b′、b″），如图 2-22a 所示；再分别将 A、B 两端点的同面投影连接起来，即连接 ab、a′b′、a″b″，即得直线 AB 的三面投影，如图 2-22b 所示。

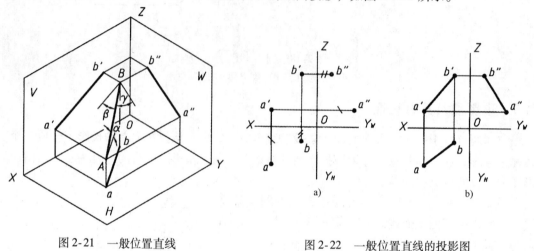

图 2-21 一般位置直线

图 2-22 一般位置直线的投影图

a）求 a、a′、a″及 b、b′、b″ b）连接 ab、a′b′、a″b″

2.3.1 各类位置直线的投影特性

根据直线对投影面的相对位置，直线可分为下述三类：一般位置直线；投影面平行线；投影面垂直线。后两类直线称为特殊位置直线。下面分别叙述它们各自不同的投影特性。

1. 一般位置直线

与三个投影面都倾斜的直线，称为一般位置直线。图 2-21 所示直线即为一般位置直线。图 2-22b 所示为一般位置直线的投影图。

对于一般位置直线，若它对 H 面的倾角为 α、对 V 面的倾角为 β、对 W 面的倾角为 γ，（见图 2-21），则有

$$ab = AB\cos\alpha；\quad a'b' = AB\cos\beta；\quad a''b'' = AB\cos\gamma$$

由于 α、β、γ 均大于 0°，小于 90°，所以 ab、a′b′、a″b″都小于线段本身的实长。

一般位置直线的投影特性如下：

1）其三面投影均与投影轴倾斜，且小于线段的实长。

2）各投影与投影轴的夹角均不反映一般位置直线对投影面的真实倾角。

2. 投影面平行线

平行于一个投影面而与另外两个投影面倾斜的直线，称为投影面平行线。投影面平行线有以下三种：

1）正平线：平行于正面，而与水平面和侧面倾斜的直线称为正平线，如图 2-23 所示。

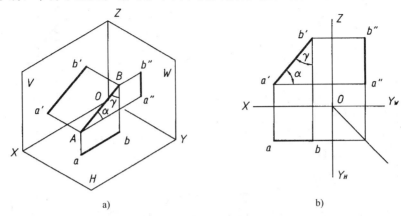

图 2-23 正平线

a）正平线的空间投影立体图 b）正平线的投影图

2）水平线：平行于水平面，而与正面和侧面倾斜的直线称为水平线，如图 2-24 所示。

3）侧平线：平行于侧面，而与水平面和正面倾斜的直线称为侧平线，如图 2-25 所示。

由图 2-23 可得正平线的投影特性为：①正面投影 $a'b'$ 反映线段 AB 的实长，它与 OX 轴的夹角反映直线对 H 面的倾角 α，与 OZ 轴的夹角反映直线对 W 面的倾角 γ；②水平投影 $ab // OX$ 轴，$ab = AB\cos\alpha$，侧面投影 $a''b'' // OZ$ 轴，$a''b'' = AB\cos\gamma$。

水平线和侧平线也有类似的投影特性（见图 2-24 和图 2-25）。

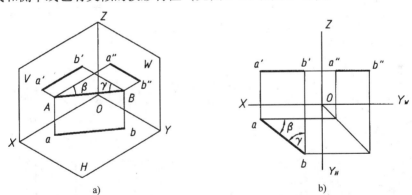

图 2-24 水平线

a）水平线的空间投影立体图 b）水平线的投影图

由以上可得投影面平行线的投影特性为：①在直线所平行的那个投影面上的投影反映线段的实长；②反映实长的那个投影与投影轴的夹角是直线段与相应投影面的真实倾角；③在另外两个投影面上的投影，平行于相应的投影轴，且长度小于实长。

3. 投影面垂直线

垂直于一个投影面，与另外两个投影面平行的直线，称为投影面垂直线。投影面垂直线有以下三种：

1）正垂线：与正面垂直的直线（与 H 面及 W 面平行）称为正垂线，如图 2-26 所示。

2）铅垂线：与水平面垂直的直线（与 V 面及 W 面平行）称为铅垂线，如图 2-27 所示。

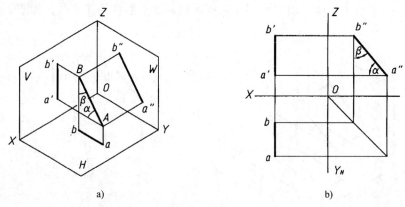

a)

b)

图 2-25　侧平线

a）侧平线的空间投影立体图　b）侧平线的投影图

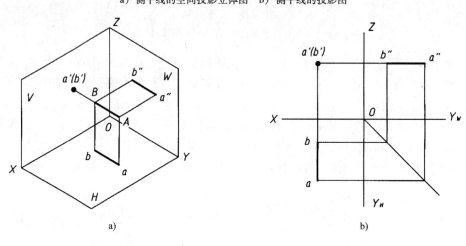

a)

b)

图 2-26　正垂线

a）正垂线的空间投影立体图　b）正垂线的投影图

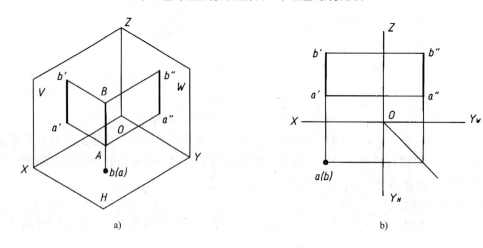

a)

b)

图 2-27　铅垂线

a）铅垂线的空间投影立体图　b）铅垂线的投影图

3）侧垂线：与侧面垂直的直线（与 H 面及 V 面平行）称为侧垂线，如图 2-28 所示。

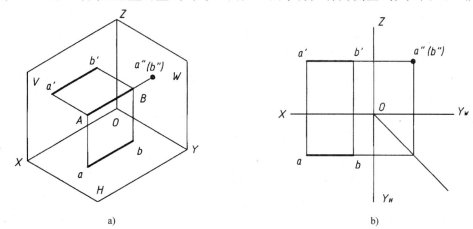

图 2-28 侧垂线

a）侧垂线的空间投影立体图 b）侧垂线的投影图

由图 2-27 可得铅垂线的投影特性为：①水平投影积聚为一点 a（b）；②正面投影 a'b' 及侧面投影 a"b" 均反映线段 AB 的实长，且 a'b'⊥OX 轴，a"b"⊥OY_W 轴。

正垂线和侧垂线也有类似的投影特性（见图 2-26 和图 2-28）。

由以上可得投影面垂直线的投影特性为：①在直线所垂直的那个投影面上的投影积聚为一点；②在另外两个投影面上的投影垂直于该直线所垂直的投影轴，且反映线段的真实长度。

2.3.2 直线上点的投影

如果点在直线上，其投影有如下特性：

1）如果点在直线上，则点的各个投影必在该直线的同面投影上，且符合点的投影规律。如图 2-29 所示，K 点在线段 AB 上，则 k 在 ab 上，k'在 a'b'上，k"在 a"b"上，且 k、k'、k"在图 2-29b 所示的投影图中符合点的投影规律。

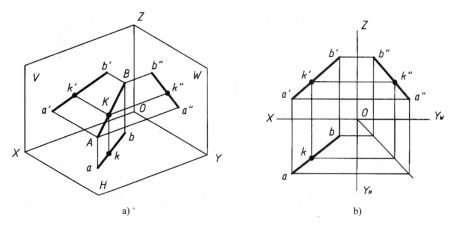

图 2-29 直线上点的投影

a）点在直线上的空间投影立体图 b）点在直线上线的投影图

反过来，只有点的各个投影都在直线的同面投影上，该点才在直线上。

2）直线段上的点分直线段为两线段的长度之比等于点的各投影分同面直线段投影长度之比（该特性称为点分直线段的**定比性**）。如在图 2-29 中，点 K 分直线 AB 为 AK 和 KB 两段，则

$$AK:KB = ak:kb = a'k':k'b' = a''k'':k''b''$$

根据直线上点的投影特性，可由投影图判断点是否在直线上。一般情况下，只要由两组同面投影即可判断出点是否在直线上。如图 2-30a 所示，可由点 k' 不在 $a'b'$ 上断定点 K 不在直线 AB 上。事实上，点 K 和直线 AB 的空间位置如图 2-30b 所示。

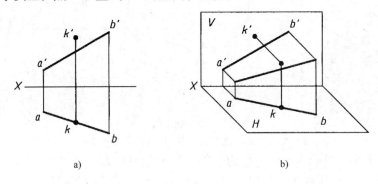

a)   b)

图 2-30　由两组同面投影判断点是否在直线上
a) k' 不在 $a'b'$ 上（投影图）　b) 点 K 和直线 AB 的空间位置

对于投影面平行线，如果已知点的投影在直线的两个平行于投影轴的投影上，就不能简单判定点在直线上。如图 2-31a 所示，点 K 的两投影在直线 AB 的两同面投影上，但 AB 为水平线，不能断定点 K 在直线 AB 上。作出直线 AB 和点 K 的第三面投影（见图 2-31b），可知点 K 不在直线 AB 上。事实上，直线 AB 和点 K 的空间位置如图 2-31c 所示。

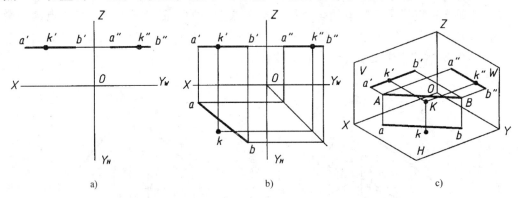

a)   b)   c)

图 2-31　作出点和直线的第三面投影判断点是否在直线上
a) 点 K 和直线 AB 的两面投影图　b) 点 K 和直线 AB 的三面投影图　c) 点 K 和直线 AB 的空间位置

除了通过作出点和直线的第三面投影来判断点和直线的关系外，还可根据定比性通过几何作图来判断点是否在直线上。如图 2-32a 所示，判断点 K 是否在直线 AB 上。若点 K 在 AB 上，则必有 $ak:kb = a'k':k'b'$。因此，如图 2-32b 所示，自 a' 任作一直线 $a'M = ab$，并取 $a'N = ak$，连接点 M、b'，过点 N 作 Mb' 的平行线 NP，因 NP 不通过 k'，即 $ak:kb \neq a'k':k'b'$，不满足定比性，故点 K 不在直线 AB 上。

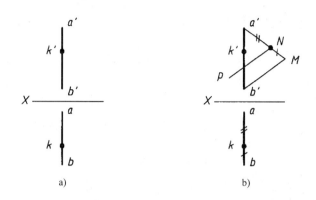

图 2-32 根据定比性判断点是否在直线上

a) 点 *K* 和直线 *AB* 的两面投影图 b) 根据定比性作图

2.3.3 两直线的相对位置

空间两直线的相对位置有平行、相交、交叉三种情况。前两种为共面直线，后一种为异面直线。

1. 两直线平行

正投影法中，**若空间两直线平行，则其同面投影必相互平行。**

如图 2-33a 所示，若在空间 *AB*∥*CD*，则必定有 *ab*∥*cd*、*a*′*b*′∥*c*′*d*′、*a*″*b*″∥*c*″*b*″，如图 2-33b 所示。

反之，若两直线的三组同面投影都互相平行，则此两直线在空间一定互相平行。

如果两直线有两组同面投影相互平行，在空间两条直线是否平行要区分情况：两条直线是一般位置直线，只要其任意两组同面投影相互平行，就可以确定这两条直线在空间是相互平行的。如果两条直线同时平行于某一投影面，必须看两条直线所平行的那个投影面上的投影平行与否，才能最后确定这两条直线在空间是否互相平行。

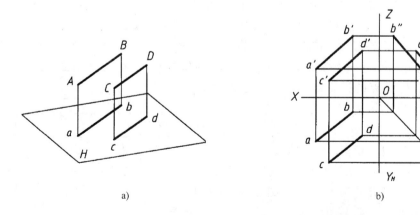

图 2-33 两直线平行

a) 空间平行两直线的立体图 b) 平行两直线的投影图

如图 2-34 所示，虽然 *ab*∥*cd*，*a*′*b*′∥*c*′*d*′，但是还不能肯定 *AB* 及 *CD* 两条直线在空间是相互平行的。因为 *AB* 及 *CD* 均为侧平线，求出该两条直线的侧面投影，因为 *a*″*b*″与 *c*″*d*″不平行，所以 *AB* 与 *CD* 在空间不平行。

2. 两直线相交

正投影法中，**若空间两直线相交，则它们的各同面投影必定相交，且交点的投影必定符合点的投影规律。**

如图 2-35a 所示，若在空间 *AB*、*CD* 相交，则必定有 *ab* 与 *cd*、*a'b'* 与 *c'd'*、*a"b"* 与 *c"d"* 都各自相交，且它们的交点符合点的投影规律，如图 2-35b 所示。

反之，若两直线的三组同面投影都相交，且交点的投影符合点的投影规律，则此两直线在空间一定相交。

如果两直线有两组同面投影相交，在空间两条直线是否相交要区分情况：对于两条一般位置直线，只要根据其任意两组投影，就可确定这两条直线在空间是否相交。但是当两条直线中有一条是投影面平行线时，则要看两条直线在三个投影面上的投影交点是否符合点的投影规律，才能确定两直线是否相交。

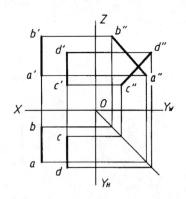

图 2-34 平行于同一投影面的两交叉直线

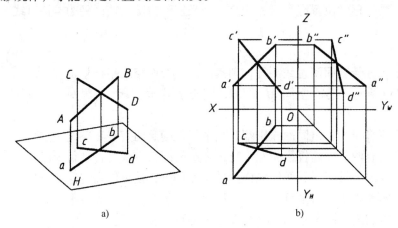

图 2-35 两直线相交
a）空间相交两直线的立体图　b）相交两直线的投影图

如图 2-36 所示，*AB* 为一般位置直线，*CD* 为侧平线。虽然在投影图上 *ab* 与 *cd* 相交，*a'b'* 与 *c'd'* 相交，*a"b"* 与 *c"d"* 也相交，但交点的投影不符合点的投影规律，所以此两直线在空间不相交。

3. 两直线交叉

两直线既不平行也不相交，称两直线交叉。

交叉两直线可能有一组或两组同面投影互相平行，但决不可能三组同面投影都互相平行。图 2-34 所示为有两组同面投影互相平行的一种情形。

交叉两直线的同面投影，可能有一组、两组或三组同面投影都相交，但这些交点的投影一定不符合点的投影规律。图 2-36 所示为有三组同面投影都相交的一种

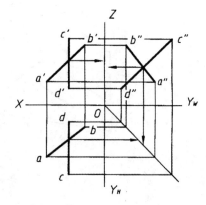

图 2-36 有一条直线是投影面平行线的两交叉直线

情形。

实际上，交叉两直线同面投影的交点是空间两直线上的两点对该投影面的重影。

由图 2-37 可看出，$a'b'$ 和 $c'd'$ 的交点 1′（2′），实际上是直线 AB 上的 I 点与直线 CD 上的 II 点对 V 面的重影。由 I、II 点的水平投影可知 I 点在前，II 点在后，I 点可见。ab 和 cd 的交点 3（4）实际上是空间直线 CD 上的 III 点与直线 AB 上的 IV 点对 H 面的重影。由 III、IV 点的正面投影可知 III 点在上，IV 点在下，III 点可见。

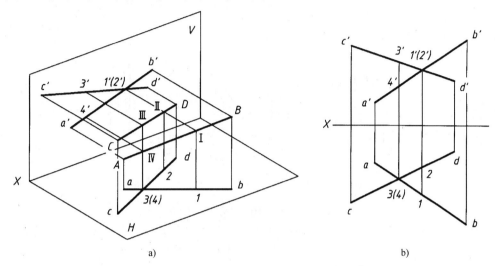

图 2-37 交叉两直线的投影

a）交叉两直线的立体图 b）交叉两直线的投影图

2.4 平面的投影

2.4.1 平面的几何元素表示法

由初等几何学可知，平面可以用点、线、面等几何元素表示，其空间位置有以下表示方法：

1）不在同一直线上的三点。

2）一条直线和直线外的一点。

3）相交两直线。

4）平行两直线。

5）任意平面图形（如三角形、平行四边形、多边形、圆等）。

各种表示方法的投影图如图 2-38 所示。

在图 2-38 所示投影图中，各种表示平面的方法之间有着紧密的联系，可以相互转换。如在图 2-38a 中，若连接 a、b 和 a'、b'，则可成为图 2-38b 所示图形。

同一平面，不论如何转换，只是其表示形式或形状的不同，而平面原空间位置不会改变。因此，在作图中，平面的表达形式可任意选择。通常根据作图方便和平面的表达效果，可采用两条相交直线、三角形和多边形平面等。

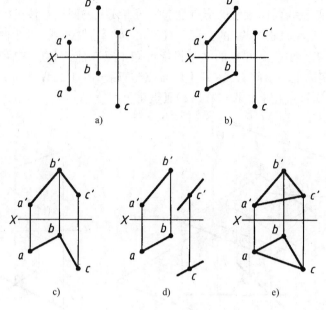

图 2-38　在投影图中表示平面的方法

a）不在同一直线上的三点表示平面　b）一条直线和直线外的一点表示平面
c）相交两直线表示平面　d）平行两直线表示平面　e）三角形表示平面

2.4.2　各种位置平面的投影特性

根据平面在三投影面体系中的位置可把空间平面分为三类：投影面垂直面、投影面平行面和一般位置平面。前两类平面又统称为特殊位置平面。无论何种位置的平面，最显著的区别是对投影面的倾角不同，它们对 H、V、W 面的倾角（即两面角）分别以 α、β、γ 表示。下面介绍各类平面的投影特性。

1. 投影面垂直面

垂直于一个投影面而与另外两个投影面倾斜的平面称为投影面垂直面。投影面垂直面按其所垂直的投影面不同可分为三种：

1）铅垂面：垂直于 H 面，而与 V 面和 W 面倾斜的平面称为铅垂面，如图 2-39 所示。

2）正垂面：垂直于 V 面，而与 H 面和 W 面倾斜的平面称为正垂面，如图 2-40 所示。

3）侧垂面：垂直于 W 面，而与 H 面和 V 面倾斜的平面称为侧垂面，如图 2-41 所示。

由图 2-39 可得铅垂面的投影特性为：铅垂面 S 的水平投影 s 为一直线，即有**积聚性**。这是因为铅垂面垂直于 H 面，与对水平面的投影方向平行，平面 S 的水平投影"积聚"成一条线；铅垂面的正面投影 s' 与侧面投影 s'' 均是平面 S 的类似形；铅垂面 S 的水平投影 s 与 OX 轴的夹角等于该平面对 V 面的倾角 β，与 OY_H 轴的夹角等于该平面对 W 面的倾角 γ。

正垂面和侧垂面也有类似的投影特性（见图 2-40 和图 2-41）。

由以上可得投影面垂直面的投影特性为：①平面在它所垂直的投影面上积聚成倾斜于投影轴的直线段；该线段与投影轴的夹角即为平面对另外两个投影面的倾角；②另外两个投影面上投影为平面图形的类似形。

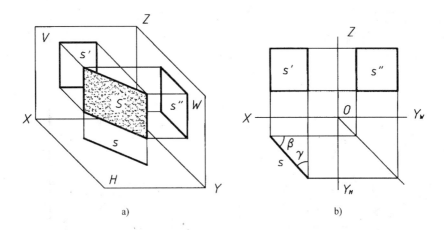

图 2-39 铅垂面

a）铅垂面的空间投影立体图　b）铅垂面的投影图

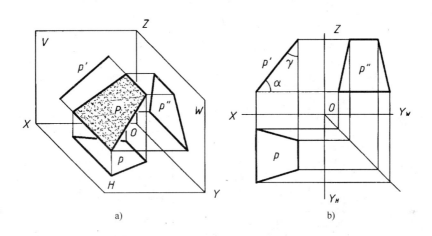

图 2-40 正垂面

a）正垂面的空间投影立体图　b）正垂面的投影图

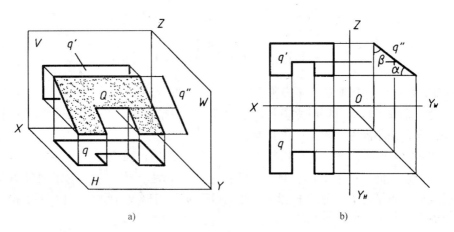

图 2-41 侧垂面

a）侧垂面的空间投影立体图　b）侧垂面的投影图

2. 投影面平行面

平行于一个投影面的平面称为投影面平行面。投影面平行面也分为三种，即：

1）正平面：平行于 V 面的平面称为正平面，如图 2-42 所示。

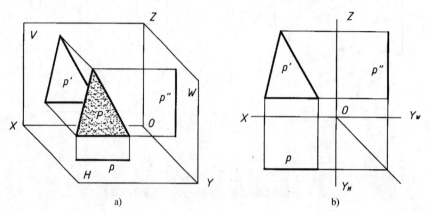

图 2-42　正平面
a）正平面的空间投影立体图　b）正平面的投影图

2）水平面：平行于 H 面的平面称为水平面，如图 2-43 所示。

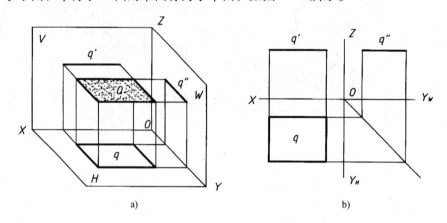

图 2-43　水平面
a）水平面的空间投影立体图　b）水平面的投影图

3）侧平面：平行于 W 面的平面称为侧平面，如图 2-44 所示。

每一种投影面平行面都同时垂直于两个投影面，仅平行于一个投影面，因而称该平面为投影面平行面，而不能称为投影面垂直面。

由图 2-42 可得正平面 P 的投影特性为：正平面 P 的正面投影 p' 反映该平面图形的实形，这是因为正平面平行于 V 面，且又采用的是正投影法，故正平面的正面投影反映该平面图形的实形；正平面 P 的水平投影 p 和侧面投影 p'' 都积聚成直线，且 $p/\!/OX$，$p''/\!/OZ$。

水平面和侧平面也有类似的投影特性（见图 2-43 和图 2-44）。

由以上可得投影面平行面的投影特性为：①平面在它所平行的投影面上的投影反映实形。②平面的其他两个投影都积聚成直线，且分别平行于与该平面平行的两投影轴。

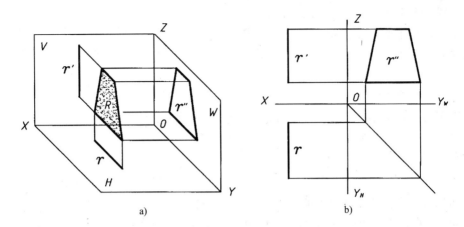

图 2-44 侧平面

a）侧平面的空间投影立体图 b）侧平面的投影图

3. 一般位置平面

一般位置平面和三个投影面既不平行又不垂直，均倾斜于投影面，如图 2-45a 所示。故一般位置平面的每个投影既无积聚性，也不反映平面的实形和倾角。因此，在投影图上，一般位置平面的三面投影均是面积缩小了的平面，如图 2-45b 所示。

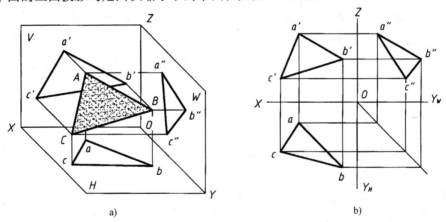

图 2-45 一般位置平面

a）一般位置平面的空间投影立体图 b）一般位置平面的投影图

2.4.3 平面上的直线和点

1. 直线在平面上的几何条件

满足下列条件之一的直线即为平面上的直线。

1）通过平面上两已知点。

2）通过平面上一已知点且平行于该平面上的任一直线。

根据以上直线在平面上的几何条件，在平面上求作直线的作图方法有两种：

方法一：在平面上的已知线段上任取两点，连接成直线。

如图 2-46 所示，平面由相交两直线 *AB*、*AC* 所确定，设在 *AB*、*AC* 两线段上分别取点

E、F，则 E、F 的连线 EF 必在该平面上。

方法二：过平面上一已知点引一条直线，使其与该平面上的任一直线平行。如图 2-46 所示，过平面上已知点 C，作平面上已知直线 AB 的平行线 CD，则直线 CD 就是该平面上的一条直线。

2. 平面上的投影面平行线

既在平面上，又平行于某一投影面的直线称为平面上的投影面平行线。

根据所平行的投影面不同，平面上的投影面平行线可分为平面上的水平线、平面上的正平线和平面上的侧平线三种。

在平面上求作投影面平行线的依据是：直线既要符合投影面平行线的投影特性，又要满足直线在平面上的几何条件，下面通过举例说明具体作法。

例 2-7　如图 2-47 所示，平面由平行两直线 AB、CD 所确定，在平面上作直线 EF，使其平行 V 面且距 V 面 15mm。

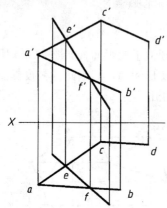

图 2-46　在平面上求作直线的方法一

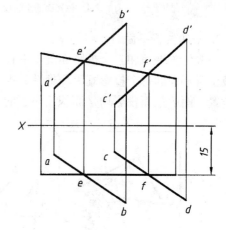

图 2-47　例 2-7 图

解　由题意，所求 EF 在已知平面上，EF 为正平线，其水平投影 ef 平行于 X 轴且距 X 轴 15mm。作图步骤为：

1）距 X 轴 15mm 作 X 轴的平行线与 ab、cd 交于 e、f。

2）由 e、f，在 $a'b'$、$c'd'$ 上求出 e'、f'，连接 $e'f'$；ef、$e'f'$ 即为所求。

例 2-8　如图 2-48a 所示，已知平面五边形 $ABCDE$ 的对角线 AC 为水平线，试完成五边形的正面投影图。

解　首先要根据给定的条件，判断平面是不是空间位置已确定，只有平面的空间位置确定时，才能进行投影作图；否则，就无法作出一个确定的平面。本例给定的投影中，直线 AB 完整；由于条件给定 AC 为水平线，a、c 又已知，故 AC 确定，因此，平面的位置由相交两直线 AB、AC 确定。作图步骤如下（见图 2-48b）：

1）过 a' 作 X 轴的平行线，过 c 作 X 轴的垂线，两直线相交于 c'。

2）分别连接 ac、be、bd，ac 与 be、bd 分别相交于 m、n，由 m、n 分别作 X 轴的垂线，求出 m'、n'。

3）分别连接 $b'm'$、$b'n'$ 并延长，使其与过 e、d 所作的 X 轴的垂线相交于 e'、d'。

4）分别连接 $a'e'$、$e'd'$、$d'c'$、$c'b'$ 并加粗，即得五边形的正面投影。

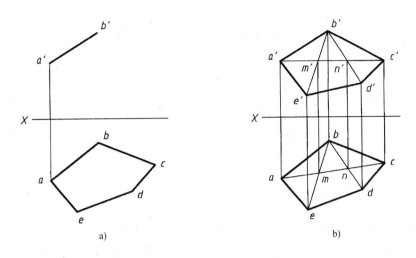

图 2-48 例 2-8 图
a）原题目 b）作图步骤

3. 在平面上取点

若点在平面的任一直线上，则此点一定在该平面上。因此，在平面上找点时，一般先在平面上作一条包含点的辅助直线，然后再从辅助直线上求点。当然，辅助直线的位置，要视题目要求和作图方便而定。

例 2-9 如图 2-49a 所示，已知 △ABC 上一点 K 的正面投影 k'，求作它的水平投影 k。

解 先过 k' 在三角形上作辅助直线，再从直线上求点 K。作图步骤如下（见图 2-49b）：

1）连接 a'k' 并延长至 d'，由 d' 作 X 轴的垂线与 bc 交于 d，连接 ad。

2）由 k' 作 X 轴的垂线与 ad 交于 k，则 k 即为所求。

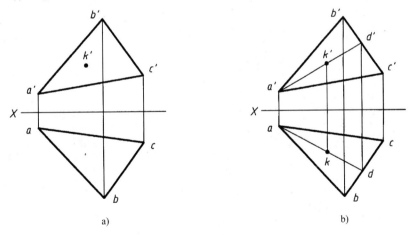

图 2-49 例 2-9 图
a）原题目 b）作图步骤

例 2-10 如图 2-50a 所示，已知四边形 ABCD 的两面投影，在其上取一点 K，使 K 点在 V 面前 15mm，在 H 面上 12mm 处。

解 根据题意要求，K 点必在平面上距 H 面 12mm 的水平线上，且 K 点距 V 面 15mm。

作图步骤如下（见图 2-50b）：

1）在 X 轴上方作 $e'f'$，$e'f'$ 距 X 轴 12mm，由 e'、f' 分别作 X 轴的垂线得 e、f，连接 ef，EF 为水平线。

2）在 ef 上取距 X 轴为 15mm 的点 k，k 即为所求点 K 的水平投影。由 k 作 X 轴的垂线与 $e'f'$ 交于 k'，k' 即为所求点 K 的正面投影。

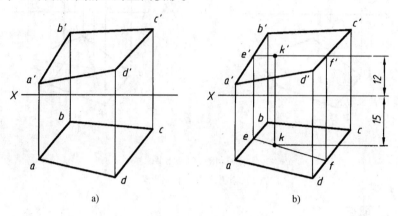

图 2-50　例 2-10 图

a）原题目　b）作图步骤

第 3 章　基本立体及立体的形成

柱、锥、台、球等几何体是组成机件的基本立体，简称基本体，如图 3-1 所示。表面都是平面的立体，称为平面立体，如棱柱、棱锥。表面是曲面或曲面与平面的立体，称为曲面立体。曲面可分为规则曲面和不规则曲面两类。规则曲面可看作是由一条线按一定的规律运动所形成，运动的线称为母线，而曲面上任一位置的母线称为素线。母线绕轴线旋转形成回转曲面，圆柱、圆锥、球、圆环是常见的回转体。

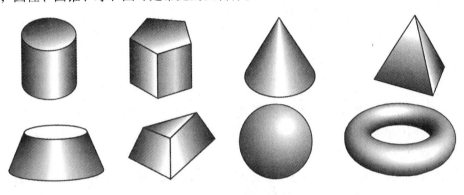

图 3-1　基本体

本章主要讨论基本体的投影、基本体表面上点的投影及立体的形成，以便为后面解决较复杂的立体投影打下基础。

在对立体进行正投影时，可把人的视线假想成互相平行且垂直于投影面的一组投射线。为了看图、画图方便，要尽量使立体的主要表面、棱线、素线处于与投影面平行或垂直的位置。

3.1　平面立体及其表面上点的投影

平面立体的表面由若干多边形组成。画平面立体的投影图，就是画其表面多边形的投影，即画其棱线和顶点的投影。若棱线可见，则将其投影画成实线；若棱线不可见，则将其投影画成虚线。

3.1.1　棱柱

1. 棱柱的投影

图 3-2a 所示为一个正五棱柱的空间投影立体图。这个五棱柱的顶面和底面都是水平面，它们的边分别是四条水平线和一条侧垂线；棱面是四个铅垂面和一个正平面，棱线是五条铅垂线。

图 3-2b 所示为正五棱柱的三面投影图。下面对其投影图进行分析：

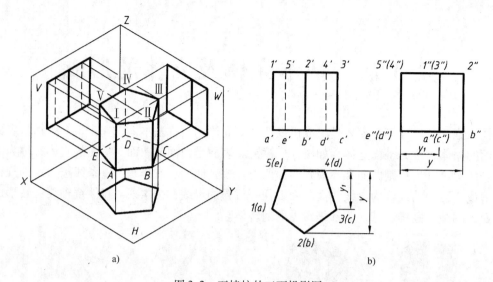

图 3-2 五棱柱的三面投影图

a) 正五棱柱的空间投影立体图 b) 正五棱柱的三面投影图

（1）五棱柱的水平投影 顶面的投影可见，底面的投影不可见，它们相互重合，反映实形。五个棱面的投影分别积聚成直线，与顶面的边的投影重合。五条棱线的投影分别积聚成点，与顶面边的交点的投影重合。

（2）五棱柱的正面投影 顶面和底面分别积聚成直线。除了后棱面ⅣⅤ*ED*的正面投影4'5'*e*'*d*'反映实形外，其他棱面的投影都仍是矩形，但面积缩小。前方的两个棱面ⅠⅡ*BA*和ⅡⅢ*CB*的正面投影1'2'*b*'*a*'和2'3'*c*'*b*'可见；而后方的三个棱面Ⅰ Ⅴ*EA*、Ⅲ Ⅳ*DC*、Ⅳ Ⅴ*ED*的正面投影1'5'*e*'*a*'、3'4'*d*'*c*'、4'5'*e*'*d*'不可见。五条棱线的正面投影都是铅垂线，且反映实长。可见棱线Ⅰ*A*、Ⅱ*B*、Ⅲ*C*的投影1'*a*'、2'*b*'、3'*c*'应画成实线；不可见棱线Ⅳ*D*、Ⅴ*E*的投影4'*d*'、5'*e*'应画成虚线。

（3）五棱柱的侧面投影 顶面和底面分别积聚成直线。后棱面的侧面投影积聚成直线，其他棱面的投影都仍是矩形，但面积缩小。左方的两个棱面的侧面投影可见；而右方的两个棱面的侧面投影不可见，分别重合在左方两个棱面的可见投影上。五条棱线的侧面投影都是铅垂线，且反映实长。可见的棱线画成实线；而不可见的棱线重合于可见棱线的投影的粗实线上。

上述的投影图中，省略了投影轴。在实际绘图时也是不画投影轴的。应该注意：虽然不画投影轴，但任何一点的正面投影和水平投影、正面投影和侧面投影仍分别在相应的投影连线上；而且，在几何形体的水平投影和侧面投影之间，也应保持相同的前后对应关系，一般可直接量取相等的距离作图。

2. 棱柱表面上点的投影

例 3-1 如图 3-3a 所示，已知正五棱柱表面上点 *F* 和 *G* 的正面投影*f*'（*g*'），作出它们的水平投影和侧面投影。

解 因为 *F* 和 *G* 在正五棱柱的表面上，根据*f*'可见，*g*'不可见，点 *F* 在左前侧棱面上，点 *G* 在后棱面上。其作图思路主要是根据点在棱面上，若棱面的某投影积聚成一条直线，则点的同面投影在这条直线上。作图过程如图 3-3b 所示，其步骤如下：

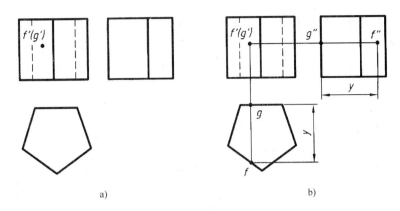

a)   b)

图 3-3 棱柱表面上点的投影

a) 例 3-1 原题 b) 作图步骤

1）由 $f'(g')$ 分别在这两个棱面的有积聚性的水平投影（直线）上作出 f、g。
2）由 (g') 在后棱面的有积聚性的侧面投影（直线）上作出 g''。
3）根据点的投影规律，由 f、f' 作出 f''。

3.1.2 棱锥

1. 棱锥的投影

图 3-4a 所示为一个三棱锥的立体图和投影图。这个三棱锥的底面是水平面；后棱面是一个侧垂面；两个前棱面是一般位置平面。

图 3-4b 所示为三棱锥的三面投影图。下面对其投影图进行分析：

1）在水平投影中，三个棱面的投影可见，但均不反映实形；底面 ABC 的投影 abc 反映实形，但不可见，它与三个棱面的投影相互重合。

2）在正面投影中，底面积聚成平行于 X 轴的直线；前方的两个棱面 SAC、SAB 的正面投影 $s'a'c'$、$s'a'b'$ 可见；后棱面 SBC 的正面投影 $s'b'c'$ 不可见。

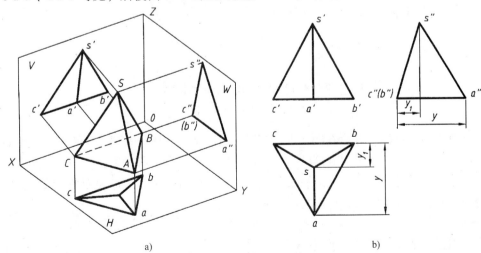

a)   b)

图 3-4 棱锥的投影图

a) 三棱锥的立体图和投影图 b) 三棱锥的三面投影图

3）在侧面投影中，底面积聚成平行于 Y 轴的直线；后棱面 SBC 积聚成斜直线；左前侧棱面 SAC 的侧面投影 $s''a''c''$ 可见，右前侧棱面 SAB 的侧面投影 $s''a''b''$ 不可见，它们相互重合，两棱面的投影均不反映实形。但左前侧棱面与右前侧棱面的交线（棱线）SA 是侧平线，故其侧面投影 $s''a''$ 反映 SA 实长。

2. 棱锥表面上点的投影

例 3-2 如图 3-5a 所示，已知三棱锥表面上点 M 的正面投影 m'，作出它的水平投影和侧面投影。

解 由于 m' 可见，故可断定点 M 在左前侧棱面上。其作图思路主要是根据点在棱面上，点一定在棱面上过该点的一条直线上，先在棱面上过点作一条辅助线，求出辅助直线的投影，再从辅助直线的投影上求出点的投影。作图过程如图 3-5b 所示，其步骤如下：

1）过 s' 与 m' 点作一直线与底面交于 k' 点（k' 点是棱面上的直线 SM 与底面 ABC 的边 AC 的交点 K 的正面投影）；过点 k' 向下作垂线，与底面的水平投影的边相交于 k 点，过 s 和 k 作一直线 sk（sk 是直线 SM 的水平投影）；由 k 和 k' 得 k'' 点，过 s'' 与 k'' 作一直线 $s''k''$（$s''k$ 是直线 SM 的侧面投影）。这一步是求过 M 点的辅助直线 SM 的投影。

2）过 m' 点向下作垂线与直线 sk 相交，得交点 m，m 即为 M 点的水平投影。过 m' 点作一水平线向右与 $s''k''$ 交于 m''，m'' 即为点 M 在侧面上的投影。这一步是从辅助直线 SM 的投影上求作点 M 的另两面投影。

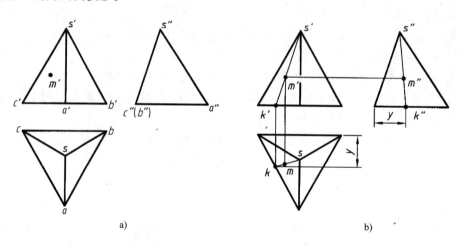

图 3-5 棱锥表面上点的投影图
a）例 3-2 原题 b）作图步骤

前面对平面基本体的讨论方法，也适用于一般的平面立体。一般的平面立体是由若干多边形所围成，因此，绘制平面立体的投影，可归结为绘制它的所有表面多边形的边和顶点的投影。多边形的边是平面立体上的棱线，是平面立体的每两个多边形表面的交线。当棱线的投影为可见时，画为粗实线；不可见时，画为虚线。

3.2 回转体及其表面上点的投影

回转体的侧面是光滑曲面，在向平行于轴线的投影面投射时，其上某条或某几条素线会把回转面分为两半，是可见面和不可见面的分界线，称其为**轮廓素线**。在平行于轴线的投影面上画回转体的投影时，对其回转表面只需画出其轮廓素线的投影，同时用细点画线画出轴线的投影。

3.2.1 圆柱

圆柱体由圆柱面、顶面、底面所围成，圆柱面可看作是直线绕与它平行的轴线旋转而成。

1. 圆柱的投影

图 3-6a 所示为一个圆柱的空间投影立体图，圆柱的轴线为铅垂线，亦即圆柱面上的所有素线都是铅垂线，圆柱的顶面和底面都是水平面。图 3-6b 所示为圆柱的三面投影图。下面对其投影图进行分析：

1）圆柱面的水平投影有积聚性，积聚成一个圆，圆柱面上的点和线的水平投影都重合在这个圆上。由于圆柱的顶面和底面是水平面，它们的水平投影反映实形，也是这个圆。

2）圆柱正面投影中，左、右两轮廓线是圆柱面上最左、最右轮廓素线的投影。上面与下面两直线段是圆柱上、下底面的正面投影。最前、最后轮廓素线的正面投影与圆柱轴线的正面投影重合，但不能画出。

3）圆柱侧面投影的两侧轮廓线是圆柱面上最前和最后轮廓素线的投影。上面与下面两直线段是圆柱上、下底面的侧面投影。最左、最右两轮廓素线的侧面投影和圆柱轴线的侧面投影重合，但不能画出。

由于是回转体，画投影图时，要画出回转轴线的投影。

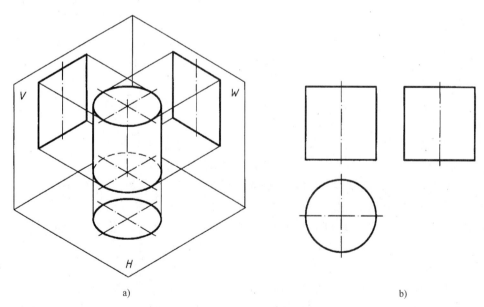

a)　　　　　　　　　　　　　　　　　　b)

图 3-6　圆柱的投影图

a）圆柱的空间投影立体图　b）圆柱的三面投影图

2. 圆柱表面上点的投影

例 3-3　如图 3-7a 所示，已知圆柱表面上两个点 A、B 的正面投影 a'(b')，求作它们的水平投影和侧面投影。

解 从 a' 可见和（b'）不可见可知，点 A 在前半圆柱面上，而点 B 在后半圆柱面上。其作图思路主要是根据点在圆柱表面上，而圆柱表面的水平投影是圆，则点的水平投影在圆上。作图过程如图 3-7b 所示，其步骤如下：

1）由 $a'(b')$ 向下作垂线，与圆柱面的水平投影相交，交点 a 和 b 即分别为点 A、B 的水平投影。

2）由 a' 和 a、b' 和 b 分别作出 a''、b''。由于点 A、B 都在左半圆柱面上，所以 a''、b'' 都是可见的。

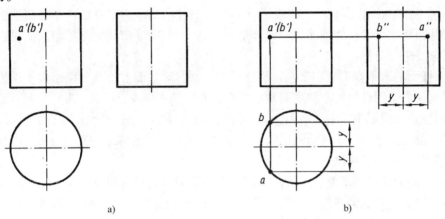

图 3-7　圆柱表面上点的投影图

a）例 3-3 原题　b）作图步骤

3.2.2　圆锥

圆锥体由圆锥面、底面所围成，圆锥面可看作是直线绕与它相交的轴线旋转而成。

1. 圆锥的投影

图 3-8a 所示为一个圆锥的空间投影立体图，圆锥的轴线为铅垂线，底面是水平面。图 3-8b 所示为圆锥的三面投影图。下面对其投影图进行分析：

1）在水平投影中，圆锥面的水平投影为一个圆；圆锥底面是水平面，它的水平投影反映实形，也是这个圆。对于圆，要用细点画线画出其中心线。

2）在正面投影中，圆锥面正面投影的轮廓线是圆锥面上最左、最右轮廓素线的投影。最左、最右轮廓素线是正平线，其投影表达了锥面素线的实长。圆锥面上最前、最后轮廓素线的投影与圆锥轴线的正面投影重合，但不能画出。圆锥底面的正面投影积聚成直线。

3）在侧面投影中，圆锥面侧面投影的轮廓线是圆锥面上最前、最后轮廓素线的投影。最前、最后轮廓素线是侧平线，其投影表达了锥面素线的实长。圆锥面上最左、最右轮廓素线的投影与圆锥轴线的侧面投影重合，但不能画出。圆锥底面的侧面投影积聚成直线。

由于是回转体，画投影图时，要画出回转轴线的投影。

2. 圆锥表面上点的投影

例 3-4　如图 3-9 所示，已知圆锥表面上点 A 的正面投影 a'，求作它的水平投影和侧面投影。

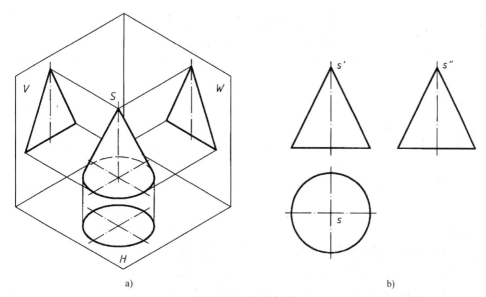

图 3-8　圆锥的投影

a) 圆锥的空间投影立体图　b) 圆锥的三面投影图

解　因为 a' 可见，所以点 A 位于前半圆锥面上。由于圆锥面的三个投影都没有积聚性，所以求作点 A 的另两面投影常采用**辅助素线法**或**辅助圆法**。辅助素线法是在圆锥面上通过点 A 作一条辅助素线，先求作辅助素线的投影，再从辅助素线的投影上作出点 A 的投影。辅助圆法是在圆锥面上通过点 A 作一垂直于轴线的圆，先求作辅助圆的投影，再从辅助圆的投影上作出点 A 的投影。分述如下：

（1）**辅助素线法**　作图过程如图 3-9a 所示，其步骤如下：

1）连接 s' 和 a'，延长 $s'a'$ 与底圆的正面投影相交于 b'。根据 b' 在前半底圆的水平投影上作出 b，再由 b 在底圆的侧面投影上作出 b''。分别连接 s 和 b、s'' 和 b''。SB 就是过点 A 且在圆锥表面上的一条辅助素线，sb、$s'b'$、$s''b''$ 是其三面投影。

2）由 a' 分别在 sb、$s''b''$ 上作出 a、a''。由于圆锥面的水平投影是可见的，所以 a 也可

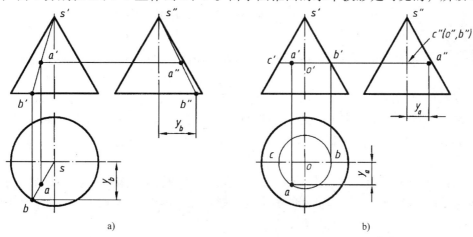

图 3-9　求圆锥表面上点的投影

a) 辅助素线法作图步骤　b) 辅助圆法作图步骤

见；又因 A 在左半圆锥面上，所以 a″ 也可见。

（**2**）**辅助圆法**　作图过程如图 3-9b 所示，其步骤如下：

1）过 A 作垂直于轴线的水平辅助圆，其正面投影为直线，其长度就是过 a′ 的 b′c′；其水平投影是以 o′b′（即 ob）为半径的圆，它反映辅助圆的实形；其侧面投影也是直线。

2）因为 a′ 可见，所以点 A 应在前半圆锥面上，于是就可由 a′ 在水平圆的前半圆的水平投影上作出 a。

3）由 a′、a 作出 a″。可见性的判断在辅助线法中已阐述，不再重复。

3.2.3　圆球

圆球体是由球面围成的，球面可看作是圆以其直径为轴线旋转而成。

1. 圆球体的投影

如图 3-10 所示，球体的三面投影都是与球直径相等的圆。

球的正面投影的轮廓线是球面上平行 V 面的轮廓素线圆的投影。

球的水平投影的轮廓线是球面上平行 H 面的轮廓素线圆的投影。

球的侧面投影的轮廓线是球面上平行 W 面的轮廓素线圆的投影。

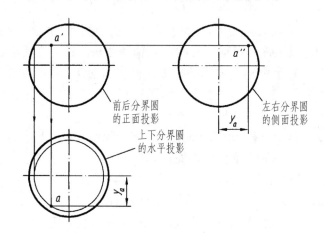

图 3-10　求圆球体表面上点的投影

2. 圆球体表面上点的投影

例 3-5　如图 3-10 所示，已知球面上点 A 的正面投影 a′，求作它的水平投影和侧面投影。

解　根据 a′ 可见及点 a′ 的位置，可知点 A 位于左、前、上半圆球面上。求作点 A 的另两面投影常采用辅助圆法。辅助圆法是在圆球表面上通过点 A 作一平行于投影面的圆，先求作辅助圆的投影，再从辅助圆的投影上作出点 A 的投影。作图过程如图 3-10 所示，其步骤如下：

1）过点 A 作一平行于水平投影面的辅助圆，辅助圆的正面投影就是球的正面投影（圆）内过 a′ 的水平细实线；辅助圆的侧面投影就是球的侧面投影（圆）内的水平细实线；辅助圆的水平投影反映这个圆的实形，是球的水平投影（圆）内的细实线圆。

2）点 A 位于前、上半圆球面上，由 a′ 在水平投影的细实线圆的前半圆上作出 a。

3）点 A 位于左、前半圆球面上，由 a′、a 作出 a″。a 和 a″ 都可见。

3.2.4　圆环

圆环面是由一个圆绕圆平面上但不通过圆心的固定轴线回转形成的。

1. 圆环的投影

图 3-11 所示为一个圆环的投影图，圆环的轴线为铅垂线。

圆环正面投影中的两个圆是最左、最右轮廓素线圆的投影，虚线半圆表示内环面的轮廓素线圆，实线半圆为外环面的轮廓素线圆；上、下两横线是圆环面上最高轮廓素线圆和最低轮廓素线圆的投影。

圆环的侧面投影中的两个圆是最前、最后轮廓素线圆的投影；其他与正面投影相同。

圆环水平投影中的两个同心圆是最大轮廓素线圆和喉圆的投影。细点画线圆是母线圆圆心轨迹。

2. 圆环面上点的投影

例 3-6　如图 3-11 所示，已知 a'，求出 a 和 a''。

解　根据已知 a'，判断出点 A 位于左边下半外环面上，它的水平投影是不可见的，侧面投影可见。求作圆环表面上点的另两面投影一般采用**辅助圆法**，过点 A 在圆环表面上作一垂直于圆环轴线的辅助圆，先作出辅助圆的投影，再从辅助圆的投影上求出点的投影。作图过程如图 3-11 所示，其步骤如下：

1）过 a' 作圆环轴线的垂线，使其与环面轮廓线交于 $1'$、$2'$。$1'2'$ 是过点 A 在圆环表面所作垂直于圆环轴线的辅助圆的正面投影。

2）以 $1'2'$ 为直径，以 O 为圆心画圆，该圆就是辅助圆的水平投影，在圆周上作出 a。

3）由 a'、a 作出 a''。

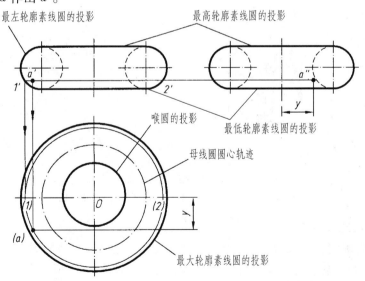

图 3-11　圆环及其表面上点的投影

对于圆环表面上的点，如果已知其正面（或侧面）投影不可见，其另两面的投影不确定，这时要把另两面所有可能的投影都求作出来，这是因为圆环面上的点可能在内圆环面上或后外圆环面（右外圆环面）上。如图 3-12 所示，如果已知 (b')，则与 (b') 相对应的

另两面投影可能是 b_1、b''_1，也可能是 b_2、b''_2，或 b_3、b''_3。

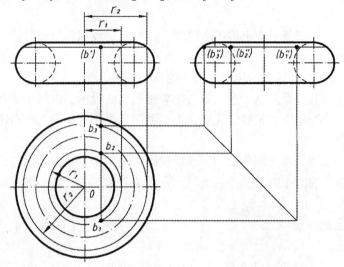

图 3-12　圆环上点的正面投影不可见时其另两面的投影

3.3　立体的形成

掌握立体的形成方式，有助于对复杂零件的结构分析和零件设计的构型。

1. 拉伸形成立体

将平面轮廓沿着与轮廓垂直的方向拉伸形成立体，如图 3-13a 所示。拉伸时每一横截面还可以改变大小，如图 3-13b 所示。

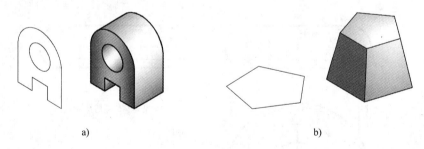

a)　　　　　　　　　　　　　　　　　b)

图 3-13　拉伸生成立体

a）横截面不改变大小形成立体　b）横截面改变大小形成立体

2. 旋转形成立体

将一平面轮廓绕着一条指定的轴线旋转形成立体。旋转时可绕轮廓的自身边旋转，如图 3-14a 所示；也可绕轮廓外的非自身边（作为轴线）旋转成形，如图 3-14b 所示。

3. 放样形成立体

不在同一平面上的两个或多个轮廓之间进行连接过渡，生成表面光滑、形状复杂的立体。图 3-15a 所示为两个轮廓形成的放样立体；图 3-15b 所示为多个轮廓形成的放样立体。

4. 扫掠形成立体

将轮廓沿着一条路径移动，其轮廓移动的轨迹构成立体，如图 3-16 所示。

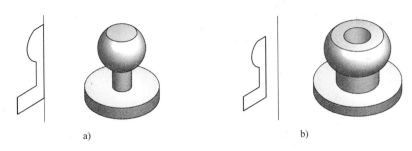

a)　　　　　　　　　　　b)

图 3-14　旋转形成立体

a）绕自身边旋转　b）绕非自身边旋转

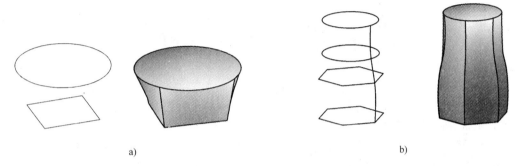

a)　　　　　　　　　　　b)

图 3-15　放样形成立体

a）由两个轮廓形成的放样立体　b）由多个轮廓形成的放样立体

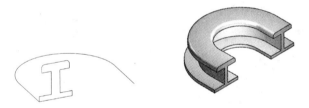

图 3-16　扫掠形成立体

5. 切割形成立体

对简单立体进行挖切或切割后形成新的有槽、坑或空腔等结构的立体，称为**切割体**。图 3-17c 所示为对长方体（见图 3-17a）进行切割（见图 3-17b）后形成的立体。

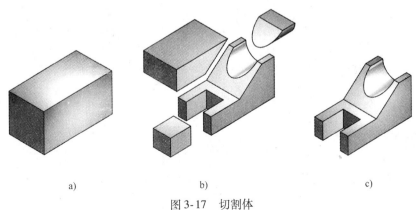

a)　　　　　　　b)　　　　　　　c)

图 3-17　切割体

a）长方体　b）对长方体进行切割　c）切割后形成的立体

6. 组合形成立体

由若干个用各种方式形成的简单立体按一定位置关系像搭积木一样叠加形成的立体称为**组合体**。图 3-18b 所示为由图 3-18a 的三个较简单立体组合而成的组合体。组合体的结构相对比较复杂，实际中一些较复杂的机件常常可理解为组合体。

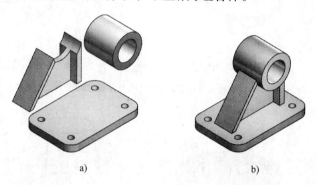

图 3-18　组合体

a）组合体分解图　b）组合体

7. 由公共部分形成立体

由若干简单立体的公共部分形成立体。图 3-19c 所示为由图 3-19a 的两个立体重叠在一起（见图 3-19b），取其公共部分而形成的立体。

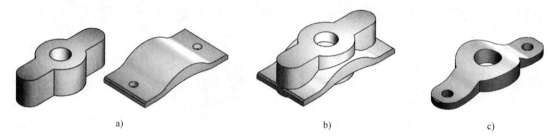

图 3-19　由公共部分形成立体

a）原两个立体　b）重叠在一起　c）取公共部分形成的立体

第4章 截交线和相贯线

绘制较复杂形体的投影图时，常常需要画出形体表面上的交线——平面与立体表面的交线或两立体表面的交线。掌握这些交线的性质和画法，将有助于准确地画出机件的投影，也有利于读图时对机件结构形状进行分析。

4.1 截交线

立体被平面截断后形成的形体称为**截断体**。平面称为**截平面**。截平面与立体表面的交线称为**截交线**。截交线所围成的封闭平面称为**截断面**，如图4-1所示。

截交线具有如下基本性质：

1）截交线是截平面与立体表面的共有线，因此，求截交线就是求截平面与立体表面的共有点。

2）由于立体表面是封闭的，故截交线一定是封闭的平面曲（折）线。

3）截交线的形状由立体表面形状和截平面与立体的相对位置决定。

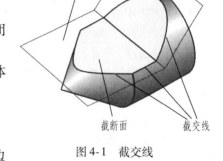

图4-1 截交线

4.1.1 平面立体的截交线

平面立体的截交线是封闭的平面多边形，此多边形的各个边为截平面与平面立体表面的交线，多边形的各个顶点为截平面与平面立体上某些棱线、边线的交点，所以求平面立体截交线的实质就是求截平面与平面立体表面的交线，即求截平面与平面立体上某些棱线、边线的交点。

1. 平面与棱锥相交

例4-1 如图4-2a、b所示，求正垂面截切三棱锥的投影。

解 截平面（截断面）为正垂面，其正面投影具有积聚性，故截交线的正面投影重合于截断面的积聚投影上，而其水平投影与侧面投影需求出，即求棱线与截平面的交点的相应投影。作图步骤如下：

1）求交点。如图4-2c所示，截平面与三条棱线交点的正面投影为1'、2'、3'，在相应棱线上求得水平投影点1、2、3和侧面投影点1"、2"、3"。

2）连线。依次连接水平投影点1、2、3和侧面投影点1"、2"、3"。在连每一条线之前，要判别其可见性。若该段截交线所在的表面可见，则两点连线为实线；若该段截交线所在的表面不可见，则两点连线为虚线。1 2、2 3、3 1及1"2"、2"3"、3"1"均为实线。

2. 平面与棱柱相交

例4-2 如图4-3a、b所示，求作切口六棱柱的侧面投影。

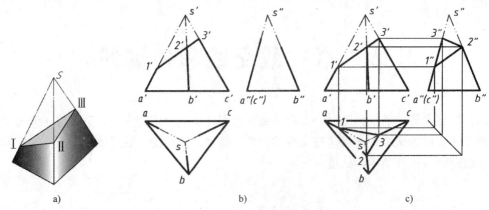

图 4-2 三棱锥的截交线画法

a）立体图 b）例 4-1 投影图（原题） c）作图步骤

解 由图 4-3a、b 可知该六棱柱被侧平面和正垂面联合截切。截交线 *AB*、*BC*、*AI* 与两个截平面的交线 *IC* 围成一个截断面 *ABCIA*；*CD*、*DE*、*EF*、*FG*、*GH*、*HI* 与 *IC* 围成一个截断面 *CDEFGHIC*。截断面 *ABCIA* 为矩形，其正面和水平投影积聚，侧面投影反映实形；截断面 *CDEFGHIC* 为七边形，正面投影积聚，水平和侧面投影是七边形的类似形。作图步骤如下：

1）先画出完整的六棱柱侧面投影。

2）求各截交线端点的侧面投影。截交线的端点或者在棱柱的棱线上，如 *D*、*E*、*F*、*G*、*H*；或者在棱柱的表面上，如 *A*、*B*、*C*、*I*。根据六棱柱各表面在水平面上的投影有积聚性，以及截断面的投影积聚性，先确定截交线各端点的水平投影 $a(i)$、$b(c)$、d、e、f、g、h 和正面投影 $b'(a')$、$c'(i')$、$d'(h')$、$e'(g')$、f'，再按投影关系，确定相应的侧面投影 a''、b''、c''、d''、e''、f''、g''、h''、i''，如图 4-3b 所示。

3）连线。依次连接 $a''b''$、$b''c''$、$c''d''$、$d''e''$、$e''f''$、$f''g''$、$g''h''$、$h''i''$、$i''a''$。注意连接交线 $i''c''$。

4）整理全图。删掉被截去的棱线和轮廓，补充不可见棱线，完成全图。如图 4-3c 所示。

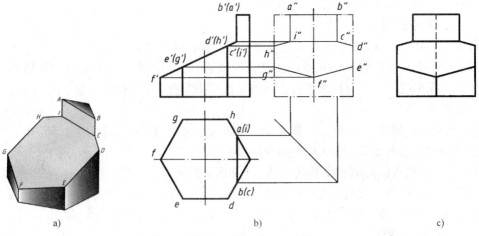

图 4-3 切口六棱柱的侧面投影画法

a）立体图 b）作图步骤 c）侧面投影

4.1.2 回转体的截交线

平面与回转体相交，截交线一般为封闭的平面曲线，特殊情况为平面多边形。截交线上的每一点都是立体表面与截平面的共有点，因此，求作这种截交线的一般方法是：作出截交线上一系列点的投影，再依次光滑连接成曲线。显然，若能确定截交线的形状，对准确作图是有利的。

1. 圆柱体的截交线

根据截平面与圆柱轴线的相对位置，截交线有三种情况，见表 4-1。

表 4-1 平面与圆柱的截交线

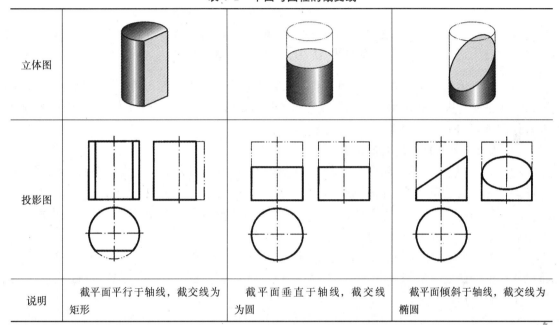

立体图		
投影图		
说明	截平面平行于轴线，截交线为矩形	截平面垂直于轴线，截交线为圆	截平面倾斜于轴线，截交线为椭圆

例 4-3 如图 4-4a 所示，已知圆柱被正垂面所截，求作截交线的投影。

解 该截交线是椭圆。因为截平面为正垂面，故截交线的正面投影积聚为直线，与截平面正面投影重合；截交线的侧面投影积聚在圆柱面的侧面投影上为圆；只需求出它的水平投影。截交线椭圆的投影一般仍是椭圆。作图步骤如下（见图 4-4b）：

1）先求特殊点，即求截交线的最前、最后、最左、最右、最上、最下的点。应先求椭圆长短轴的端点。长轴端点 A、B 是在圆柱面的前后可见与不可见的分界线——最上、最下轮廓素线上，又分别是截交线的最右、最高点和最左、最低点，a'、b' 位于截平面投影与圆柱最上、最下轮廓素线投影的交点处。按照立体表面取点法，作出水平投影 a、b。短轴端点 C、D 位于圆柱面的最前、最后轮廓素线上，c'、d' 位于圆柱正面投影的轴线上，由 c'、d' 作出 c、d。

2）再求作若干一般位置点。在特殊点之间适当取一些一般点如 G、E、F、H，以使截交线作图准确。具体做法是：由 g'、e'、h'、f' 得到 g''、e''、h''、f''，然后得 g、e、h、f。

3）依次光滑连接各点即得所求，如图 4-4c 所示。

例 4-4 如图 4-5a 所示，求作带切口圆柱的三面投影图。

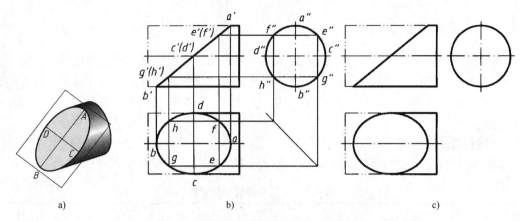

图 4-4　正垂面截圆柱的截交线的投影画法

a）立体图　b）作图步骤　c）截交线的投影

解　该立体为一正圆柱被水平面与侧平面切去左上角，水平面与两个侧平面挖去中下部而成。水平面与圆柱轴线垂直，侧平面平行于圆柱的轴线。截交线分别为圆弧及两平行直线。作图步骤如下（见图 4-5b）：

1）画出完整圆柱的三面投影图。

2）依五个截平面的实际位置，作出其正面投影。因它们为水平面或侧平面，均垂直于正面，故截平面的正面投影积聚为直线。

3）按照投影关系作出水平投影。两水平面的水平投影重合在圆周上，三个侧平面的水平投影为直线（可见和不可见）。

4）由两面投影求作侧面投影。左上角的水平面的侧面投影积聚为直线段 1″3″2″；中下部的水平面的侧面投影积聚为直线段 5″4″(6″) 7″(9″) 8″；侧平面的投影各为一矩形，宽分别为 1″2″ 和 4″7″。

5）判别可见性。左上角切口的水平投影和侧面投影均可见，画成实线。中下部切口的水平投影不可见，画为虚线，侧面投影被左边圆柱面挡住部分画为虚线。

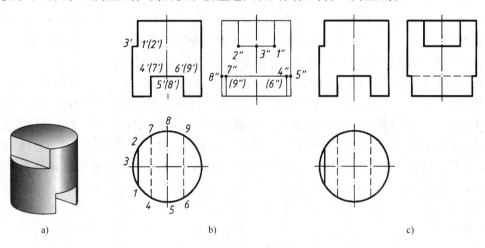

图 4-5　带切口圆柱的投影图画法

a）立体图　b）作图步骤　c）带切口圆柱的三面投影图

6）去掉多余的轮廓线。对于切口问题，必须把截切部分的轮廓线去掉。正面投影中左上角不画线，底圆的中间一段弧的正面投影也不画出；侧面投影中由于中下部圆柱切掉了，故最前、最后轮廓素线下段以及底圆前后两段弧的侧面投影也不必画线，如图 4-5c 所示。

2. 圆锥的截交线

截平面与圆锥的相对位置不同时，其截交线有五种不同形状，见表 4-2。

表 4-2　平面与圆锥的截交线

立体图 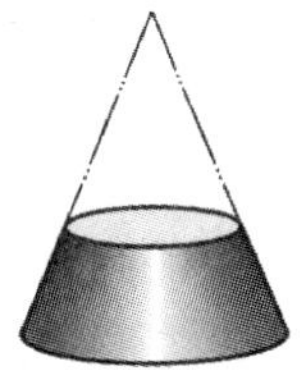 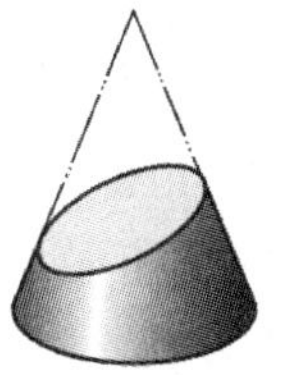 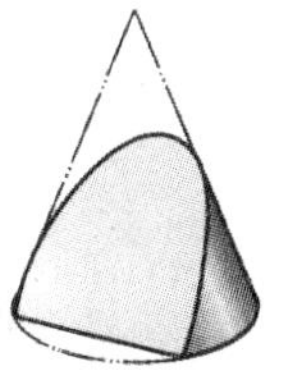 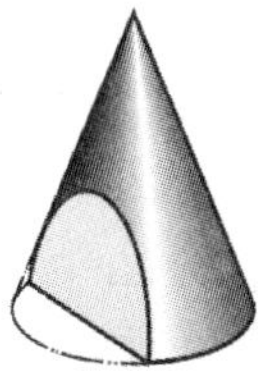 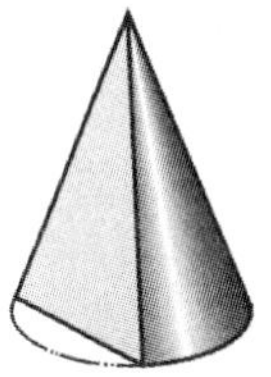				
投影图 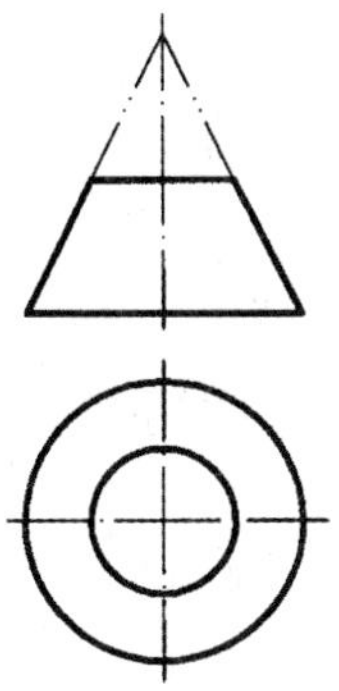 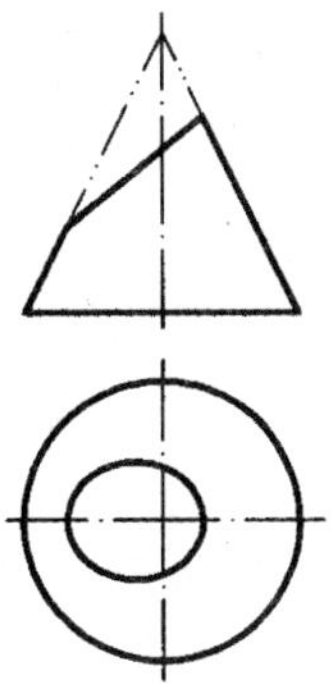 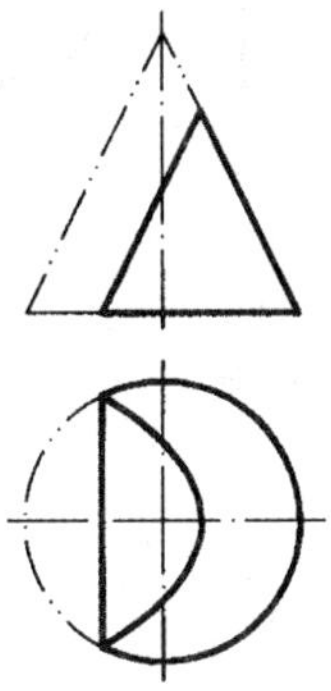 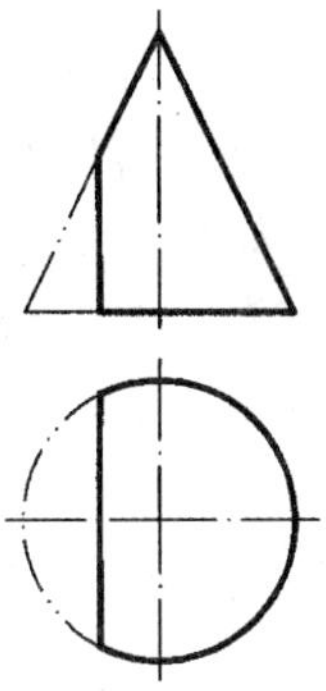 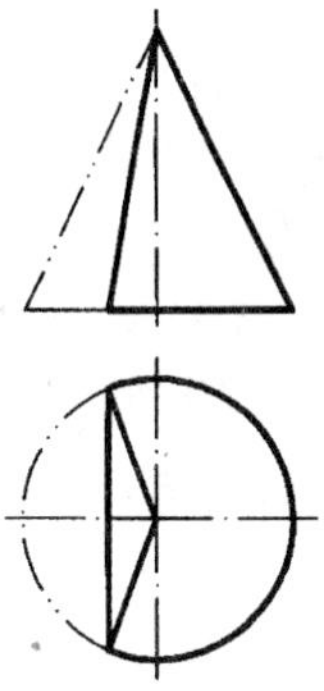				
说明	截平面垂直于轴线，截交线为圆	截平面倾斜于轴线，截交线为椭圆	截平面平行于一条素线，截交线为抛物线	截平面平行于轴线，截交线为双曲线	截平面过锥顶，截交线为三角形

例 4-5　如图 4-6a 所示，求圆锥被侧平面截切的侧面投影。

解　圆锥被平行其轴线的侧平面截切，截交线为双曲线。它的正面投影和水平投影积聚为直线，侧面投影仍为双曲线。作图步骤如下（见图 4-6b）：

1）求作特殊点。双曲线的顶点也即截交线之最高点的正面投影 $1'$；截平面与锥底圆的交点是最低点，也是截交线之最前、最后两点，其水平投影为 2、3。由 $1'$ 作出 1 和 $1''$；由 2、3 作出 $2''$、$3''$，如图 4-6b。

2）作一般位置点。通过作辅助纬圆（线）作出一般点，如图 4-6c 所示的 $5''$、$6''$。

3）光滑连线。取得足够的一般点后，依次光滑连接，即得双曲线的侧面投影。

例 4-6　如图 4-7 所示，求作被正垂面截头的圆锥的水平与侧面投影。

解　圆锥被正垂面斜切顶部，截交线为椭圆，它的水平投影和侧面投影一般仍为椭圆。作图步骤如下：

1）求作特殊点。该题的特殊点有两类，一类是椭圆的长、短轴端点，另一类是圆锥轮廓素线上的点，应分别作出。①椭圆长轴端点 A、B 的正面投影是截平面的积聚性投影与圆锥最右、最左轮廓素线的交点 a'、b'，由 a'、b' 作出 a、b 和 a''、b''；短轴端点 C、D 的投影

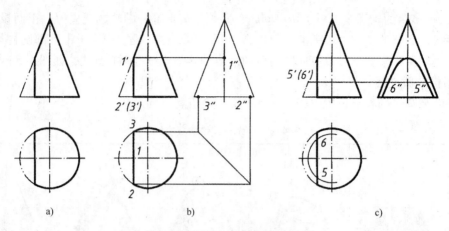

图 4-6　侧平面截圆锥的投影

a) 原题　b) 求作特殊点　c) 作一般位置点并光滑连线

c'、d' 为线段 $a'b'$ 的中点，过 C、D 作水平面截圆锥截出一个辅助圆，作出辅助圆的水平投影，从该投影上得 c、d，再由 c、d 和 c'、d' 得到 c''、d''。②圆锥最前、最后轮廓素线上的点 E、F 的正面投影为 e'、f'，由 e'、f' 得 e''、f''，再得 e、f，如图 4-7a 所示。

2）求作一般位置点。为了准确地作出截交线，在特殊点间作出若干一般位置点，如图 4-7b 所示的 1、$1'$、$1''$，2、$2'$、$2''$，3、$3'$、$3''$，4、$4'$、$4''$，这些点的求作方法可以用辅助圆法。

3）依次光滑连接各点，并判别可见性。由于截平面可见，故截交线的水平投影与侧面投影均可见。

4）完成轮廓线的投影，侧面投影未被切去部分的轮廓素线画到 e''、f''，如图 4-7c 所示。

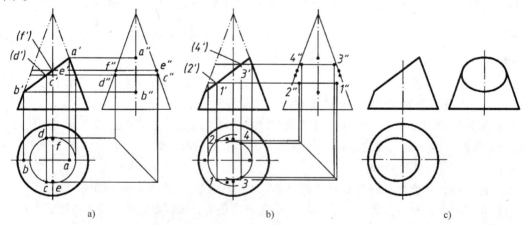

图 4-7　截头圆锥的水平与侧面投影

a) 求作特殊点　b) 求作一般位置点　c) 光滑连线完成投影

3. 圆球的截交线

任何位置的截平面截切圆球时，截交线都是圆。当截平面平行于某一投影面时，截交线在该投影面上的投影为圆，在另外两投影面上的投影为直线；当截平面为投影面垂直面时，截交线在该面上的投影为直线，而另外两投影为椭圆。

例4-7 如图4-8b所示，补全开槽半圆球的水平和侧面投影。

解 半圆球顶部的通槽是由两个侧平面和一个水平面切割形成的。侧平面与球面的交线在侧面投影中为圆弧，在水平投影中为直线；水平面与球面的交线，在水平投影中为两段圆弧，侧面投影为两段直线。作图步骤如下：

1）作通槽的水平投影。以 $a'b'$ 为直径画水平面与球面截交线的水平投影（前、后两段圆弧）；两个侧平面的水平投影为两条直线，如图4-8c所示。

2）作通槽的侧面投影。分别以 $c'd'$ 和 $e'f'$ 为半径，以 o'' 为圆心，画两侧平面与球面截交线的侧面投影。右边侧平面与水平面交线的侧面投影为 $3''4''$，左边侧平面与水平面交线的侧面投影为 $1''2''$。由于 $3''4''$ 的中间部分（即 $1''2''$）被左边球面遮住，故画成虚线，如图4-8d所示。

3）完成其余轮廓线的投影。

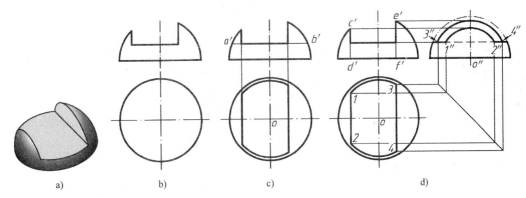

图4-8　开槽半圆球的投影

a）立体图　b）原题　c）作通槽的水平投影　d）作通槽的侧面投影

4. 组合回转体的截交线

求作组合回转体的截交线，必须先弄清它由哪些回转体组成，截平面的位置及截切回转体的范围，截平面与各回转体的截交线的形状及接合点。然后分别求出截平面与各被截回转体的截交线，并在结合点处将它们连接起来。由此看来，求作组合回转体的截交线，关键是熟悉各种基本体的截交线的画法。

例4-8 如图4-9b所示，已知组合回转体正面投影，求作水平、侧面投影。

解 该形体是同轴的圆锥与圆柱相组合，左上部被一水平面和一正垂面截切后形成。水平截平面截到圆锥及圆柱，截交线是双曲线和两条平行直线。正垂截平面仅截切圆柱，交线为椭圆弧。三种截交线分别在回转体分界面和两截平面的交线处连接起来，结合点为 B、F 和 C、E。作图步骤如下（见图4-9c）：

1）作水平截平面截切圆锥面的截交线：正面投影积聚为直线段 $a'b'$；侧面投影积聚为直线段 $b''a''f''$；水平投影为双曲线，a 为其顶点，b、f 为其最前和最后点，可由 b'' 及 f'' 对应作出。为准确作图，可在双曲线上取一般点，先确定 $1'$、$2'$，再用辅助圆法确定 $1''$、$2''$，而后确定 1、2。最后依次光滑连接得双曲线。

2）作水平截平面截切圆柱面的截交线：截交线是两条平行直线，正面投影为直线段 $b'c'$；侧面投影积聚为点 b''、f''；水平投影为两条平行直线 bc 和 fe，bc、fe 参照 b''、f'' 得到。

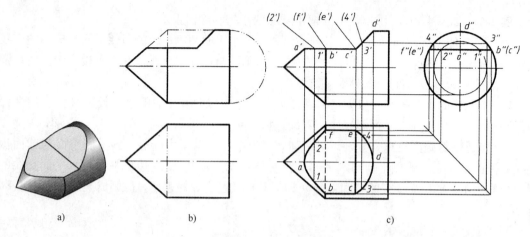

图 4-9　平面与组合回转体的截交线

a）立体图　b）原题　c）作图步骤

3）作正垂截平面截切圆柱面的截交线：正面投影积聚为直线段 $c'd'$；侧面投影为圆弧 $c''d''e''$，与圆柱的侧面投影图部分重合；水平投影为椭圆弧，d 点为最右点，由 d' 对应作出。c、e 为椭圆弧最左边点，也是与水平截平面截切圆柱面的两条平行直线的结合点。为准确作图，可在椭圆弧上取一般点，先确定 $3'$、$4'$，再确定 $3''$、$4''$，而后确定 3、4。最后依次光滑连接得椭圆弧。

4）作两截平面的交线。连接 c、e。

5）作圆锥、圆柱结合面的水平投影：b、f 间用虚线连接，前后两段用粗实线连接。

4.2　相贯线

两立体相交后形成的形体称为**相贯体**，两立体表面的交线称为**相贯线**，如图 4-10 所示。相贯线有如下性质：

1）相贯线一般是封闭的空间折线或曲线，并随相交两立体表面的形状、大小及相互位置不同而形状各异。

2）相贯线是两立体表面的分界线、共有线，是两立体表面共有点的集合。求相贯线，也就是求两相交立体表面的共有点。

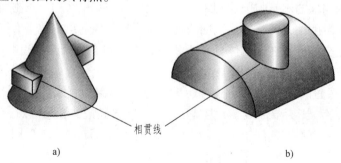

图 4-10　相贯线

a）平面立体与曲面立体的相贯线　b）两曲面立体的相贯线

4.2.1 平面立体与回转体的相贯线

平面立体与回转体的相贯线由若干平面曲线或直线组成，每一平面曲线或直线可以认为是平面立体相应的棱面与回转体的截交线。所以，求平面立体与回转体的相贯线，可归结为求截交线问题。

例 4-9 如图 4-11a、b 所示，求四棱柱与圆柱的相贯线。

解 由图 4-11b 可知四棱柱位于轴线为侧垂线的圆柱正上方。两立体表面有四段交线。棱柱前后侧面与圆柱的交线为直线；棱柱左右侧面与圆柱的交线为圆弧。利用棱柱四个侧面的水平投影具有积聚性，可确定相贯线的水平投影；利用圆柱面侧面投影的积聚性以及相贯线是两立体表面共有线、分界线的性质，可以确定相贯线的侧面投影。只要根据投影关系求出相贯线的正面投影即可。作图步骤如下：

1）确定各段交线的水平投影 ab、dc、bc、ad 和侧面投影 $a''(b'')$、$d''(c'')$、$(b''c'')$、$a''d''$。

2）求交线正面投影。如图 4-11c 所示。

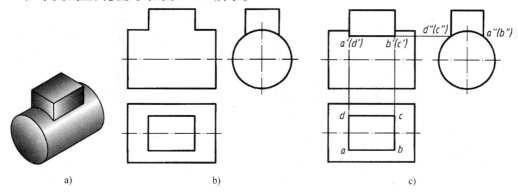

图 4-11 四棱柱位于圆柱的正上方的相贯线

a）立体图 b）原题 c）作图步骤

需要注意的是：因为四棱柱位于圆柱正上方，相贯线前后对称，相贯线的正面投影为前半部分与后半部分重合。如果四棱柱相对于圆柱的位置发生变化，相贯线正面投影的可见性就会有所变化，如图 4-12 所示。

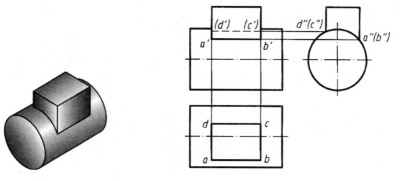

图 4-12 四棱柱位于圆柱的上方前侧的相贯线

例 4-10 如图 4-13a、b 所示，求六棱柱与圆柱的相贯线。

解 由图 4-13b 可知六棱柱位于轴线为铅垂线的圆柱正左方。两立体表面有六段交线。棱柱前后棱面与圆柱的交线为直线；棱柱的上下四个棱面与圆柱的交线为椭圆弧。利用六棱柱的侧面投影具有积聚性，可确定相贯线的侧面投影；利用圆柱面水平面投影的积聚性以及相贯线是两立体表面共有线、分界线的性质，可以确定相贯线的水平投影。只要根据投影关系求出相贯线的正面投影即可。作图步骤如下（见图 4-13c）：

1）先求特殊点，即求六棱柱的棱线与圆柱面的交点的正面投影。由 a''、f'' 和 b''、e'' 及 $b(a)$、$e(f)$ 求得 $a'(f')$ 和 $b'(e')$。

2）求作一般位置点。依连线光滑准确的需要，作出相贯线上若干个中间点的投影。在侧面投影上取 $2''$、$1''$、$3''$、$4''$ 点，其水平投影为 $2(1)$、$3(4)$，再由投影关系求出其正面投影 $2'(3')$ 和 $1'(4')$。

3）以直线连接 $b'(e')$ 和 $a'(f')$ 点（因为棱柱前后侧面与圆柱的交线为直线）；再依次光滑连接 c'、$2'(3')$、$b'(e')$ 和 d'、$1'(4')$、$a'(f')$ 点，即得相贯线的正面投影。

由于六棱柱位于圆柱正左方，相贯线前后对称，相贯线的正面投影的前半部分与后半部分重合。

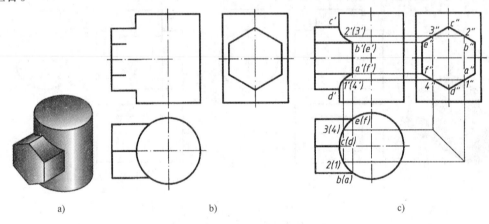

图 4-13 六棱柱与圆柱的相贯线
a）立体图 b）原题 c）作图步骤

如果是在圆柱上开出多边形孔洞，圆柱表面上的相贯线仍可采用上述作图方法作出。例如，在圆柱上开一个方孔，如图 4-14a 所示，圆柱表面上的相贯线如图 4-14b 所示。

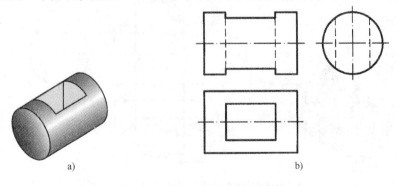

图 4-14 圆柱上开方孔的相贯线
a）立体图 b）投影图

4.2.2 回转体的相贯线

两回转体相交，相贯线一般为封闭的空间曲线，特殊情况为平面曲线。求回转体相贯线的一般作法是：求出两相贯立体表面的一系列共有点，然后光滑连接各点。下面介绍几种常见回转体的相贯线求法。

4.2.2.1 圆柱与圆柱正交

1. 表面取点法求作相贯线

两圆柱正交，且圆柱轴线为投影面垂直线时，在该投影面上，圆柱面投影是有积聚性的，相贯线在该投影面上的投影就落在圆柱面有积聚性的投影上。因此，可以首先确定出相贯线的两面投影，在这些相贯线的已知投影上取一些点，再利用投影关系求作出相贯线的第三面投影上相应的点，这就是表面取点法。

例 4-11 如图 4-15 所示，求作两正交圆柱的相贯线。

解 由图 4-15b 可见，大、小圆柱的轴线分别垂直于侧立投影面和水平投影面，大圆柱的侧面投影积聚为圆，小圆柱的水平投影积聚为圆。那么相贯线的侧面投影为圆弧（与大圆柱的部分积聚投影重合），相贯线的水平投影为圆（与小圆柱的水平积聚投影重合）。相贯线的正面投影，可用已知点、线的两个投影求另外一个投影的方法来求得。作图步骤如下（见图 4-15c）：

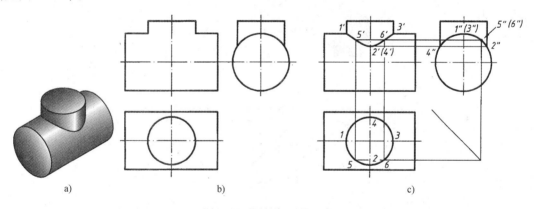

图 4-15 圆柱与圆柱正交

a) 立体图 b) 原题 c) 作图步骤

1）先求特殊点，即求相贯线上的最前、最后、最左、最右、最上、最下等点。在水平投影的小圆周上直接确定出相贯线上最左、最右点的投影 1、3 和最前、最后点的投影 2、4；对应在侧面投影中为 1″、(3″) 和 2″、4″，也是相贯线上的最高、最低点的侧面投影；按投影关系可得出它们的正面投影 1′、3′ 和 2′、(4′)。因为相贯两圆柱体前后对称，故最前、最后两点的正面投影重合。

2）求作一般位置点。依连线光滑准确的需要，作出相贯线上若干个中间点的投影。如在水平投影上取 5、6 点，其侧面投影为 5″、6″，再求出其正面投影 5′ 和 6′。

3）依次光滑连接 1′、5′、2′(4′)、6′、3′ 各点，即得相贯线的正面投影。

2. 两圆柱轴线垂直相交时相贯线投影的近似画法

当轴线垂直相交的两个圆柱的直径相差较大且不要求精确地画出相贯线时，允许近似地以圆弧来代替，此时该圆弧的圆心必须在小圆柱的轴线上，而圆弧半径应等于大圆柱的半径，如图4-16所示。

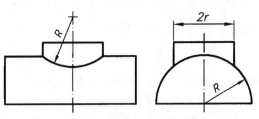

图4-16　轴线正交圆柱体的
相贯线投影的近似画法

3. 相贯线的形状与弯曲方向

两正交圆柱的相贯线，随着两圆柱直径大小的相对变化，其相贯线的形状、弯曲方向也发生变化。如图4-17所示，圆柱 D 同时与竖直方向的 A、B、C 三个圆柱正交，它们的直径关系为：A 小于 D，B 等于 D，C 大于 D。由图4-17所示立体图和投影图可以看出相贯线的情况，即当两个直径不等的圆柱相交时，相贯线在同时平行于两圆柱轴线的投影面上的投影，其弯曲趋势总是凹向小圆柱，凸向大圆柱轴线；而两个直径相等的圆柱相交时，相贯线为平面椭圆曲线，在同时平行于两圆柱轴线的投影面上，此相贯线的投影为直线。

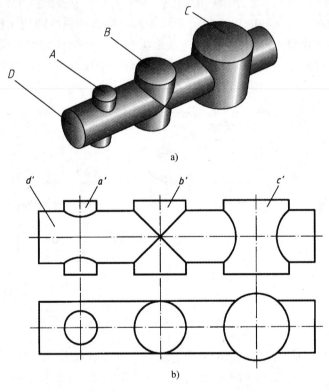

图4-17　相贯线的弯曲方向
a）立体图　b）投影图

4. 相贯的三种形式

两圆柱外表面相交，其相贯线为外相贯线，如图4-15、图4-16和图4-17所示。外圆柱面与内圆柱面（圆孔）相交，其相贯线为外相贯线，如图4-18所示。两内圆柱面相交，其相贯线为内相贯线，并与实心两圆柱相贯线对应，如图4-19和图4-20所示。图4-21所示为圆筒上开圆孔的内、外相贯线。在要求精度不高时，内、外相贯线都可以采用近似画法。

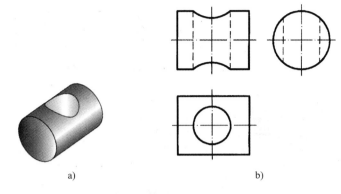

图 4-18　外圆柱面与内圆柱面相交的外相贯线

a）立体图　b）投影图

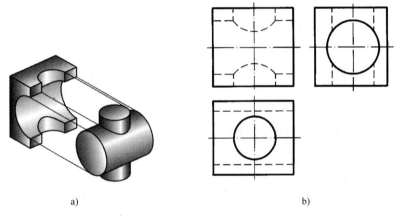

图 4-19　两直径不等的内圆柱面的内相贯线

a）立体图　b）投影图

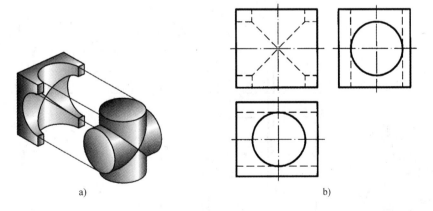

图 4-20　两直径相等的内圆柱面的内相贯线

a）立体图　b）投影图

4.2.2.2　两圆柱垂直偏交

两圆柱轴线垂直偏交且均为某投影面平行线时，相贯线的投影也可用表面取点法求得。

例 4-12　如图 4-22 所示，求作两垂直偏交圆柱的相贯线。

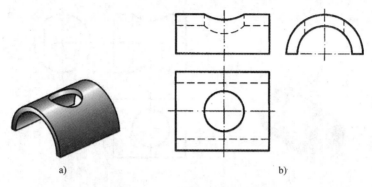

图4-21 圆筒上开圆孔的内、外相贯线

a) 立体图　b) 投影图

解　由图可见，两圆柱轴线分别垂直于水平投影面及侧立投影面，因此，相贯线的水平投影与小圆柱面的水平投影重合为一圆，相贯线的侧面投影与大圆柱的侧面投影重合为一段圆弧，只需求出相贯线的正面投影即可。作图步骤如下（见图4-22b）：

1）先求特殊位置点。正面投影最前点1′和最后点（6′）、最左点2′和最右点3′可根据侧面投影1″、6″、2″、（3″）求出。正面投影的最高点（4′）和（5′）可根据水平投影4、5和侧面投影4″、5″求出。

2）求一般位置点。在相贯线的水平投影和侧面投影上定出点7、8和7″、（8″），再按点的投影规律求出正面投影7′、8′。

3）判断可见性，通过各点光滑连线。判断可见性的原则：只有当交线同时位于两个立体的可见表面上，其投影才是可见的。2′和3′是可见与不可见的分界点。将2′、7′、1′、8′、3′连成实线，3′、（5′）、（6′）、（4′）、2′连成虚线即为相贯线的正面投影。

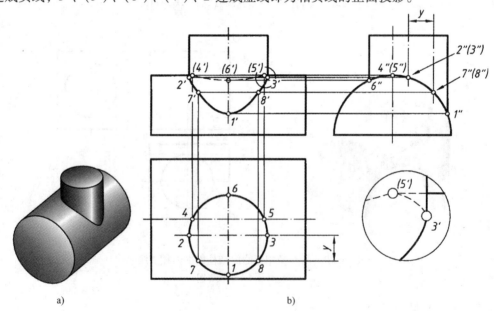

图4-22　两圆柱偏交的相贯线

a) 立体图　b) 投影图

偏交两圆柱的相贯线形状和投影会随着两圆柱的相对位置变化而变化，为简化作图，在不会引起误解的情况下，相贯线可以用图 4-23 所示的简化画法，可用圆弧、直线来代替非圆曲线。

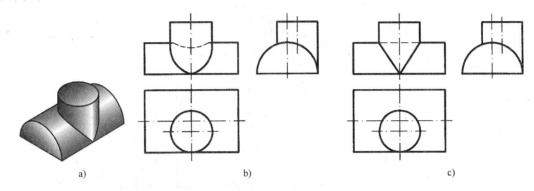

图 4-23 两偏交圆柱相贯线的简化画法

a）立体图 b）简化前 c）简化后

4.2.2.3 圆柱与圆锥正交

作圆柱与圆锥正交的相贯线的投影，通常要用辅助平面法作出一系列点的投影。辅助平面法的原理是基于三面共点原理。如图 4-24 所示，圆柱与圆锥台正交，作一水平面 P，平面 P 与圆锥的截交线（圆）和平面 P 与圆柱面的截交线（两平行直线）相交，交点 Ⅱ、Ⅳ、Ⅵ、Ⅷ既是圆锥面上的点，也是圆柱面上的点，又是平面 P 上的点（三面共点），即是相贯线上的点。用来截切两相交立体的平面 P，称为辅助平面。

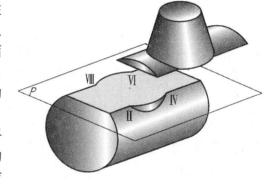

为了方便、准确地求得共有点，辅助平面的选择原则是：辅助平面与两立体表面的交线的投影，为简单易画的图形（直线或圆）。通常选用投影面平行面为辅助平面。

图 4-24 三面共点

例 4-13 如图 4-25b 所示，圆锥台与圆柱轴线正交，求作相贯线的投影。

解 由于两轴线垂直相交，相贯线是一条前后、左右对称的封闭的空间曲线，其侧面投影为圆弧，重合在圆柱的侧面投影上，需作出的是其水平投影和正面投影。作图步骤如下：

1）求作特殊点。根据侧面投影 1″、3″、(5″)、7″可作出正面投影 1′、3′、5′、(7′) 和水平投影 1、3、5、7，如图 4-25c 所示。其中 Ⅰ、Ⅴ点是相贯线上的最左、最右（也是最高）点，Ⅲ、Ⅶ点是相贯线上的最前、最后（也是最低）点。

2）求作一般位置点。在最高点和最低点之间作辅助平面 P（水平面），它与圆锥面的交线为圆，与圆柱面的交线为两平行直线，它们的交点 Ⅱ、Ⅳ、Ⅵ、Ⅷ即为相贯线上的点。先作出交线圆的水平投影，再由 2″(4″)、8″(6″) 作出 2、4、6、8，进而作出 2′(8′) 和 4′(6′)，如图 4-25d 所示。

3）判别可见性，光滑连线。相贯线前后对称，前半相贯线的正面投影可见；相贯线的水平投影都可见。依次光滑连接各点的同面投影，即得相贯线的投影，如图 4-25e 所示。

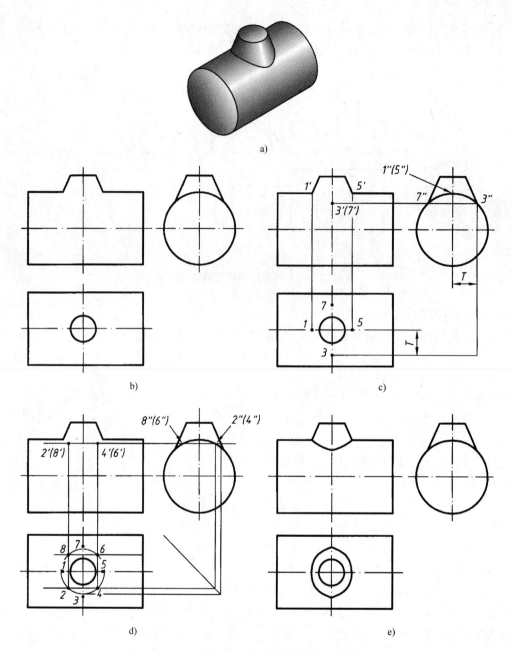

图 4-25 圆锥台与圆柱轴线正交的相贯线

a) 立体图　b) 原题　c) 求作特殊点　d) 求作一般位置点　e) 判别可见性, 光滑连线

例 4-14 如图 4-26 所示, 圆柱与圆锥轴线正交, 求作相贯线的投影。

解 由于两轴线垂直相交, 相贯线是一条前后对称的封闭的空间曲线, 其侧面投影为圆弧, 重合在圆柱的侧面投影上, 需作出的是其水平投影和正面投影。作图步骤如下:

1) 求作特殊点。由于 Ⅰ、Ⅱ 两点在圆柱的轮廓素线上, 容易求出 Ⅰ 和 Ⅱ 两点的三面投影 1、1′、1″和 2、2′、2″。再求相贯线上的最前、最后点 Ⅲ、Ⅳ 的投影: 过 Ⅲ、Ⅳ 点作水平面 P_2, 截圆锥截出一个以 R_2 为半径的圆, 在水平投影上画出该圆的投影, 延长圆柱的最前、最后两条轮廓素线与圆的投影相交于 3、4, 由 3、4 和 3″、4″得 3′、4′, 如图 4-26b

所示。

2）求作一般位置点。在最高点和最低点之间作辅助平面 P_1、P_3（水平面），它与圆锥面的交线为圆，与圆柱面的交线为两平行直线，它们的交点 V、VI、VII、VIII 即为相贯线上的点。分别以 R_1、R_3 为半径画出交线圆的水平投影，再由 $5''$、$7''$、$6''$、$8''$ 作出 5、7、6、8，进而作出 $5'(6')$ 和 $7'(8')$，如图 4-26b 所示。

3）判别可见性，光滑连线。相贯线前后对称，前半相贯线的正面投影可见，用实线依次光滑连接各点。相贯线的水平投影以 3、4 点为分界点，其右侧可见，用实线依次光滑连接 3、7、2、8、4 点，左侧不可见，用虚线依次光滑连接 3、5、1、6、4 点，即得相贯线的水平投影，如图 4-26c 所示。

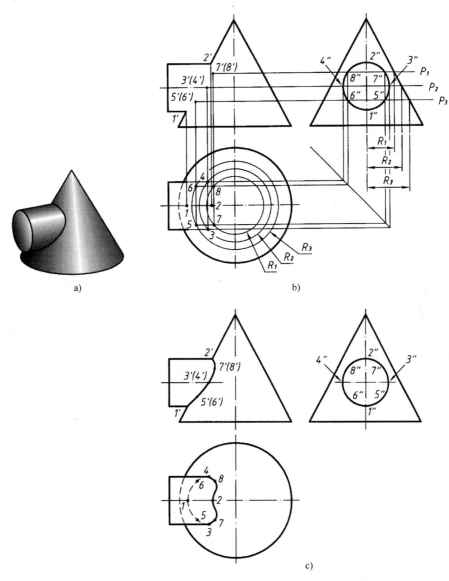

图 4-26　圆柱与圆锥轴线正交的相贯线

a）立体图　b）求作特殊点和一般位置点　c）判别可见性，光滑连线圆柱与圆锥正交，其相贯线的变化趋势如图 4-27 所示。

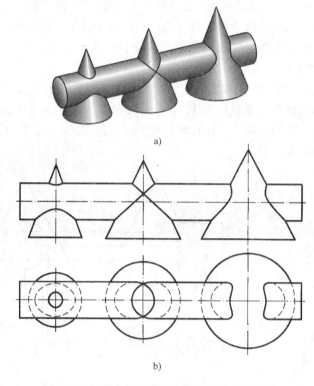

a)

b)

图 4-27   圆柱与圆锥正交时相贯线的变化趋势
a）立体图 b）投影图

4.2.2.4   相贯线的特殊情况

在一般情况下，两回转体相交，相贯线为空间曲线，但在下列特殊情况下，相贯线为平面曲线。

1）两个同轴回转体的相贯线为垂直于轴线的圆，在轴线所平行的投影面上，相贯线的投影为直线，与轴线垂直的投影面上的投影为圆，如图 4-28 所示。

2）当两个外切于同一球面的回转体相交时，其相贯线为两个椭圆。此时，若两回转体的轴线都平行于某一投影面，则两个椭圆在该投影面上的投影为相交两直线，如图 4-29 所示。

4.2.3   组合相贯线

一些较为复杂的立体，往往可以认为是由一个立体与其他多个立体经叠加或挖切组合而成，这样就在前者的表面上产生多段相贯线，即组合相贯线。组合相贯线的绘图方法是按两两相交时的相贯线的画法分别绘制，但要注意各段相贯线的衔接。

例 4-15   如图 4-30 所示，求圆柱与拱形柱的相贯线。

解   如图 4-30a 所示，将相贯体分解为上、下两部分，上半部分的相贯线为曲线（半圆柱与圆柱正交），下半部分的相贯线为直线（四棱柱与圆柱相交）。相贯线的侧面投影与拱形柱的积聚投影重合，水平投影为一段圆弧，只需求相贯线的正面投影。作图过程如下（见图 4-30b）：

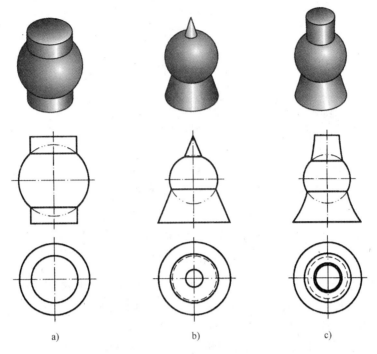

图 4-28　相贯线特殊情况一

a）圆柱与球同轴　b）圆锥与球同轴　c）回转体与球同轴

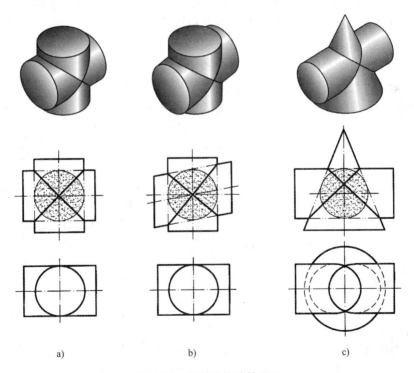

图 4-29　相贯线特殊情况二

a）两圆柱外切于同一球面（轴线垂直相交）　b）两圆柱外切于同一球面（轴线倾斜相交）

c）圆柱与圆锥外切于同一球面

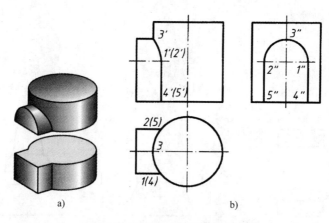

图 4-30 圆柱与拱形柱的相贯线

a）立体图 b）作图过程

1）求半圆柱与圆柱的相贯线投影 1′3′（可用相贯线的近似画法）。

2）求四棱柱与圆柱相交的相贯线投影 1′4′（从 1′向下画垂线）。

例 4-16 如图 4-31 所示，求三个圆柱组合的相贯线。

解 图 4-31a 所示立体是一个轴线为侧垂线的小圆柱与两个同轴的直立圆柱相贯。相贯线的侧面投影与小圆柱面的侧面积聚投影重合。相贯线的曲线部分（圆柱曲面之间的交线）的水平投影重合在直立圆柱表面的水平积聚投影上，而直线部分（即小圆柱面与直立大圆柱顶面的交线）的水平投影为两条水平虚线。相贯线的正面投影是曲直结合的三段线。作图过程如下（见图 4-31b）：

1）求横向小圆柱与直立小圆柱的相贯线投影 1′2′。

2）求横向小圆柱与直立的大圆柱顶面的相贯线投影 2′3′。

3）求横向小圆柱与直立大圆柱表面的相贯线投影 3′4′。

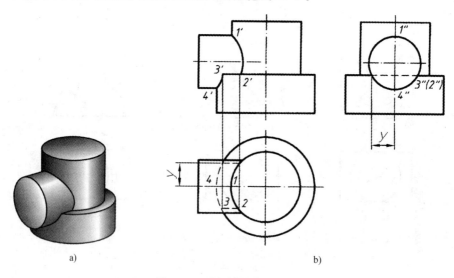

图 4-31 叠加圆柱的相贯线

a）立体图 b）作图过程

例 4-17　如图 4-32 所示，求立体穿孔后的相贯线。

解　图 4-32a 所示立体是一个轴线直立的圆柱与一个半球同轴相切，再从其上钻一个轴线水平的圆孔。相贯线的侧面投影与圆孔表面的侧面积聚投影重合。圆孔与直立圆柱的相贯线的水平投影为一段圆弧；与半球的相贯线的水平投影为直线。相贯线正面投影分为两段：$a'b'$ 段为圆孔表面与半球表面相交所产生的相贯线的投影，为直线；$b'c'$ 段为直立圆柱表面与圆孔表面的相贯线的投影。

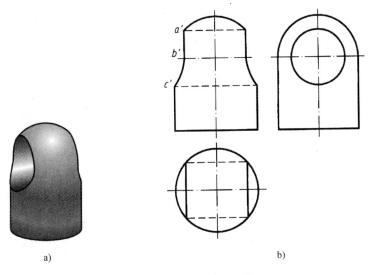

a)　　　　　　　　　　　　　　b)

图 4-32　穿孔立体相贯线

a）立体图　b）投影图

例 4-18　如图 4-33 所示，求长圆孔与内外圆柱面的相贯线。

解　长圆孔可以看成是从立体上取出一个与之正交的长圆柱，而长圆柱是由两个半圆柱和一个四棱柱组成的，因此相贯线的投影如图 4-33b 所示。

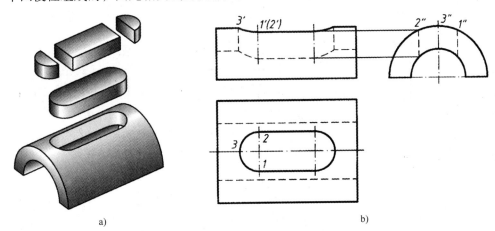

a)　　　　　　　　　　　　　　b)

图 4-33　长圆孔与内外圆柱面的相贯线

a）立体图　b）投影图

第5章 物体三视图

在本书第 2、3、4 章（属于画法几何内容）中，几何元素向投影面投射所得图形称为几何元素的投影。在机械制图中，物体向投影面投射所得图形称为**视图**，正面投影为**主视图**，水平投影为**俯视图**，侧面投影为**左视图**。

从几何学的观点，任何机械零件都可抽象为空间物体。因此，掌握物体三视图的投影规律，学会如何画、读物体视图以及标注物体视图的尺寸都非常重要，这是学习机械制图的基础。

由于组合体和切割体的视图具有代表性，本章重点讨论这两种物体的视图及尺寸标注等。

5.1 三视图的投影规律

在三投影面体系中，物体的三视图如图 5-1 所示，按投影面的展开方法（V 面不动，W 面向右翻转 90°，H 面向下翻转 90°），物体的三视图如图 5-2 所示，三个视图之间有以下对应关系。

1. 位置关系

以主视图为准，俯视图配置在它的正下方，左视图配置在它的正右方。按此规定配置，不需注出视图名称。

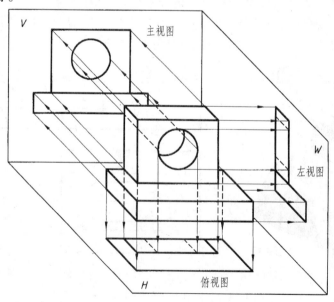

图 5-1　三投影面体系中的物体三视图

2. 尺寸关系

由图 5-1、图 5-2 可看出，主视图能反映物体的长度和高度，俯视图能反映物体的长度和宽度，左视图能反映物体的高度和宽度。对于同一个物体，不同的视图所反映的物体的长、宽、高应该是相同的，即主视图、俯视图反映的物体长度是相同的；主视图、左视图反映的物体高度是相同的；俯视图、左视图反映的物体宽度是相同的。因此，为了便于记忆，把物体三视图之间的尺寸关系总结为：**主、俯视图长对正，主、左视图高平齐，俯、左视图宽相等**（或者简单记忆为：**长对正、高平齐、宽相等**）。图 5-2 中的细实线清楚地表明了三视图之间的这种投影规律。

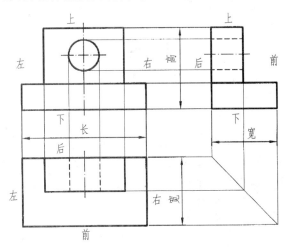

图 5-2　三视图之间的关系

需要注意的是，上述物体三视图之间的尺寸关系对于物体的整体如此，对于物体的局部也是如此，画图和看图时都要严格遵守。

3. 方位关系

物体在空间中有上、下、左、右、前、后六个方位。左、右反映长度方向的方位；上、下反映高度方向的方位；前、后反映宽度方向的方位。从图 5-2 可以看出，物体的每个视图只能反映物体在空间的四个方位：主视图反映物体的上、下和左、右方位；俯视图反映物体的左、右和前、后方位；左视图反映物体的上、下和前、后方位。应特别注意，在俯、左视图中，靠近主视图的一边，表示物体的后面，远离主视图的一边，表示物体的前面。

5.2　物体的三视图画法

要正确地绘制物体的三视图，首先要清楚物体的形状特征和结构特点。

5.2.1　组合体的形体分析

图 5-3 所示的轴承座是一个组合体，它可以看成是由底板、支承板、圆筒和肋板四部分

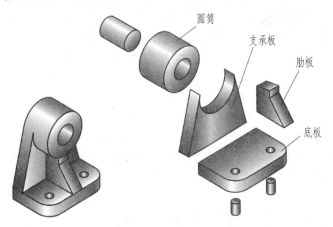

图 5-3　轴承座的形体分析

叠加而成。这种假想把组合体分解为若干简单形体，并分析各简单形体的形状、相对位置及表面连接方式的分析方法，称为**形体分析法**。

形体分析法就是把复杂的形体分解为若干简单的形体，使问题简单化，以便于绘图、看图和尺寸标注。

5.2.2 组合体表面连接方式

组合体相邻形体表面之间的相对位置，即表面连接方式可以分为共面、相切和相交三种情况。

1. 共面

当相邻两简单形体同一方向的表面处在一个平面上，即两表面平齐时，两表面间不得画线，如图5-4所示。当两形体表面不平齐时，两表面间有分界线（面），在视图中必须画线，如图5-5所示。

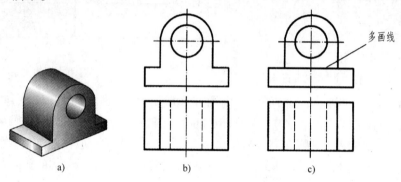

图5-4　组合体相邻表面共面
a）组合体　b）正确　c）错误

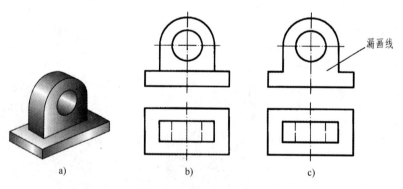

图5-5　组合体相邻表面不共面
a）组合体　b）正确　c）错误）

2. 相切

当两简单形体表面相切时，两相邻表面互相光滑过渡，没有明显的分界线，所以相切处（点 M 处）不画线，如图5-6b所示。

3. 相交

两简单形体表面相交必定产生交线，交线必须画出，如图5-7b所示。交线的画法按第4章讨论过的方法进行。

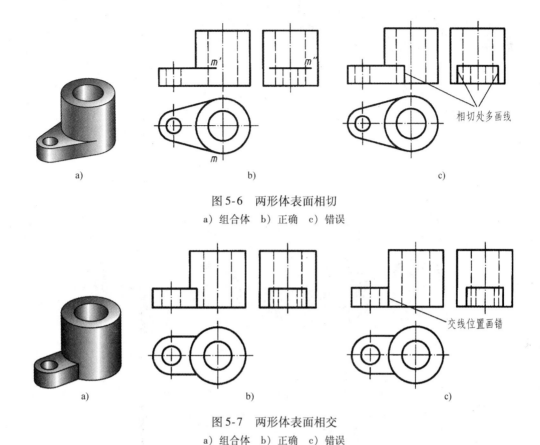

图 5-6　两形体表面相切
a）组合体　b）正确　c）错误

图 5-7　两形体表面相交
a）组合体　b）正确　c）错误

5.2.3　柱体的三视图

如图 5-8 所示的物体，其上、下两个底面是完全相同的平面图形，其余侧面都垂直于上、下底面。这种在一个方向上等厚的物体被称为**柱体**。柱体的形状由其底面确定，这个决定柱体形状的平面形称为柱体的**特征面**。

1. 柱体的形成

柱体可看成是由棱柱、圆柱进行单向叠加、切割而成。也可想象为其特征面沿着与其垂直的方向拉伸而形成。图 5-8a 可看成是由图 5-9 所示的四棱柱和半圆柱叠加而成；图 5-8b 可看成是由图 5-10 所示的四棱柱切割而成，也可看成是其特征面沿垂直的方向拉伸而形成，如图 5-11 所示。

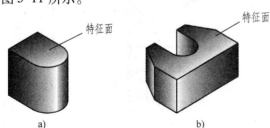

图 5-8　柱体的特征面
a）柱体 1　b）柱体 2

图 5-9　叠加而成的柱体

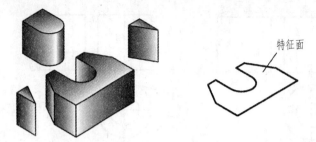

图 5-10 切割而成柱体

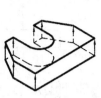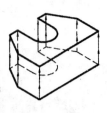

特征面

图 5-11 特征面拉伸成柱体

2. 柱体的三视图

将柱体平稳放置，使其特征面平行于某一投影面，然后向各个投影面进行投射得到柱体的三视图（见图 5-12）。图 5-13 是图 5-12 所示各个柱体的三视图。可以看出，柱体三视图

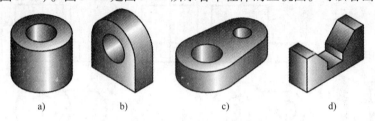

图 5-12 柱体的立体图

a）柱体 A b）柱体 B c）柱体 C d）柱体 D

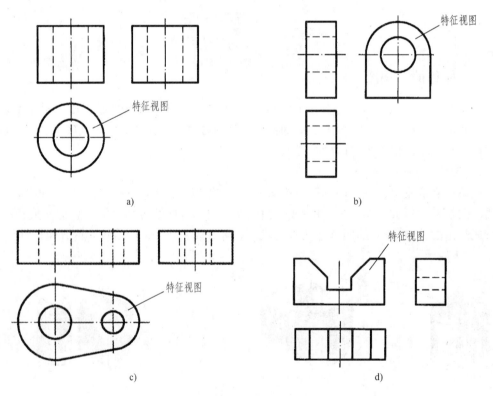

特征视图

特征视图

a)

特征视图

b)

特征视图

c)

特征视图

d)

图 5-13 柱体的投影

a）柱体 A 的三视图 b）柱体 B 的三视图 c）柱体 C 的三视图 d）柱体 D 的三视图

的共同特点是：一个视图反映特征面的实形，称为**特征视图**；另外两个投影为一个和多个可见与不可见矩形的组合。特征视图决定柱体的形状特征。非特征视图中的虚线表示该投影方向上不可见的轮廓素线或棱线。

反过来，如果一个物体的三视图具有如上特点，就可以考虑该物体可能是柱体。

5.2.4 物体视图的画法和步骤

下面以轴承座为例来说明画物体三视图的方法和步骤。

1. 形体分析

首先，要对轴承座进行形体分析，将其分解为若干个简单形体，确定它们的相互位置和相邻表面间的连接方式。

图 5-3 所示的轴承座是由底板、支承板、肋板和圆筒四部分组成。支承板和肋板叠加在底板上方，肋板在支承板前面；圆筒与支承板前面、肋板相交；底板、支承板和圆筒三者后面平齐；支承板侧面与圆筒表面相切。整体左右对称。

2. 选择主视图

选择主视图时，首先要考虑：主视图是最主要的视图，通常要求主视图能较多地表达物体的形体特征，即尽量把各组成部分的形状和相对关系在主视图上表达出来，并使物体的表面对投影面尽可能多地处于平行或垂直的位置，以便使投影反映实形，方便画图。

其次要考虑：主视图确定后，俯视图和左视图也就跟着确定了，三个视图中的每一个视图都应有其表达的重点或有其侧重，各视图互相配合、互相补充，所以选择主视图时应注意使其他视图易画、易看。

另外，还要考虑物体的正常放置位置，安放自然平稳。

3. 选择比例、定图幅

比例的选择直接影响到图纸幅面的大小。选择比例的原则是将物体的绝大部分的形状结构表达清楚。为了直接反映物体的大小，也应尽量选择 1:1 的比例。

按选定的比例，根据物体的长、宽、高计算出三个视图所占面积、视图间标注尺寸的位置（标注尺寸后各视图间还应有适当的间距）、标题栏所占位置，选用合适的标准图幅。

4. 布图、画基准线

用图纸画图时，先固定图纸，画出图框线，再根据各视图的大小和位置，画出基准线。画出基准线后，每个视图在图纸上的具体位置也就确定了，所以基准线的位置要合适，使各个视图在图面上布局合理。

基准线是指画图时测量尺寸的基准，每个视图都应该有两个方向的基准线。一般常用对称中心线、轴线、较大的底平面和侧面作为基准线。

5. 画底稿

根据各形体的投影规律，逐个画出各个简单形体的三视图。画形体的顺序，一般是从基准线开始，将和基准线有直接关系的先画出来。也可归纳为：先大（大形体）后小（小形体）、先主（主要形体）后次（次要形体）、先外（轮廓）后内（细节）、先圆（圆或圆弧）后直（直线）、先实（可见轮廓线）后虚（不可见轮廓线）。画每个形体时，先从特征视图画起，再按投影规律画出其他两个视图。为了提高绘图速度，应该把三个视图联系起来一起画，避免画完一个完整视图后，再画另外一个。

6. 检查、描深

底稿画完后，按形体逐个仔细检查。对形体间的交线应特别注意；对特殊位置的线、面应按投影规律重点检查；对形体间因相切、共面而多余的线段应擦去。纠正错误、补充遗漏、擦去多余图线，是检查的主要内容。

检查完毕后，按标准图线描深，可见部分用粗实线画出，不可见部分用虚线画出。对称图形、半圆或大于半圆的圆弧要画出对称中心线，回转体一定要画出轴线。对称中心线和轴线用细点画线画出。描深时，一般的顺序是：先曲（线）后直（线）、先小（小形状）后大（大形状）。

有时，几种图线可能重合，一般按粗实线、虚线、细点画线、细实线的顺序取舍。由于细点画线要画出图形外 5mm 左右，所以当它与其他图线重合时，在图形外的那段不可忽略。

7. 填写标题栏

图 5-14 所示为轴承座的三视图画图步骤。

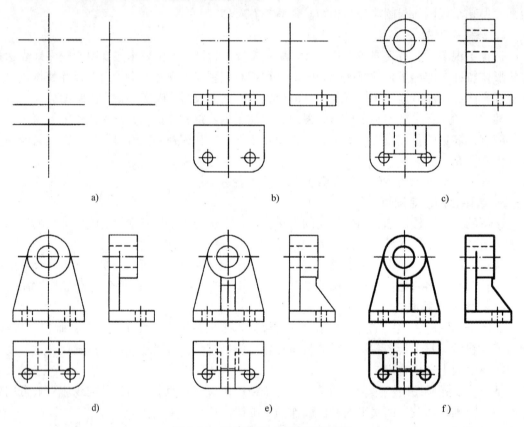

a)   b)   c)

d)   e)   f)

图 5-14   轴承座的三视图画图步骤

a）画各图基准线   b）画底板   c）画圆筒   d）画支承板   e）画肋板   f）检查，描深

5.3   物体的尺寸标注

视图可以表达物体的形状，而物体的大小则应根据视图上所标注的尺寸来确定，因此，正确地标注物体的尺寸非常重要。标注尺寸的基本要求是正确、完整、清晰。

1）**正确**：标注的尺寸要符合国家标准中有关尺寸标注的规定；尺寸数字准确。

2）**完整**：标注的尺寸能完全确定物体形状和大小。尺寸没有遗漏，也没有重复。

3）**清晰**：标注的尺寸布置合理、整齐清楚、便于看图。

关于尺寸标注正确问题在第 1 章已经讨论过，下面仅就尺寸标注的完整和清晰进行讨论。

5.3.1 基本体的尺寸标注

图 5-15 所示为常见基本体的尺寸标注方式。标注基本几何体尺寸时，必须标注出该几何体长、宽、高三个方向的大小尺寸。正方形底面的边长可采用图 5-15a 所示的在边长尺寸数字前加"□"的方式标注。如有必要，可在某个尺寸上加括号，用于表示该尺寸是参考尺寸，如图 5-15b 所示的六棱柱的对角线距离。在圆柱、圆台的非圆视图上标注直径和高度，就可以确定它们的形状和大小，因而可以减少视图。球也只画一个视图，但要在直径或半径符号前加"S"。

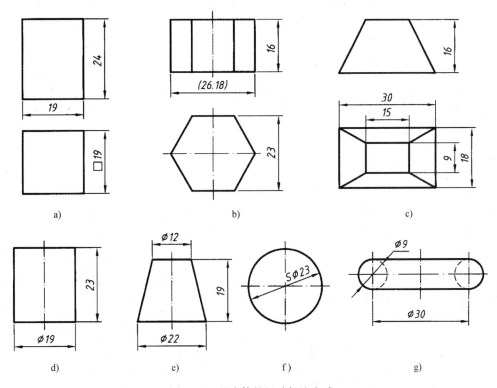

图 5-15　基本体的尺寸标注方式

a）长方体的尺寸标注　b）棱柱的尺寸标注　c）棱台的尺寸标注
d）圆柱的尺寸标注　e）圆台的尺寸标注　f）球的尺寸标注　g）圆环的尺寸标注

5.3.2 组合体的尺寸标注

1. 组合体的尺寸种类

组合体的尺寸可分为三类：

1）**定形尺寸**：表明组合体中各单个形体大小的尺寸，如图 5-16b 所示的尺寸。

2）定位尺寸：表明组合体中各形体间相对位置的尺寸，如图 5-16c 所示的尺寸。

3）总体尺寸：表明组合体总长、总宽、总高的尺寸。

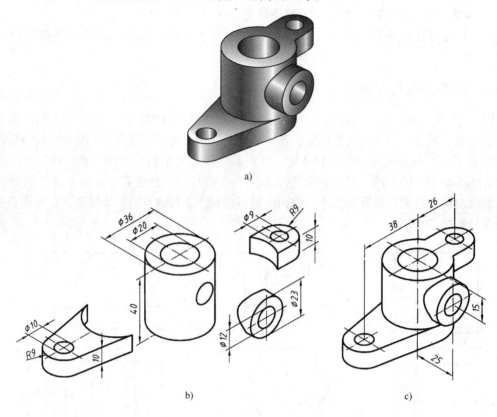

图 5-16　组合体的定形、定位尺寸

a）组合体　b）定形尺寸　c）定位尺寸

2. 组合体的尺寸基准

标注尺寸的起点称为**尺寸基准**。在三视图中，主视图上有长和高的尺寸基准，俯视图上有长和宽的尺寸基准，左视图上有高和宽的尺寸基准。一般把组合体的重要端面、对称面、轴线作为尺寸基准。图 5-17 分别标出了两个组合体的三个方向的尺寸基准。

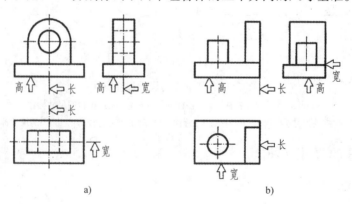

图 5-17　组合体的尺寸基准

a）组合体 1 的尺寸基准　b）组合体 2 的尺寸基准

3. 组合体的尺寸标注

对组合体进行尺寸标注，首先应对组合体进行形体分析，将其分解为若干基本形体。标注的基本原则是：顺序标注各基本体的定形和定位尺寸，最后标注总体尺寸。实际标注时要灵活掌握，对给定的组合体综合考虑，做到尺寸标注准确、完整、合理、清晰。

在标注定形尺寸时，要清楚各基本形体形状，所注尺寸能够确定基本形体的大小和形状，不要遗漏。

在标注定位尺寸时，首先要确定尺寸基准，否则，定位尺寸无从标起。应注意，有些定形尺寸也是定位尺寸，这样的尺寸不要重复标注。两个基本体之间在长、宽、高三个方向上都应该有定位尺寸，但如果两个形体间在某一方向上对称（见图5-18a）、处于叠加、共面（见图5-18b）或同轴（见图5-18c）时，就可以省略该方向的定位尺寸，如图5-18所示。

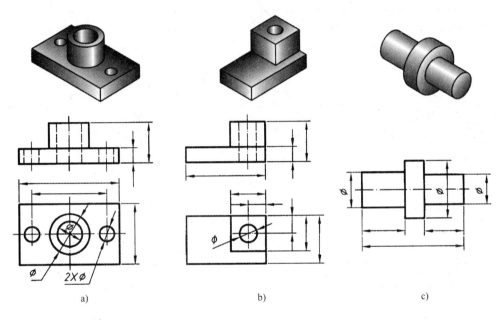

图5-18　省略某一方向定位尺寸的情况

a）两个形体前后、左右对称　b）两个形体上下叠加　c）三段轴共轴

在标注总体尺寸时，已经标注出的基本体的定位尺寸或定形尺寸就是总体尺寸，或者在图上已能比较明显地看出总体尺寸，一般就不再另行标注总体尺寸。如图5-16所示的机件，其总长尺寸是两端两个定形尺寸R9mm与两个定位尺寸38mm、26mm的和；总宽就是大圆筒的半径18mm（定形尺寸）与定位尺寸25mm之和；其总高就是大圆筒的高度40mm（定形尺寸）。所以对该机件的三视图标注尺寸时，不必再标注总体尺寸。

图5-19所示为不标注机件总体尺寸的示例。对于这类机件，为了制造方便，必须标注出对称中心线之间的定位尺寸和回转体的半径（或直径）尺寸，而不必注出总体尺寸。

尺寸标注中，也有既标注总体尺寸，又标注定形、定位尺寸的情况。图5-20所示为标注机件总体尺寸的示例，图中的小圆孔轴线与圆弧轴线既可以重合也可以不重合，此时均要标注出孔的定位尺寸和圆弧的定形尺寸"R"，还要标注出总体尺寸"L"。

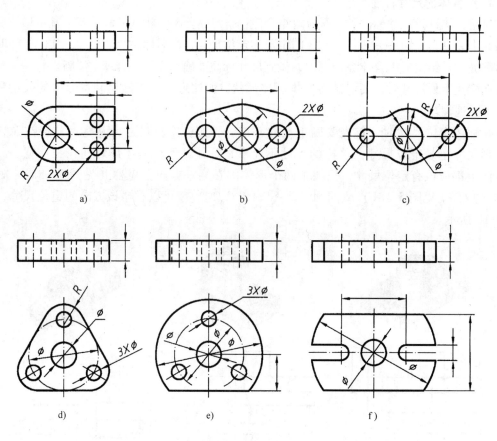

图 5-19　不标注机件总体尺寸的示例

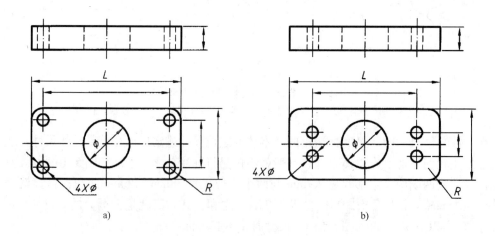

图 5-20　标注机件总体尺寸的示例

a）示例 *A*　b）示例 *B*

5.3.3　尺寸的清晰布置

尺寸不仅要标注完整，为了便于看图，还必须注意尺寸的清晰布置等问题。

1）尺寸应尽量标注在视图轮廓线外，尽量不影响视图（在不影响图形的清晰性且有足够的位置时，也可把尺寸注在视图内）。一般将小尺寸布置在里，大尺寸布置在外；一个尺寸的尺寸线和另一个尺寸的尺寸界线尽量不要相交；尺寸线和尺寸线也尽量不要相交。

2）同一方向上连续标注的尺寸应尽量配置在少数几条线上，如图5-21所示。

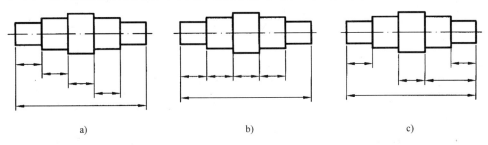

图 5-21　同一方向上的尺寸标注
a）不好　b）好　c）好

3）两个视图的共有尺寸，尽量标注在两个视图之间，以方便看图，如图5-22所示的高度方向的尺寸10mm和40mm。

4）相互关联的尺寸应尽量集中在某一两个视图上标注，以便较快地确定基本形体的形状和位置，如图5-22所示左视图上的定形尺寸ϕ12mm、ϕ23mm和定位尺寸25mm、15mm。

5）为了看图方便，定形尺寸应标注在显示该部分形体特征最明显的视图上；定位尺寸应尽量注在反映形体间相对位置特征明显的视图上，如图5-22所示。

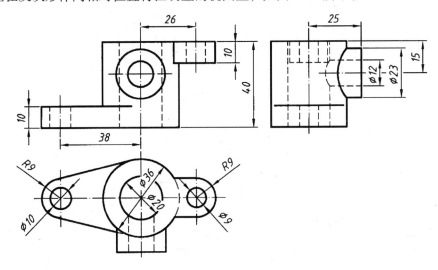

图 5-22　将尺寸标注在特征明显的视图上

6）圆弧的半径应标注在投影为圆的视图上，图5-23给出了标注圆弧的直径和半径正确与错误的几个示例。

7）同轴回转体的直径尺寸尽量标注在投影为非圆的视图上，如图5-24所示。

8）由于形体的叠加或切割而出现的交线（包括相贯线和截交线）是自然产生的，这些交线不标注尺寸，所以图5-25中不能标注有"×"的尺寸。

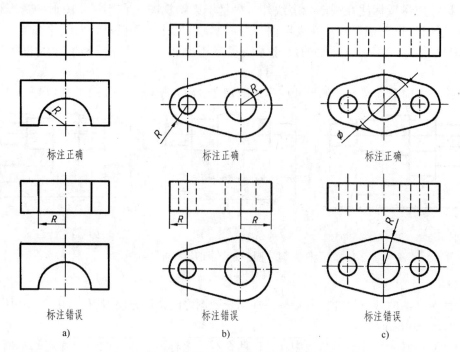

图 5-23　圆弧的直径和半径的标注

a）示例 1　　b）示例 2　　c）示例 3

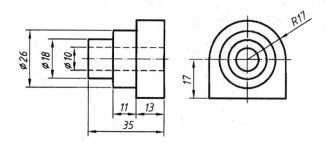

图 5-24　同轴回转体的尺寸标注

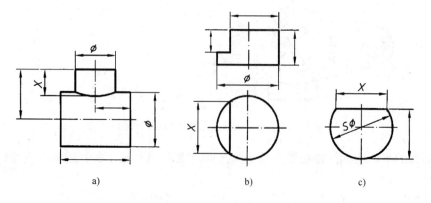

图 5-25　相贯线和截交线不标注尺寸

a）相贯线　　b）柱面截交线　　c）球面截交线

9）尺寸尽量不标注在虚线上。但有时为了图面尺寸清晰与看图方便的需要，部分尺寸也可标注在虚线上。

以上各点是标注尺寸的原则，有时不能兼顾，必须综合分析、比较，选择合适的标注形式。

5.3.4 标注物体尺寸的步骤及举例

标注物体尺寸时，一般要先对物体进行形体分析，选定三个方向的尺寸基准，标注出每个形体的定形尺寸和定位尺寸，再确定是否标注总体尺寸，最后检查是否有错误、重复或遗漏。

图5-26 所示为轴承座尺寸标注的步骤。

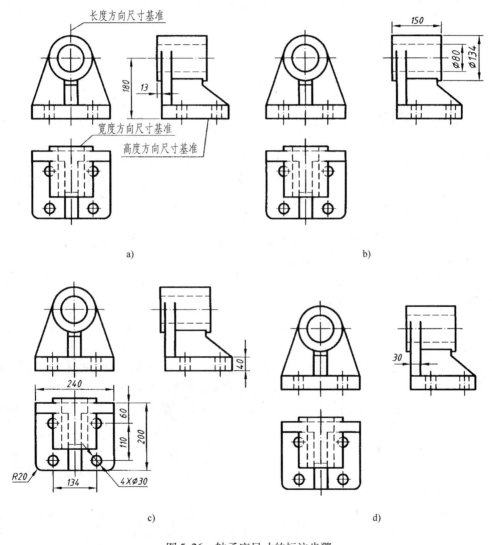

图 5-26　轴承座尺寸的标注步骤

a）选择尺寸基准，标注各简单形体的定位尺寸　b）标注圆筒的尺寸

c）标注底板的尺寸　d）标注支承板的尺寸

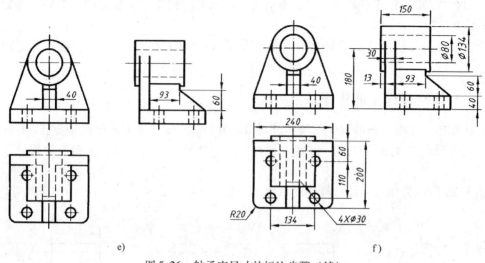

图 5-26　轴承座尺寸的标注步骤（续）

e）标注肋板的尺寸　f）已标注齐全的尺寸

5.4　物体视图的读图方法

画图是将三维物体用正投影法表示成二维图形。而读图（看图）则是根据已有的二维图形，想象出三维物体的空间形状和结构。具体说，读物体三视图就是通过分析视图之间的投影关系，运用逆向思维，综合分析和判断，把平面视图还原为立体形状。所以读图是画图的逆过程。

为了能正确又快速地读懂视图，必须掌握读图的基本要领和基本方法。

5.4.1　读图的基本要领

1. 弄清视图中的线框和图线的含义

物体的视图是由各种图线和线框组成的，要正确识读视图，就必须弄清视图中的图线和线框的含义。

（1）图线的含义　视图中任何一条粗实线或虚线，分别属于三种情况中的一种：有积聚性的平面或曲面的投影；两面交线的投影；曲面的轮廓素线的投影。

以图 5-27 所示的左视图为例，图线 1″是圆柱面的轮廓素线的投影，图线 2″是有积聚性的平面的投影，图线 3″是两面的交线的投影。

（2）线框的含义　视图中的每一封闭线框（由粗实线、虚线或粗实线与虚线围成）都是物体上不与相应投影面垂直的一个表面的投影或孔的投影。这个面可能是平面、曲面或平面与曲面相切形成的组合面；可能是外表面，也可能是内表面。

以图 5-27 所示的主视图中的几个粗实线框为例，线框 b'、c'、d' 是平面的投影，线框 a' 的下部是曲面的投影，上部是平面与曲面相切所形成的连续表面的投影。

（3）线框的相对位置关系　视图中相邻的线框表示同向错位或斜交的表面的投影，其相对位置需对照其他视图予以判别。若线框中套有线框，则里边的线框表示凸起的表面、凹陷的表面或孔的内表面的投影。

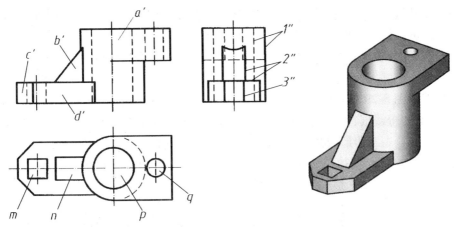

图 5-27 图线的含义

在图 5-27 所示的主视图中，相邻线框 c'、d' 是两相交表面的投影，而 b'、d' 是前后错位的表面的投影。在图 5-27 所示的俯视图中，m、p、q 是孔的投影，n 是凸起的肋板的投影。

2. 几个视图联系起来看，并且要遵循投影规律

一个视图只反映物体的一个方向的形状。仅仅由一个或两个视图有时不能准确地表达某一物体的形状。看图时，必须将几个视图联系起来看，按照投影规律，进行对照、分析、判断、构思，才能正确地想象出物体的真实形状。

图 5-28 给出了三个物体的视图，它们的主、俯视图均相同，但表达的却是三个不同的物体。

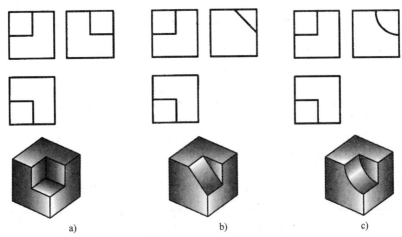

图 5-28 几个视图配合看图
a）切掉方块的长方体   b）切掉三角块的长方体   c）切掉 1/4 圆柱块的长方体

5.4.2 读图的基本方法

读物体视图的方法有形体分析法和线面分析法。

5.4.2.1 形体分析法读图

1. 形体分析法

形体分析法是读图的基本方法，其思路是：先将某一视图分解为几个封闭线框，按投影规律，找出这些线框在其他视图中相对应的线框，这样，每组有投影关系的封闭线框，就是一个简单形体的投影；其次，从反映形状特征的线框开始，想象出每组线框所表示的简单形体的结构形状；再从反映物体整体形状特征的视图开始，结合其他视图，确定各几何形体之间的相对位置，相邻表面的连接方式，想象出物体的整体形状。

下面以识读图 5-29 所示的组合体三视图为例，说明形体分析法读图的一般步骤。

1）按投影，分线框：从反映组合体整体形状特征的主视图开始，将主视图分为四个封闭线框，由于左、右三角形线框完全相同，仅标出三个线框 1′、2′、3′，按照"长对正、高平齐、宽相等"的投影规律，从俯视图和左视图上分别找出相对应的线框 1、2、3 和 1″、2″、3″，如图 5-29a 所示。这样就把复杂的视图分成了几组相对简单的视图。

2）由特征，明形体：对于分线框后的各简单形体，从其特征视图出发，想象其具体形状。对于线框 1、1′、1″（见图 5-29b），由线框 1′，结合线框 1、1″可知，其表示三角形肋板（见图 5-29e 中 I）。对于线框 2、2′、2″（见图 5-29c），由线框 2′，结合线框 2、2″可知，其表示开半圆槽的四棱柱（见图 5-29e 中 II）。对于线框 3、3′、3″（见图 5-29d），由线框 3″，结合线框 3、3′可知，其表示开了两个圆柱孔的底板（见图 5-29e 中 III）。

3）综合想，得整体：从反映整体形状特征的主视图（见图 5-29a）可知，形体 I、II 在形体 III 的上方，II 和 III 的对称面重合，I 在 II 的左右两侧。由俯视图（或左视图）可知，形体 I、II、III 的后面平齐。至此，各简单形体的相对位置就确定了，从而可得出组合体的整体形状，如图 5-29f 所示。

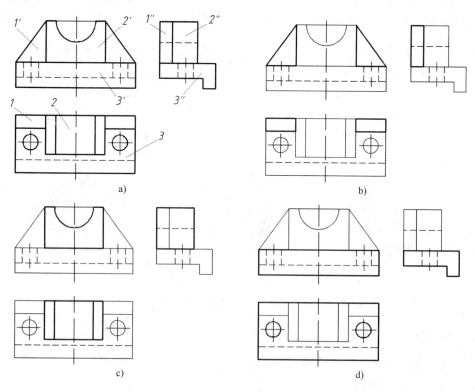

图 5-29 形体分析法读组合体三视图举例
a）按投影分线框 b）线框 1、1′、1″ c）线框 2、2′、2″ d）线框 3、3′、3″

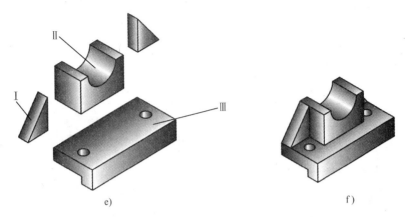

图 5-29　形体分析法读组合体三视图举例（续）

e）组合体分解图　f）组合体立体图

2. 形体分析法读图过程中的注意点

1）读图时，要善于找出各简单形体间相对位置特征明显的视图。在图 5-30 所示物体的主视图中，线框 1′、2′表示组合体的两个组成部分，其相对位置只在左视图中能清楚地反映出来，所以左视图是反映组合体各组成部分相对位置特征明显的视图。

2）读图时，要正确找出线框的对应投影。有些物体的视图中，线框的对应投影关系并不明显，需要进行分析判断。如图

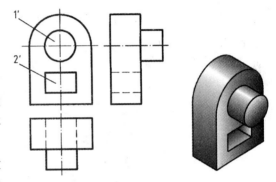

图 5-30　左视图是相对位置特征明显的视图

5-31 a 所示，主视图中有三个线框，圆线框 1′、圆弧与直线围成的线框 2′以及多边形线框 3′。线框 3′与俯视图中的轮廓线框 3 对应，表达一个切槽四棱柱，如图 5-31b 所示；线框 1′与俯视图中线框 1 对应（线框 1′中的小圆与俯视图中的虚线对应），表示一个穿孔圆柱，如图 5-31c 所示。对于线框 2′，如果按长对正关系，在俯视图中有两个矩形线框 2 或 4 与之对应，究竟线框 2′对应的线框是 2 还是 4，结合主视图中的线框可见性，可以断定线框 2′只能与线框 2 对应。实际上，线框 2′表示的形体如图 5-31d 所示，不过在俯视图中它的后半部分被穿孔圆柱挡住了，只显示前半部分，如图 5-31e 所示。图 5-31a 所表达的物体形状如图 5-31f所示。为了更清晰地理解线框 2′为什么只能与线框 2 对应，请读者画出图 5-31g 所示物体的主、俯视图，并与图 5-31a 所示视图作一比较。

5.4.2.2　线面分析法读图

对于投影关系比较清晰的组合体视图，用形体分析法即能解决读图问题。对于切割体视图的读图，用线面分析法较好。对于复杂物体的视图读图，在运用形体分析法的同时，还常用线面分析法来帮助想象和读懂较难明白的局部图形。

1. 视图中线框与其他视图的线段或线框间的投影规律

在视图中，如果多边形线框与另一视图中的水平或垂直线段有投影关系，则它表达的是物体上的投影面平行面；如果与另一视图中的斜线段有投影关系，则它表达的是物体上的一

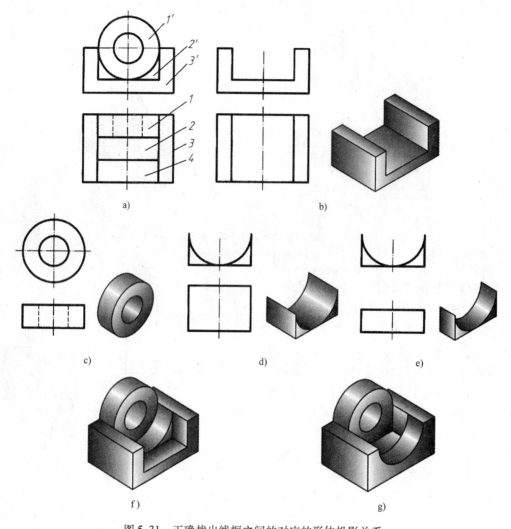

图 5-31　正确找出线框之间的对应的形体投影关系

a）原视图　b）线框 3′、3 对应的形体　c）线框 1′、1 对应的形体　d）线框 2′、2 对应的形体

e）被遮挡后 2′、2 对应的形体　f）原视图表达的物体　g）请读者练习的物体

个投影面垂直面；如果与另一视图中的边数相同的多边形有投影关系，则它表达的可能是投影面垂直面也可能是一般位置的平面，随其第三投影成斜直线或同边数多边形而定。

如图 5-32 所示，主视图中的 m' 线框，对应俯视图上的线段 m，对应左视图上的线段 m''，所以它表达的是投影面平行面（正平面）。主视图中的 p' 线框，对应俯视图上的线框 p，对应左视图上的线框 p''（三个线框是类似形），所以它表达的是一般位置的平面。主视图中的 q' 线框，对应俯视图上的线框 q（q' 和 q 是类似形），对应左视图上的线段 q''，所以它表达的是投影面垂直面（侧垂面）。

2. 线面分析法

所谓**线面分析法**，就是运用点、线、面的投影特性，分析视图中的线段或线框的实际形状及空间位置，进而想象出物体的表面形状、表面交线，以及面与面之间的相对位置等，最终想象出物体的线面构成、结构形状，看懂视图。

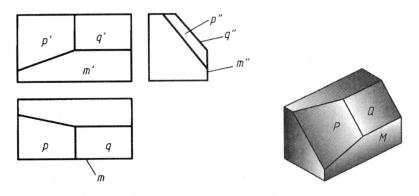

图 5-32　视图中线框、线段之间的对应关系

下面以图 5-33 所示压块为例，说明线面分析的读图方法。

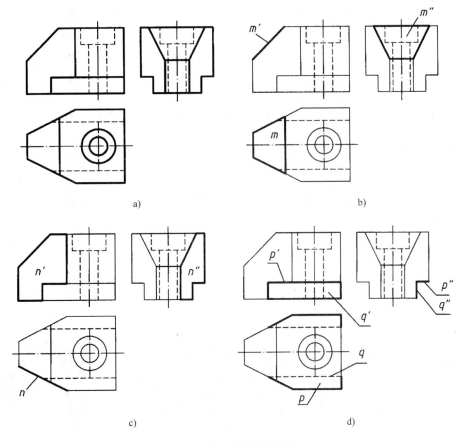

a)　　　　　　　　　　　　　　b)

c)　　　　　　　　　　　　　　d)

图 5-33　线面分析的读图方法

a）原视图　b）有投影关系的 m'、m、m'' 线框
c）有投影关系的 n'、n、n'' 线框　d）有投影关系的 p'、p、p''（q'、q、q''）线框

（1）初步确定切割体的主体形状　根据各视图的投影特征，初步确定切割体被切割前的主体形状。如图 5-33a 所示，由于压块的三视图轮廓基本上都是矩形，这样可以判断出压块形成前的基本形体是四棱柱（长方体）。

（2）逐个分析线框的投影　利用投影关系，找出视图中的线框及其各个对应投影，逐个分析，想象它们的空间形状和位置，并弄清切割部位的结构。分析如下：

1）由图5-33b可知，俯视图中左端的梯形线框 m（或左视图中的梯形线框 m''）只能与主视图中的斜线 m' 有投影关系，根据"若线框与另一视图中的斜线段符合投影关系，则其表示投影面垂直面"，可判断 M 面是垂直于正面的梯形平面，即长方体的左上角被正垂面 M 切割。

2）由图5-33c可知，主视图中的七边形线框 n'（或左视图中的线框 n''），只能与俯视图中的斜线 n 有投影关系，同样根据"若线框与另一视图中的斜线段符合投影关系，则其表示投影面垂直面"，可判断 N 面为七边形铅垂面，即长方体的左端前面由铅垂面 N 切割形成七边形。根据俯、左视图前后对称，长方体的左端后面由与 N 对称的铅垂面切割。

3）由图5-33d可知，主视图的线框 q'，只能与俯视图的水平虚线 q（或左视图中的垂直线段 q''）有投影关系，根据"若线框与另一视图中的水平或垂直线段符合投影关系，则其表示投影面平行面"，可判断 Q 是正平面。同理，俯视图的四边形线框 p，只能与主视图的水平线 p'（或左视图中的水平线段 p''）有投影关系，可判断 P 面为水平面。结合三个视图，可看出长方体的前面下方被平面 P 和 Q 切割。根据俯、左视图前后对称，长方体的后面被与 P 和 Q 对称的平面切割。

4）从俯视图中的两同心圆，结合另外视图上的有投影关系的虚线，可以看出压块的上方开了阶梯孔。

（3）综合想象其整体形状　通过上述对各个线框的分析，弄清了各表面的空间形状、位置，以及切割体的面与面之间的相对位置等，综合起来，即可想象出切割体的整体形状。

压块的形成过程：如图5-34a所示，在长方体左上方用正垂面切去一角，在长方体左端前后分别用铅垂面对称切去两个角，在长方体下方前后分别用水平面和正平面对称切去两小块，最后在长方体上从上到下开阶梯孔。压块的整体形状如图5-34b、c所示。

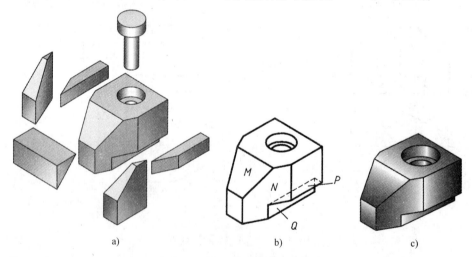

图5-34　线面分析法读图综合

a）压块的形成过程　b）压块（线框图）　c）压块

5.4.3　读物体视图的步骤

读比较复杂的视图，一般要把形体分析法和线面分析法结合起来，通常是在形体分析法的基础上，对不易看懂的局部，还要结合线、面的投影分析，想象出其形状。读物体视图的一般步骤如下：

1）对照投影分解成几部分：从主视图入手，对照其他视图，根据封闭的线框将组合体分解成几个部分。

2）想象各部分形体的形状：用形体分析法和线面分析法，根据各部分形体在几个视图中的投影，想象出各部分形体的具体结构。一般先解决大的、主要形体或是明显的形体，再解决细节问题。

3）综合起来想整体：按视图中各部分形体的相对位置关系，综合起来想象出物体的整体形状。

例5-1 想象图5-35a所示物体的形状。

解 首先将主视图按粗实线分成线框1′、2′、3′、4′（对称的线框不计），按投影关系在俯视图中找到相应的线框1、2、3、4，如图5-35a所示。

暂不考虑虚线，线框1′、1对应的形体如图5-35b所示；线框2′、2对应的形体如图5-35c所示，它是由柱体切去左上角得到的；线框3′、3对应的形体如图5-35d所示；线框4′、4对应的形体如图5-35e所示。

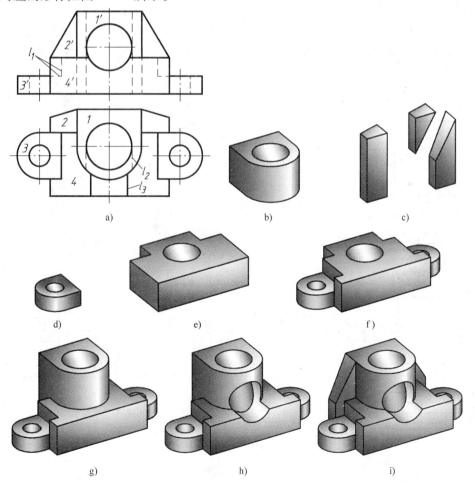

图5-35　例5-1图

图 5-35d 与 e 组合,并注意到主视图上的虚线 l_1,可得图 5-35f;图 5-35f 与 b 组合得图 5-35g;注意到主视图上的圆与俯视图的虚线 l_2 及实线 l_3,可知是前后方向的圆孔,得图 5-35h;将图 5-35c 与 h 组合,得物体的整体形状,如图 5-35i 的所示。

5.5 补画视图或视图的缺线

由已知的两个视图补画所缺的第三个视图,或补画已知三视图中的缺线,是培养和检验读图能力的一种重要方法和手段。通过练习,可以有效地提高画图能力和读图能力。

补画第三视图或补画视图中的缺线,首先要看懂已知视图,想象出物体形状;然后根据物体各组成部分的结构和相互位置,依据投影规律画出第三视图或视图中所缺的图线。

1. 补画第三视图

例 5-2 根据图 5-36a 所示两视图,想象出组合体形状,补画左视图。

解 1)读已知视图,想象出组合体形状。根据给出的两视图上对应的封闭线框,可以看出该组合体是由长方形底板Ⅰ、竖板Ⅱ和拱形板Ⅲ叠加后(竖板立在底板之上,后面平齐,拱形板立在底板之上,与竖板前面接触,整体左右对称),又切去一个长方形凹槽及钻一个圆孔而成的,如图 5-36b 所示。

2)按"长对正、高平齐、宽相等"的规律,分别画出各组成形体的左视图,如图 5-36c 所示。再检查是否有多画线或漏画线,无误后加深图线,如图 5-36c 所示的最右侧图。

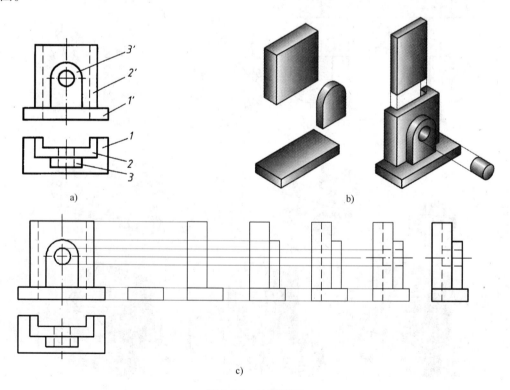

a) 组合体的主、俯视图   b) 组合体分解图   c) 补画过程

图 5-36 补画视图

例 5-3 根据图 5-37a 所示的主视图和俯视图，补画左视图。

解 根据主视图中的粗实线封闭线框，可将组合体大致分成三部分：拱形底板、开槽厚肋板、打孔圆柱体，如图 5-37e 所示。补画左视图步骤如图 5-37b、c、d 所示。

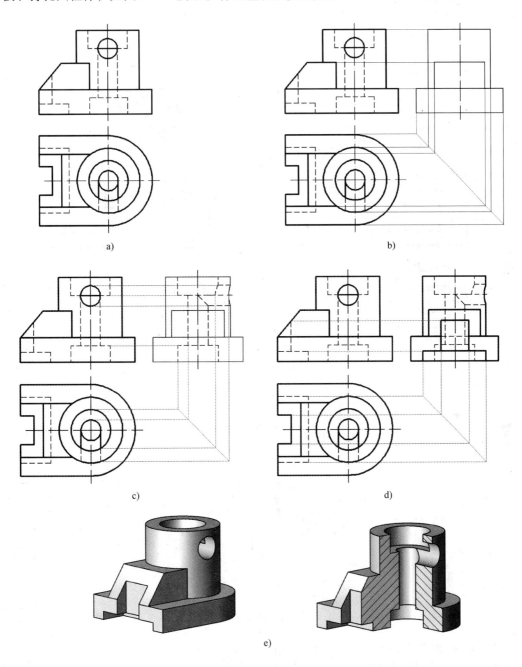

a)

b)

c)

d)

e)

图 5-37 例 5-3 图

a）组合体主、俯视图 b）补画主要可见轮廓线 c）补画虚线 d）补画开槽轮廓、修改加深 e）立体图

2. 补画视图中的缺线

例 5-4 根据图 5-38a 所示三视图，补画所缺图线。

解　根据已给出的视图特点可想象出，该组合体由一圆柱底板Ⅰ和一圆柱Ⅱ叠加后，又切割而成，如图 5-38b 所示。补画所缺图线的作图步骤如图 5-38c、d、e 所示。

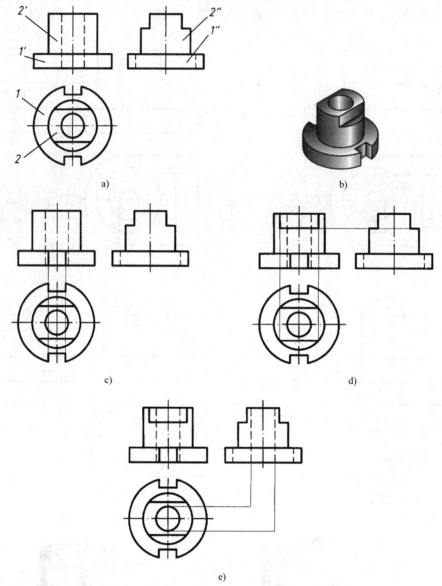

图 5-38　补画视图中所缺图线
a）缺少图线的组合体的三视图　b）组合体立体图
c）补画底板槽口图线　d）补画上部圆柱前后切口图线　e）补画上下通孔图线

例 5-5　根据图 5-39a 所示三视图，补全遗漏的图线。

解　根据已给出的视图特点可想象出，组合体可分为Ⅰ、Ⅱ上下两部分，如图 5-39b 所示。视图上主要缺少Ⅰ和Ⅱ的交线投影、半圆柱孔的轮廓线投影、切割后产生的截交线的投影等。在各个视图中补画过程如图 5-39c、d、e、f、g、h 所示。

在补画图线时应注意要充分运用"长对正、高平齐、宽相等"的投影规律来分析所补图线的合理性。

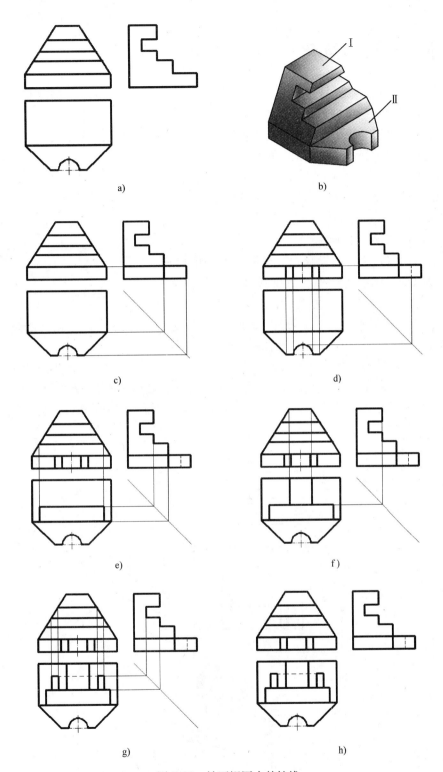

图 5-39　补画视图中的缺线

a）缺少图线组合体的三视图　b）组合体立体图　c）补画Ⅰ和Ⅱ的交线的投影　d）补画Ⅱ的半圆孔的投影

e）补画Ⅰ的前面水平面的边线的投影　f）补画Ⅰ的顶面两侧边线的投影　g）补画Ⅰ的凹槽的投影

h）补画后完整的三视图

5.6 第三角投影简介

三个互相垂直的投影面把空间分成八个分角（见图5-40）。我国《技术制图》国家标准规定，视图采用**第一角投影画法**，即把物体置于第Ⅰ角内，使其处于观察者与投影面之间进行多面正投射。本书的投影法除本节内容外都是研究第一角投影画法问题。

但国际上也有一些国家（如美国、日本）采用**第三角投影画法**，即把物体放在第Ⅲ角中，使投影面处于观察者和物体之间进行多面正投射。为了国际交流的需要，读者也应该了解第三角投影画法。

从投射方向看，第一角投影画法（简称**第一角画法**）是"人—物—面"的关系；第三角投影画法（简称**第三角画法**）是"人—面—物"的关系。因此，为了能够进行投射，采用第三角画法时，要假定投影面是透明的。所以，采用第三角画法是隔着"玻璃"看物体，是把物体的轮廓形状映射在"玻璃"（投影面）上。

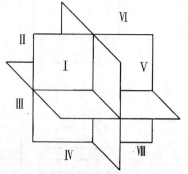

图5-40 八个分角

采用第三角画法时，投影面的展开方法如图5-41所示，V面不动，H面向上、W面向右各旋转90°与V面重合。三个视图的名称、配置及投影规律如图5-42所示。要注意的是，俯视图和右视图靠近主视图的一侧表示物体前面，远离主视图的一侧表示物体后面，这与第一角画法正好相反。

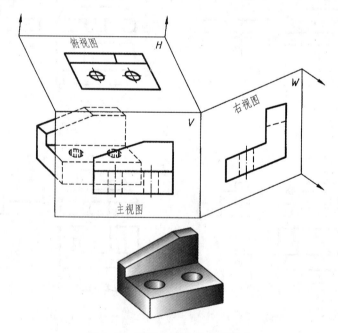

图5-41 第三角画法的视图形成

国际标准规定，采用第一角画法用图5-43a所示的投影识别符号表示；采用第三角画法用图5-43b所示的投影识别符号表示。投影识别符号画在标题栏的"投影符号"格内。由

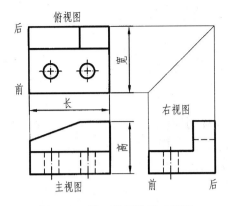

图 5-42 第三角画法的三视图

于我国国家标准规定采用第一角画法，所以当采用第一角画法时可省略投影识别符号，当采用第三角画法时，就必须画出第三角画法的投影识别符号。

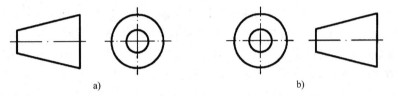

a)   b)

图 5-43 第一角画法和第三角画法的投影识别符号

a）第一角画法的投影识别符号 b）第三角画法的投影识别符号

第6章 轴 测 图

多面正投影图的优点是能确切地反映形体的形状，度量性好，作图简便；缺点是直观性差，必须具有一定的读图能力才能看懂。为了方便看图，工程上常采用立体感较强的轴测投影图来表示形体。轴测投影图虽然直观性好，但是度量性差，且作图复杂，所以常作为辅助性图样来应用。

6.1 轴测投影的基本知识

1. 轴测投影图的形成

如图 6-1 所示，将处于空间直角坐标系中的物体，向投影面 P 进行投射，如果投射方向不与坐标轴或坐标面平行，则物体上平行于坐标轴或坐标面的线段或表面，其投影都不会积聚，因而在投影面 P 上的投影能反映出物体长、宽、高三个方向上的形状，有立体感。

GB/T 16948—1997 规定，将物体连同其直角坐标系，沿不平行于任一坐标平面的方向，用平行投影法将其投射到单一个投影面 P 上，所得的图形称为**轴测投影**（**轴测图**），如图 6-1 所示。投影面 P 称为轴测投影面；直角坐标轴 OX、OY、OZ 的投影 O_1X_1、O_1Y_1、O_1Z_1 称为轴测投影轴，简称**轴测轴**。

2. 轴间角和轴向伸缩系数

轴间角和轴向伸缩系数是轴测图的两个最基本参数，决定着轴测投影的形状和大小，画轴测图前必须先确定它们。

1）轴间角：轴测投影中，任意两根直角坐标轴在轴测投影面上的投影之间的夹角称为轴间角。图 6-2 所示的 $\angle X_1O_1Y_1$、$\angle Y_1O_1Z_1$、$\angle Z_1O_1X_1$ 即为轴间角。

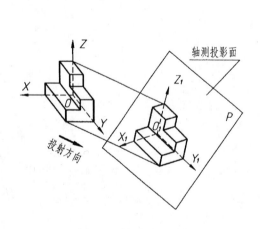

图 6-1 轴测图的形成

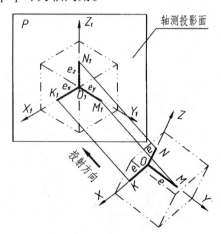

图 6-2 轴间角和轴向伸缩系数

2）轴向伸缩系数：直角坐标轴轴测投影的单位长度与直角坐标轴上的单位长度的比值

称为轴向伸缩系数。在图 6-2 中，直角坐标轴上的单位长度 e（OK、OM、ON），其轴测投影长度分别为 e_x、e_y、e_z（O_1K_1、O_1M_1、O_1N_1）。比值 $p = e_x/e$、$q = e_y/e$ 和 $r = e_z/e$ 分别为 X 轴、Y 轴、Z 轴的轴向伸缩系数。

3. 轴测图的基本性质

轴测投影具有平行投影的性质，结合轴测图的特点，其基本性质为：

性质 1　物体上平行于某一坐标轴的线段，其轴测投影必与相应的轴测轴平行；物体上相互平行的线段，其轴测投影也相互平行。

性质 2　物体上与坐标轴方向相同的线段（轴向线段），它的轴测投影长度等于其实长乘以相应的轴向伸缩系数。

性质 2 可以理解为轴向线段的轴测投影长度可以沿轴测轴方向测量。"轴测"的概念由此而来。

在画轴测图时，应该遵守和善于应用这些性质，以使作图快捷、准确。

4. 轴测投影的分类

按投影方向的不同，轴测投影可分为两类：

1）正轴测投影：用正投影法得到的轴测投影。

2）斜轴测投影：用斜投影法得到的轴测投影。

根据轴向伸缩系数的不同，每类轴测投影又可分为三种：正（斜）等轴测投影，正（斜）二等轴测投影，正（斜）三轴测投影。本章仅介绍常用的正等轴测投影和斜二等轴测投影。

1）正等轴测投影（即**正等轴测图**）：三个轴向伸缩系数均相等的正轴测投影图称为正等轴测投影，即有 $p = q = r$，此时三个轴间角相等。

2）斜二等轴测投影（即**斜二轴测图**）：轴测投影面平行于一个坐标面，且平行于坐标面的那两个轴的轴向伸缩系数相等的斜轴测投影图称为斜二等轴测投影。如轴向伸缩系数 $p = r \neq q$ 就是一种斜二轴测图。

6.2　正等轴测图的画法

使直角坐标系的三根坐标轴对轴测投影面的倾角都相等（35°16′），并用正投影法将物体向轴测投影面投射，所得图形就是**正等轴测图**。正等轴测图简称为**正等测**。

1. 正等轴测图的轴间角和轴向伸缩系数

正等轴测图的各轴间角均为 120°，各轴向伸缩系数都相等，均为 0.82。实际画图时，为了避免计算，简化作图，以简化伸缩系数 1 代替理论伸缩系数 0.82。这样，平行于各坐标轴的线段其轴测投影长度就等于其实长，整个物体的投影沿各轴向都放大了 $1/0.82 \approx 1.22$ 倍，但形状并不改变。图 6-3 表明了二者的差别，图 6-3a 中取理论伸缩系数 0.82，图 6-3b 中取简化伸缩系数 1。

2. 画轴测图的基本方法——坐标法

画轴测图的基本方法是坐标法。其步骤一般为：先根据物体形状的特点，选定适当的坐标轴；再根据物体的尺寸坐标关系，画出物体上某些点的轴测投影；最后通过连接点的轴测投影作出物体上某些线和面的轴测投影，从而逐步完成物体的轴测投影。

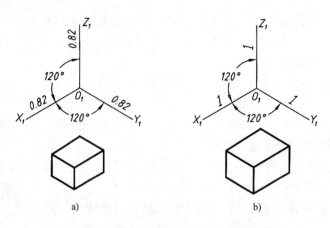

图 6-3　正等测图的轴间角和轴向伸缩系数

a）理论伸缩系数 0.82　b）简化伸缩系数 1

例 6-1　用坐标法画图 6-4a 所示六棱柱的正等测图。

解　作图步骤如图 6-4 所示。

1）确定坐标轴和坐标原点，如图 6-4a 所示。

2）画轴测轴，根据尺寸确定 I、II、III、IV 点，如图 6-4b 所示。

3）作 X 轴的平行线，根据尺寸确定六棱柱顶面的顶点，如图 6-4c 所示。

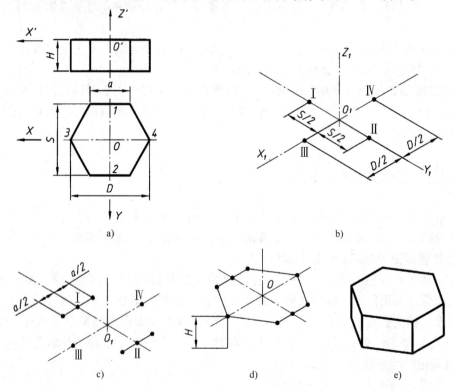

图 6-4　六棱柱的正等测图

a）在视图上确定坐标轴和坐标原点　b）画轴测轴，确定 I、II、III、IV 点

c）确定六棱柱顶面的顶点　d）画六棱柱的棱　e）完成全图

4）连接六棱柱顶面的顶点，作出六棱柱的棱，如图6-4d所示。

5）完成全图，擦去多余的作图线，加深图线，如图6-4e所示。

例6-2 用坐标法画图6-5a所示三棱锥的正等测图。

解 作图步骤如图6-5所示。

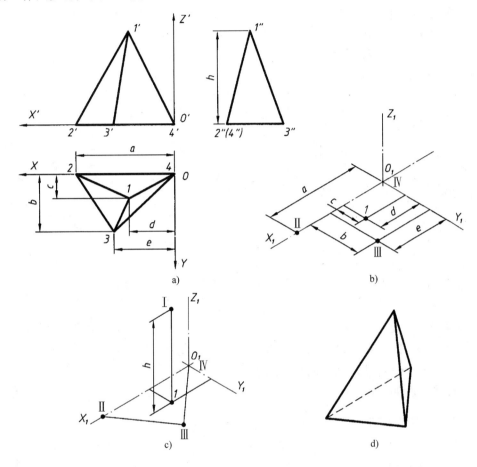

图6-5 三棱锥的正等测图

a）在视图上确定坐标轴和坐标原点 b）画轴测轴，确定1、Ⅱ、Ⅲ、Ⅳ点 c）确定三棱柱的顶点Ⅰ d）完成全图

注意：一般在轴测图中不画虚线，这里为了增强三棱锥轴测图的立体感，用虚线画出底面不可见的一个边。

3. 平行于坐标面的圆的正等测图

与各坐标面平行的圆的正等测投影均为椭圆，如图6-6所示。椭圆的长轴垂直于一根坐标轴的投影（这根坐标轴与圆所在的坐标面垂直），其长度仍等于圆的直径 D。椭圆的短轴与长轴垂直，其长为$0.58D$。如用简化伸缩系数画椭圆时，长、短轴的长度都应增大1.22倍，即椭圆的长轴长度等于$1.22D$，短轴则为$0.7D$。（注：以下图形均按简化伸缩系数

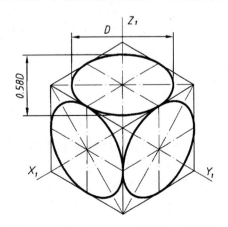

图6-6 平行于各坐标面的圆的正等测图

画出）

了解了椭圆的长、短轴方向和大小，就可以画椭圆了。为简化作图，一般常用"四心法"近似画椭圆。图6-7所示为用四心法近似作出的平行于 *XOY* 坐标面的圆的正等测图，其作图步骤为：

1）画轴测轴，据圆的直径作出圆的外切正方形的轴测投影——菱形，注意菱形的各边分别平行于相应的轴测轴，如图6-7b所示。

2）连接 *AP*、*BM* 相交于 O_2 点，连接 *AN*、*BQ* 相交于 O_3 点，如图6-7c所示。

3）以 *AP*（或 *AN*、*BM*、*BQ*）为半径，分别以 *A*、*B* 为圆心画大圆弧；以 O_2P（或 O_2M、O_3N、O_3Q）为半径，分别以 O_2、O_3 为圆心画小圆弧；四圆弧连接即得近似椭圆，如图6-7d所示。

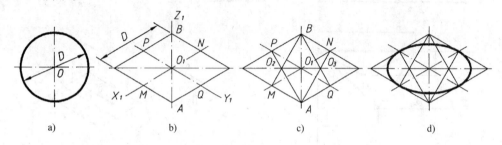

a)   b)   c)   d)

图6-7 平行于 *XOY* 坐标面的圆的正等测图的近似画法

a）圆的视图 b）画轴测轴和菱形 c）作出 O_2、O_3 d）画四段圆弧得近似椭圆

对于平行于 *XOZ* 和 *ZOY* 坐标面的圆的正等测圆，其画法与平行于 *XOY* 坐标面的圆的正等测图画法完全相同，只需按图6-6正确地作出其外切正方形的轴测投影即可。

例6-3 画图6-8a所示圆柱的正等测图。

解 作图步骤如图6-8所示。

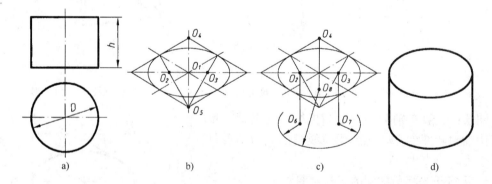

a)   b)   c)   d)

图6-8 圆柱轴测图的画法

a）圆柱的视图 b）画圆柱顶面的轴测图 c）作出 O_6、O_7、O_8 d）作公切线、完成全图

1）用四心法近似画圆柱顶面的轴测图，如图6-8b所示。

2）从 O_2、O_3、O_4 向下作垂线，由圆柱高度 *h* 得 O_6、O_7、O_8，分别以 O_6、O_7、O_8 为圆心画圆柱底面椭圆，如图6-8c所示（这种方法称为"移心法"）。

3）作两椭圆的公切线（上、下小半径圆弧的公切线），擦去多余的作图线，加深图线，完成全图，如图6-8d所示。

例 6-4 画图 6-9a 所示圆台的正等测图。

解 作图步骤如图 6-9 所示（图形是按简化伸缩系数画出的）。

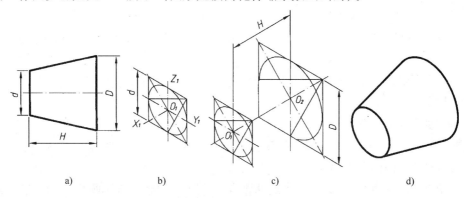

图 6-9 圆台的画法

a）圆台的视图 b）画小端圆的轴测图 c）画大端圆的轴测图 d）作公切线、完成全图

为确保画图正确，画图时要注意分析圆所在平面与哪一个坐标面平行。

4. 正等测图中圆角的画法

机件上的圆角轮廓（1/4 圆柱），其轴测投影是四分之一的椭圆弧，可采用图 6-10 所示的简化画法作图。

例 6-5 画图 6-10a 所示形体的正等测图。

解 作图步骤如图 6-10 所示。

1）根据形体顶面画平行四边形，从前部的两个角沿两边量取距离 R，得点 M、N、P、Q 四点，分别过各点作各边的垂线，过 M、N 的垂线交于 O_1，过 P、Q 的垂线交于 O_2，如图 6-10b 所示。

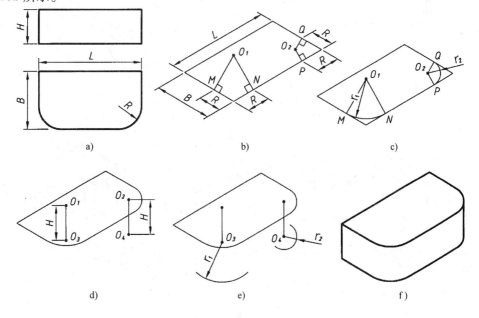

图 6-10 圆角的画法

a）视图 b）作出 O_1、O_2 c）画圆弧 d）作出 O_3、O_4 e）画圆弧 f）作公切线、完成全图

2）以 O_1 为圆心，$O_1M = r_1$ 为半径画大圆弧；以 O_2 为圆心，$O_2P = r_2$ 为半径画小圆弧，如图 6-10c 所示。

3）用"移心法"得圆心 O_3、O_4，如图 6-10d 所示。

4）以 O_3 为圆心，r_1 为半径画大圆弧；以 O_4 为圆心，r_2 为半径画小圆弧，如图 6-10e 所示。

5）作圆弧的公切线，画其他图线；而后擦去多余的作图线，加深图线，完成全图，如图 6-10f 所示。

5. 物体的正等测图画法

画物体的正等轴测图时，应先进行形体分析，弄清形体的结构特点，因为组合体的轴测图和切割体的轴测图画法不同。

（1）切割体的正等测图画法 对于切割体，可先按完整的形体画出其轴测图，再用切割的方法切去不完整的部分，从而完成形体的轴测图，这种画法称为切割法（或方箱法）。

例 6-6 画图 6-11a 所示形体的正等测图。

解 作图步骤如图 6-11 所示。

1）根据形体的长、宽、高画长方体的正等测图，如图 6-11b 所示。

2）根据图中尺寸，作轴测轴的平行线，切去左前角，如图 6-11c 所示。

3）切斜面，如图 6-11d 所示。

4）切右前角，加深图线，完成全图，如图 6-11e 所示。

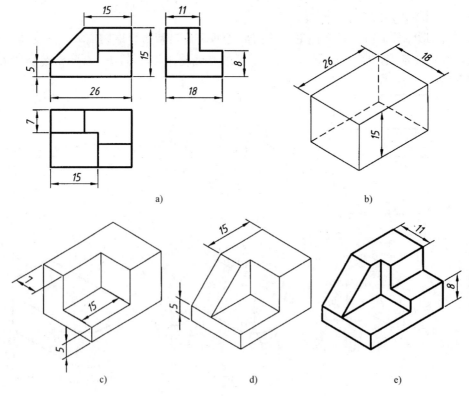

图 6-11 切割体的正等测图

a）视图 b）画长方体 c）切去左前角 d）切斜面 e）切右前角，完成全图

（**2**）**组合体的正等测图画法**   对于组合体，要将其分解为若干基本形体，明确各基本形体结构特点和它们之间的相互位置及表面连接方式。画图时，先对主要结构定位，再用逐个叠加的方法画出各基本体的轴测图和连接处的分界线，最终完成组合体的轴测图。

例 6-7   画图 6-12a 所示轴承座的正等测图。

解   作图步骤如图 6-12 所示。

1）画轴承座底板顶面，以底板顶面为基准，确定圆筒的轴线及前端面和后端面，如图 6-12b 所示。

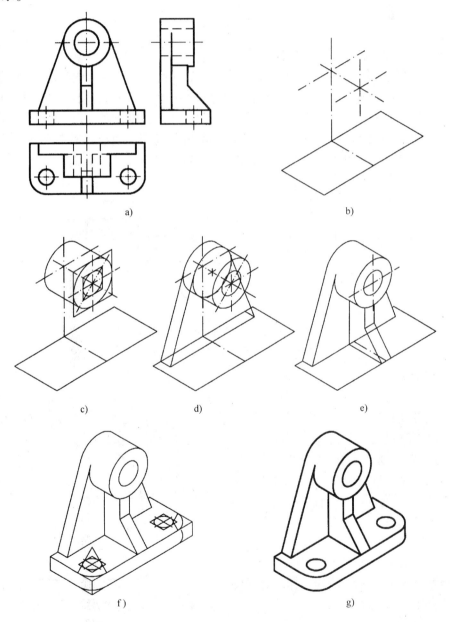

图 6-12   轴承座的正等测图

a）视图   b）画底板顶面、确定圆筒的前、后端面   c）画圆筒

d）画支承板   e）画肋板   f）画底板及圆孔   g）完成全图

2）根据圆筒尺寸，画圆筒，如图 6-12c 所示。

3）画支承板，注意支承板前端面与圆筒交线的画法，如图 6-12d 所示。

4）画肋板，如图 6-12e 所示（注意：此图中肋板与圆筒柱面的交线被遮挡，不必绘制）。

5）按照画圆角的方法画底板，再用四心法画圆孔，如图 6-12f 所示。

6）擦去多余图线，加深图线，完成全图，如图 6-12g 所示。

6.3 斜二轴测图

1. 斜二轴测图的轴间角和轴向伸缩系数

斜二轴测图简称斜二测。根据斜二测图的定义，实际绘制斜二测图时，通常使直角坐标系的 OX、OZ 两坐标轴平行于轴测投影面，轴测轴 O_1X_1、O_1Z_1 的轴向伸缩系数相等，即 $p=r=1$，轴间角 $\angle X_1O_1Z_1=90°$。直角坐标系在此位置下，轴测轴 O_1Y_1 的方向和轴向伸缩系数可以随投射方向的改变而变化。为实际作图的方便且图形明显，通常取 O_1Y_1 轴的轴向伸缩系数 $q=0.5$，轴间角 $\angle X_1O_1Y_1 = \angle Y_1O_1Z_1 = 135°$，如图 6-13 所示。

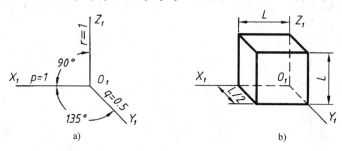

图 6-13　斜二测图的轴间角和轴向伸缩系数
a）斜二测图的轴间角和轴向伸缩系数　b）正方体的斜二测图

2. 平行于各坐标面的圆的斜二轴测图

图 6-14 所示为平行于各坐标面的圆的斜二测图。从图中可以看出，平行于 XOZ 坐标面的圆的斜二测仍是圆，且直径不变。平行于 XOY 和 YOZ 坐标面的圆的斜二测均为椭圆，它们的长轴都与圆所在坐标面内某一坐标轴成 7°10′的角度。长、短轴的长度分别为 1.06D 和 0.33D。

平行于 XOY、YOZ 坐标面的圆的斜二测——椭圆的画法比较繁琐，所以，当物体上除有与 XOZ 坐标面平行的圆，还有其他圆时，应避免选用斜二测图。

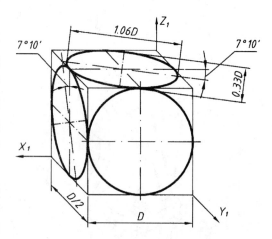

图 6-14　平行于各坐标面的圆的斜二测图

3. 斜二测图的画法

斜二测图的基本画法仍然是坐标法，步骤与正等轴测图相似，不再举例。

在斜二测图中，由于 XOZ 坐标面平行于轴测投影面，所以凡是平行于这个坐标面的图形，其轴测投影反映实形，这是斜二测的一个突出的特点。当物体只有一个方向有圆或单方向形状复杂时，可利用这一特点，使其轴测图简单、易画。

例 6-8　画图 6-15a 所示物体的斜二测图。

解　作图步骤如图 6-15 所示。

1）以物体前端面作为 XOZ 平面，画前端面；沿 Y_1 轴方向，由 $B/2$ 确定后端面的圆弧圆心 O_1 的位置，如图 6-15b 所示。

2）画后端面的圆弧等，如图 6-15c 所示。

3）从前端面的各顶点画 Y_1 轴的平行线，如图 6-15d 所示。

4）连接各顶点，作圆弧的切线；擦去多余图线，加深图线，完成全图，如图 6-15e 所示。

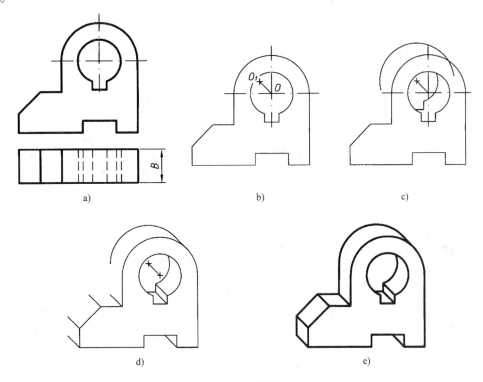

图 6-15　斜二测图画法

a）视图　b）画前端面，确定后端面圆弧圆心　c）画后端面的圆弧

d）从各顶点画 Y_1 轴的平行线　e）连接各顶点，完成全图

第7章 机件的各种表达方法

机件的结构形状是多种多样的，为了完整、清晰而又简便地将它们表达出来，国家标准《技术制图》和《机械制图》中规定了一系列的表达方法，包括视图、剖视图、断面图、局部放大图、简化画法和其他规定画法。本章主要介绍这些表达方法的特点、画法、图形的配置、标注方法及适用条件。

7.1 视图

视图（GB/T 17451—1998、GB/T 4458.1—2002）主要用来表达机件的外部结构形状。视图包括：基本视图、向视图、局部视图、斜视图。视图一般只表达物体的可见部分的轮廓，必要时才用虚线把物体的不可见部分的轮廓画出来。

7.1.1 基本视图

国家标准规定，为了清晰地表达机件的前、后、左、右、上、下等方向的形状，表达一个物体可有六个**基本投影方向**（由前向后、由左向右、由上向下、由右向左、由下向上、由后向前）。与相应的六个基本投影方向分别垂直的投影平面称为**基本投影面**。物体在基本投影面上的投影称为**基本视图**。基本视图采用第一角投影画法，因此，前面已经学习的主视图、俯视图、左视图都是基本视图。

对于一个物体的其他基本视图，可以这样得到：在原来的三个基本投影面的基础上，再增加三个基本投影面，六个基本投影面形成一个正六面体，把机件置于这个空腔的六面体中，向各投影面投射，就得到了六个基本视图。除主、俯、左视图外，其他三个基本视图为右视图（自右向左投影）、仰视图（由下向上投影）、后视图（由后向前投影）。

六个基本投影面的展开方法如图 7-1 所示，正面不动，其余投影面按图中箭头所指的方

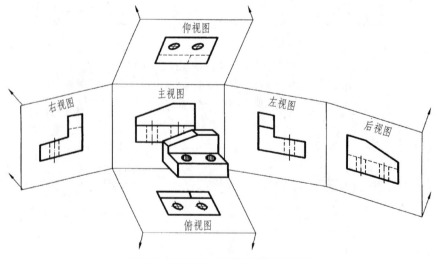

图 7-1 六个基本投影面的展开过程

向旋转到与正面在一个平面上。各视图的配置如图7-2所示，按此位置配置在同一张图纸内的基本视图，一律不注视图的名称。

六个基本视图有以下规律：

1）六个基本视图之间仍遵循"三等"规律：主、俯、仰、后视图"长相等"；主、左、右、后视图"高平齐"；俯、左、右、仰视图"宽相等"。

2）每一个基本视图都能表达机件的四个方位（如右视图可反映机件的上、下、前、后；仰视图可反映机件的左、右、前、后），而且除后视图外，围绕主视图的四个视图有"靠近主视图的一边是机件的后面，远离主视图的一边是机件的前面"这一规律。

实际画图时，应根据机件外部结构形状的复杂程度，选用必要的基本视图，在表达完整、清晰的前提下，力求制图简便。

7.1.2 向视图

向视图是可以自由配置的视图，是移位（不旋转）配置的基本视图。为便于识读和查找自由配置后的向视图，应对向视图标注，即在向视图的上方标注"×"（"×"为大写拉丁字母），在相应视图的附近用箭头指明投射方向，并标注相同的字母，如图7-3所示的 A 向视图和 B 向视图。在同一张图上，字母应按自然顺序注写（如 A、B、C…）。

实际绘图时，为了合理利用图纸，或各基本视图没画在同一张图纸上时，可将基本视图不按图7-2所示的位置配置，而将其移到另外的合适位置后画成向视图。

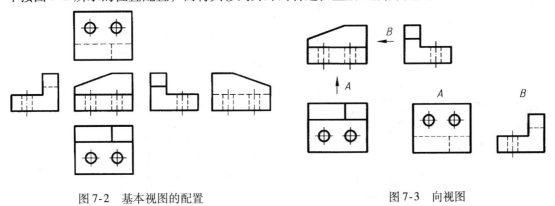

图 7-2　基本视图的配置　　　　　　　　　　　图 7-3　向视图

7.1.3 局部视图

将机件的某一部分向基本投影面投射，所得的视图称为**局部视图**。局部视图实际上是某一基本视图的一部分，通常被用来局部地表达机件的外形。

如图 7-4a、b 所示机件，选用主、俯两个基本视图后，尚有左、右两边凸台的结构形状没有表示清楚。如果用左视图和右视图表示两边凸台，机件上的圆柱和底板会重复表达。而用局部视图表示两边凸台，则更能突出要表示的重点，且使图面简洁。

局部视图的断裂边界用波浪线画出。注意，波浪线要画在机件的实体范围内。当所表达的局部结构是完整的，且外形轮廓又成封闭时，波浪线可省略不画，如图7-4b所示的 B 向局部视图。

局部视图可按以下三种形式配置其位置，并进行必要的标注。

1）按基本视图的配置形式配置。即局部视图配置在箭头所指的方向，并与原有视图保持投影关系。此时，如果局部视图与相应的原视图之间没有其他图形隔开，不必标注。如图 7-4b 所示的 A 向局部视图，可以省略主视图左侧的箭头和 A 向局部视图上方的字母"A"。

2）按向视图的配置形式配置和标注。局部视图配置在其他适当位置，此时要标注，即在局部视图的上方用大写拉丁字母标出其名称"×"，在相应的原视图附近用箭头指明投影方向，并注上同样的字母，如图 7-4b 所示的局部视图 B。

3）按第三角画法将所需表达的局部结构配置在视图附近，并用细点画线将两者相连，如图 7-5a 和图 7-5b 所示。此时，无需另行标注。

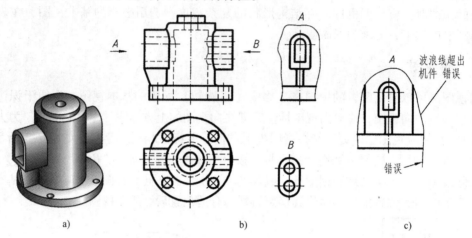

图 7-4　局部视图的画法

a）机件　b）视图　c）波浪线的错误画法

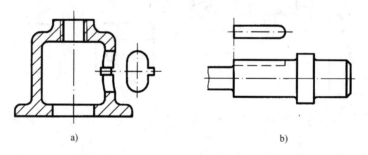

图 7-5　局部视图按第三角画法配置

a）按第三角画法配置的局部视图例 1　b）按第三角画法配置的局部视图例 2

7.1.4　斜视图

把机件向不平行于任何基本投影面的平面投射，所得的视图称为**斜视图**。

如果机件上有倾斜结构，用基本视图无法表达其实际形状，这时可设置与倾斜结构平行的辅助投影面，把倾斜结构向该投影面进行投射得斜视图（注意：辅助投影面应平行于机件的倾斜部分且垂直于某一基本投影面）。

斜视图配置应尽量与原相应视图保持投影关系，如图 7-6b 所示。斜视图主要是表达机件倾斜部分的实形，因此，其他部分不需画出，用波浪线表示断裂边界。

斜视图必须标注，即用箭头（与倾斜部分垂直）表明投射方向，箭头旁边注上字母"×"，字母要字头朝上；同时要在斜视图正上方注"×"，如图 7-6b 所示。也可将斜视图旋转放正，配置在图纸其他适当位置，但斜视图上方标注应写成图 7-6c 或 d 的形式，字母注写在圆弧箭头一侧，需给出旋转角度时，角度应注写在字母之后。图 7-6e 所示为斜视图旋转符号的画法。

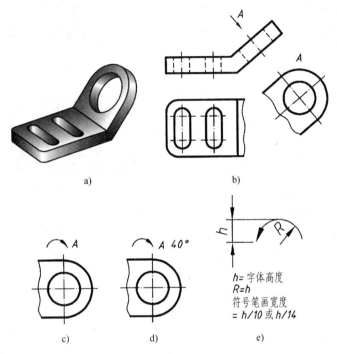

图 7-6　斜视图的画法

a）机件　b）斜视图与原相应视图保持投影关系　c）斜视图旋转放正
d）斜视图旋转放正且注旋转角度　e）斜视图旋转符号画法

7.2　剖视图

剖视图（GB/T 17452—1998、GB/T 17453—2005、GB/T 4458.6—2002）主要用来表达机件的内部结构形状。

表达机件时，机件上不可见的内部结构形状可用虚线表示，但如果机件的内部结构形状复杂，视图中就会有较多的虚线，这既不利于看图，也不利于标注尺寸，如图 7-7b 所示。因此，国家标准规定可用剖视图来表达机件的内部结构形状。

7.2.1　剖视图的概念和画法

1. 剖视图的形成

假想用剖切面剖开物体，将处在观察者与剖切面之间的部分移去，而将其余部分向投影面进行投射，所得的图形称为剖视图，简称剖视，如图 7-7c 所示。

剖切面一般是平面或圆柱面，而平面用得最多。为表达机件内部的真实形状。剖切面一

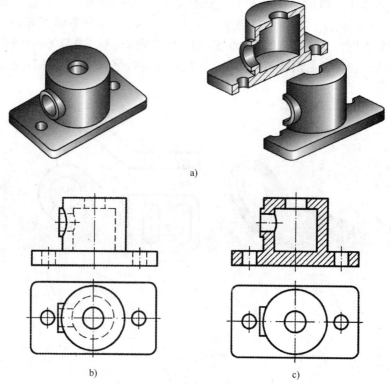

图 7-7 剖视的基本概念

a）立体图 b）视图 c）剖视图

般通过孔、槽的轴线或对称面，且使剖切面平行或垂直于某一投影面。

2. 剖面符号

剖切面与机件接触的部分称为剖面区域，画剖视图时，在剖面区域上要画出**剖面线**或**剖面符号**。各种材料的剖面符号见表 7-1。其中，金属材料的剖面符号是间距均匀的平行细实线，称为剖面线。国家标准规定，剖面线应以适当的角度绘制，最好与机件主要轮廓或剖面区域的对称线成 45°角，如图 7-8 所示。同一零件的剖面线在各个剖视图（或断面图）中其倾斜方向和间隔都必须一致。

表 7-1 剖面符号

金属材料（已有规定剖面符号者除外）		转子、电枢、变压器和电抗器等的叠钢片	
非金属材料（已有规定剖面符号者除外）		线圈绕组元件	
木材（纵剖面）		砂型、填砂、粉末冶金陶瓷刀片、硬质合金刀片等	
木材（横剖面）		格网（筛网、过滤网等）	

（续）

木质胶合板（不分层数）		钢筋混凝土	
玻璃及供观察用的其他透明材料		混凝土	
液体			
基础周围的泥土		砖	

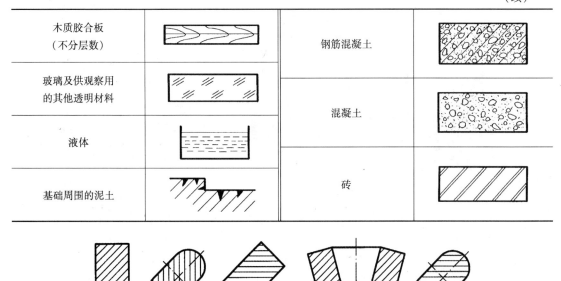

图 7-8　剖面线应以适当的角度绘制

3. 剖视图的画法

剖视图的画图方法和步骤如图 7-9 所示。先用粗实线画出剖面区域的轮廓，并画上剖面符号，如图 7-9c 所示；然后用粗实线画出剖切面后方的可见轮廓线，如图 7-9 所示。

处于剖切面后方的不可见轮廓一般省略不画，只有当这部分结构在其他视图上没有表达清楚时才用虚线画出，如图 7-9e 所示。

4. 剖视图的标注

国家标准规定：一般在剖视图上方用大写拉丁字母标出剖视图的名称"×—×"。在相应的视图上用剖切符号表示剖切位置和投射方向，并标注相同的字母，即明确剖视图名称、剖切位置、投射方向。

（1）剖视图标注的三要素

1）剖切符号：指示剖切面起、迄和转折位置（用粗实线表示，长约 5~10mm）及投射方向（用箭头表示）的符号。剖切符号不要与图形轮廓线相交。

2）剖切线：指示剖切面位置的线，用细点画线表示。画在剖切符号之间的剖切线可省略不画。

3）字母：用以表示剖视图名称的大写拉丁字母，注写在剖视图上方。为便于读图时查找，应在剖切符号附近注写相同的字母。

（2）剖视图标注的具体步骤

1）在与剖视图相应的视图（或剖视图）上，画上表示剖切面的起、迄位置和转折位置的短粗实线，但不要与图形轮廓线相交。

2）在表示剖切面起、迄位置的短粗实线外侧画出与其垂直的箭头，表示剖切后的投射方向。

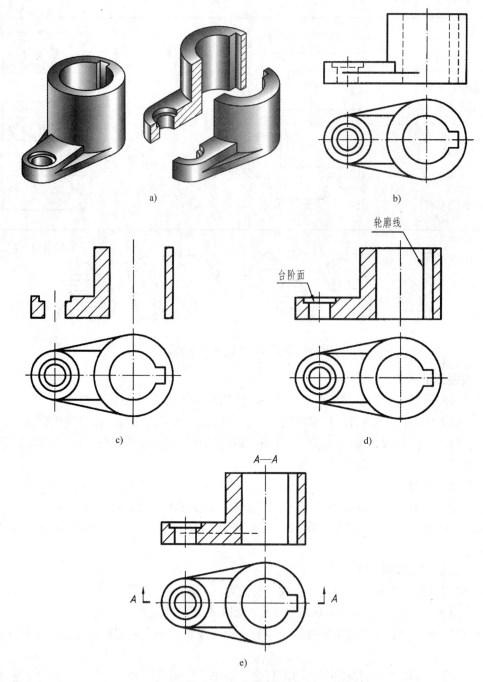

图 7-9 剖视图的画法

a) 立体图 b) 视图 c) 画剖面区域 d) 画剖切面后方的可见轮廓线 e) 剖视图

3) 在表示剖切面的起、迄位置和转折位置的短粗实线外侧注写上同一大写字母。并在剖视图上方中间位置用相同字母标注出该剖视图的名称 "×—×"。字母一律水平书写，字头向上。

剖视图标注的示例如图 7-9e、图 7-16、图 7-19 和图 7-27 所示。

在下列情况下，剖视图的标注可以简化或省略：①剖视图按投影关系配置，中间又没有其他图形隔开时，可以省略箭头；②单一剖切平面与机件的对称平面完全重合，且剖视图按投影关系配置，中间又没有其他图形隔开时，可以不必标注。

5. 画剖视图应注意的问题

1）剖视图只是假想地剖开机件，用以表达机件内部形状的一种方法，实际机件是完整的，因此，除剖视图外的其他图形，都按完整的形状画出，如图 7-7c 和图 7-9e 所示的俯视图。

2）剖视图上一般不画虚线，只有在不影响剖视图的清晰而又能减少视图时，可画少量的虚线，如图 7-9e 所示的主视图。

3）画剖视图时，一定要把剖切平面后方的可见轮廓线画全。

7.2.2 剖视图的种类

剖视图按剖切的范围可分为全剖视图、半剖视图和局部剖视图三种。

1. 全剖视图

用剖切面完全地剖开机件所得的剖视图称为全剖视图，如图 7-7c、图 7-9e 及图 7-19、图 7-21、图 7-23 和图 7-26 所示。

全剖视图主要用于表达外形简单、内形复杂且不对称的机件。为了便于标注尺寸，对有些具有对称平面的机件，也常采用全剖视图。

2. 半剖视图

当机件具有对称平面时，向垂直于对称平面的投影面上投射所得到的图形，以对称中心线为界，一半画成视图，另一半画成剖视图，这种剖视图称为半剖视图，如图 7-10 所示。

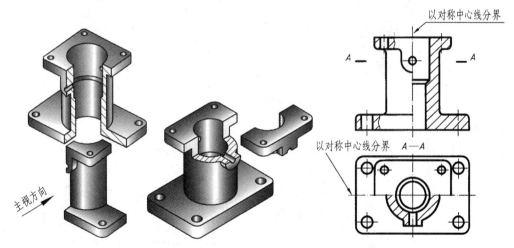

图 7-10 半剖视图

半剖视图主要用于内、外形状都需要表达的对称机件。当机件的形状接近于对称，且其不对称部分已另有视图表达清楚时，也可画成半剖视图，如图 7-11 所示。

画半剖视图应注意以下几点：

1）由于半剖视的图形对称，所以表示外形的视图中的虚线不必画出，但孔、槽应画出中心线位置。

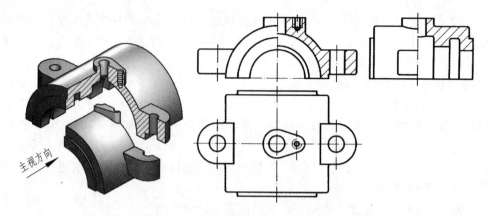

图 7-11　用半剖视图表示基本对称的机件

2）半个视图与半个剖视图必须以细点画线为界。

3）如果机件的内外形轮廓线与图形的对称线重合，则避免使用半剖视图，而宜采用后面介绍的局部剖视图，如图 7-12 所示。

半剖视图的标注与全剖视图完全相同，如图 7-10 所示的俯视图。

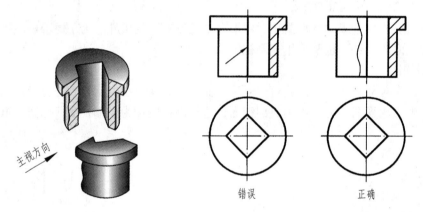

错误　　　　　　　正确

图 7-12　用局部剖视图代替半剖视图

3. 局部剖视图

用剖切面局部地剖开机件后，投射所得的图形称为**局部剖视图**，如图 7-13 所示。

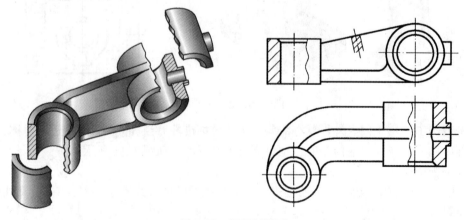

图 7-13　局部剖视图

局部剖视图既能表达机件的外形，又能表达机件的内部结构，不受机件是否对称的限制，剖切位置及剖切范围可根据机件的结构形状灵活选定，所以它应用广泛，常用于下列几种情况：

1）不对称的机件内外形状都较复杂，既要表达外形，又要表达内形时。

2）机件上需表达局部内形，但不必或不宜采用全剖视图，如图 7-14 所示。

3）对称机件的内外形轮廓线和对称中心线重合，不宜采用半剖视图时，如图 7-12 所示。

剖视部分与视图部分用波浪线分界。在画波浪线时要注意：波浪线表示断裂边界的投影，只能画在机件的实体上（波浪线不能画入通孔、通槽内，也不应超过机件的外形轮廓线）。波浪线不要与图样上其他图线重合，也不应画在其他图线的延长线上，如图 7-15 所示。

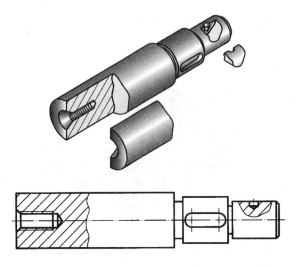

图 7-14　用局部剖视图表示实心零件上的孔和槽

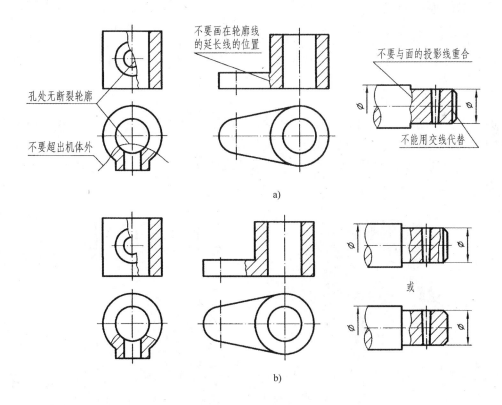

a)

b)

图 7-15　波浪线的画法

a）错误画法　b）正确画法

局部剖视的标注方法与全剖视相同。剖切位置明显的局部剖视图，一般都省略剖视图的标注，如剖切位置不明确，可进行标注，如图7-16所示的剖视图再作局部剖。

有些机件经过剖切后，仍有内部结构未表达清楚，允许在剖视图中再作一次局部剖，习惯称为**剖中剖**。采用这种画法时，两者的剖面线应错开，但方向、间隔要相同，如图7-16所示。

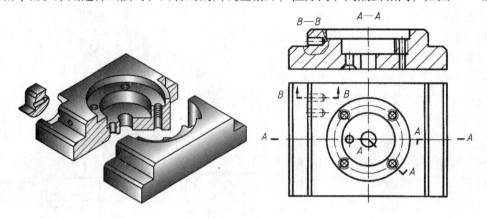

图7-16 在剖视图上作局部剖

局部剖视图比较灵活，应用方便，但要注意剖切不宜过于零碎，以免不利看图。

7.2.3 剖切面的种类

由于机件内部结构形状的多样化，有时用一个剖切面剖开机件不足以把机件的内部结构表达清楚，因此，国家标准规定可用不同数量、不同位置的剖切面剖开机件。

1. 单一剖切面

单一剖切面有以下几种：

（1）单一剖切面是投影面平行面 单一剖切面用得最多的是投影面平行面，前面所举示例中的剖视图都是用投影面平行面剖切得到的。

（2）单一剖切面是柱面 如图7-17a所示的机件，可用一个柱面剖开机件。如果单一剖切面是柱面，此时剖视图应按展开画法绘制，如图7-17b所示。

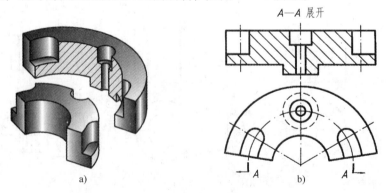

图7-17 单一柱面剖切

（3）单一剖切面是投影面垂直面 当机件上具有倾斜部分时，可以用一个投影面垂直面作为剖切面剖开机件的倾斜部分，同时设置一个与剖切面平行的新投影面，剖切后向新投影面投射，从而得到倾斜部分的实形，这种剖切方法习惯上称为**斜剖**。如图 7-18 所示的机油尺管座，它的基本轴线为正平线，与三角形底板倾斜。为了表达管端的螺纹孔、槽等结构以及管孔实形，图中采用了垂直于管轴线的正垂面剖切，得到 *B—B* 剖视图。

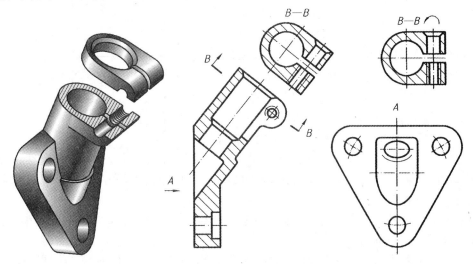

图 7-18　单一剖切面为投影面垂直面

采用单一投影面垂直面剖切时，应注意以下几点：

1）向平行于剖切面的新投影面投射得到投影后，要将新投影面沿投射方向翻转到与基本投影面重合后画出投影图。

2）采用该方法画出的剖视图，必须标注，注法如图 7-18 所示，字母必须水平书写。

3）为了看图方便，剖视图应尽量放在箭头所指的方向，并与相应视图之间保持直接的投影关系。在不会引起误解的情况下，允许将图形平行移动或将图形旋转，此时必须标注"×—×"和旋转符号，如图 7-18 所示的"*B—B* ⌒"。

2. 几个平行的剖切平面

如果机件的内部结构排列在几个互相平行的平面上，可以用几个互相平行的剖切平面剖开机件。如图 7-19a 所示机件，它的左侧阶梯孔、大圆孔和右侧螺纹孔在主视图上都需表示，而它们的轴线位于两个平行平面内，此时可用两个正平面分别通过各孔的轴线剖开机件，并将这两个剖切平面剖得的剖视图画在同一图上，如图 7-19 所示的 *A—A* 视图。

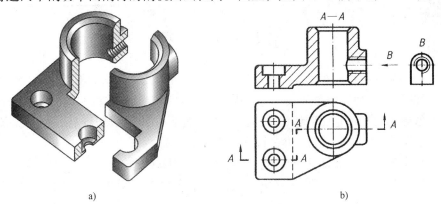

a)　　　　　　　　　　　　　　　b)

图 7-19　几个平行的剖切平面

用几个平行的剖切面剖开机件的方法习惯上称为**阶梯剖**。

用几个平行的剖切面剖切时应注意：

1）由于剖切是假想的，应把几个剖切面作为一个剖切面考虑，被剖切到的内部结构也被认为处于同一平面上。所以，画剖视图时，各剖切面剖切后所得的剖视图是一个图形，不应在剖视图中画出各剖切面的界线，如图 7-20 所示。

2）用几个平行的剖切面剖开机件所得剖视图必须标注，如图 7-19 所示，标注的具体步骤参看"7.2.1 剖视图的概念和画法"中"4. 剖视图的标注"。

当剖视图按投影关系配置，中间又没其他图形隔开时，可以省略箭头。

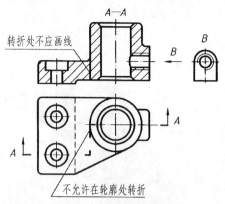

图 7-20 几个平行剖切平面的错误画法

为避免把剖视图的轮廓线误认为是剖切面的界线，注意剖切符号不能与视图中的粗实线相交或重合，如图 7-20 所示。

当转折处位置有限又不致引起误解时，允许省略字母，图 7-19 所示的俯视图轮廓内的字母可省略。

3）在剖视图内也不允许出现孔或槽等结构的不完整投影。只有当两个要素在图形上具有公共对称中心线或轴线时，可以各剖一半，此时应以对称中心线或轴线为界，如图 7-21 所示。

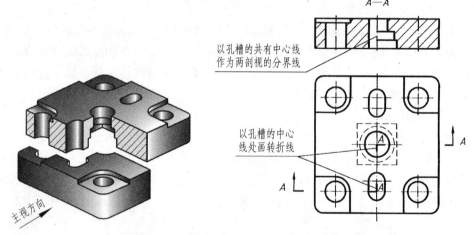

图 7-21 几个平行剖切平面剖切不完整要素

3. 几个相交的剖切面

如果机件的内部结构分布在几个相交的平面上，可用几个相交的剖切平面剖开机件。如图 7-22 所示法兰盘，为了清楚地表达它的中间阶梯孔和均匀分布在四周的圆孔，用相交于法兰盘轴线的侧平面和正垂面剖切，并将位于正垂面上的剖面区域及剖到的有关部分绕交线（正垂线）旋转到和侧平面平齐，再进行投射得到剖视图。

用几个相交的剖切平面剖开机件的方法习惯上称为**旋转剖**。

旋转剖通常用于表达具有明显回转轴线，分布在几个相交平面上的机件内形，如盘、轮、盖等机件上的孔、槽、轮辐等结构。

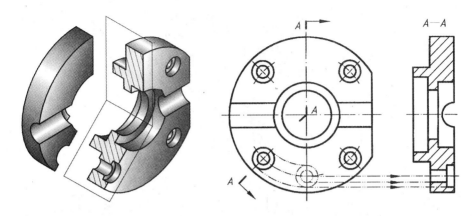

图 7-22　几个相交的剖切面

采用几个相交的剖切面剖切时应注意：

1）几个相交的剖切面剖开机件所获得的剖视图应旋转到一个投影平面上，如图 7-22 和图 7-23 所示。采用这种方法画剖视图时，要把剖切平面剖开的倾斜结构及其有关部分旋转到与选定的基本投影面平行后再进行投影，这可使剖视图既反映实形又便于画图。

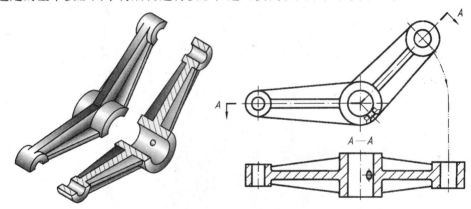

图 7-23　剖切平面后面可见结构的投影

在剖切平面后的其他结构一般应按原来位置画它的投影，如图 7-23 所示的小油孔。

2）当剖切后产生不完整要素时，应将该部分按不剖画出，如图 7-24 所示。

3）用几个相交的剖切面剖切机件得到的剖视图必须标注，并且在任何情况下不可省略。图 7-25 所示端盖是用以柱面方式转折得到的剖视图，其标注形式如图 7-25 所示。当用几个相交剖切面剖切得到的剖视图需采用展开画法时，则标注"×—×展开"字样，如图 7-26 所示。

4）根据立体内部结构特点，可用几个相交的剖切平面和几个平行的剖切平面组合来剖切机件得到剖视图，如图 7-27 所示。这种用组合的剖切面剖开机件的方法习惯上称为**复合剖**。

由上可知，剖视图按剖切面的种类不同有：单一剖切面、几个平行剖切面、几个相交剖切面。按剖开机件的范围大小有：全剖视、半剖视和局部剖视。而且用单一剖切面、几个平行的剖切面、几个相交的剖切面都可以根据机件的结构特征得到全剖视、半剖视、局部剖视图中的一种。

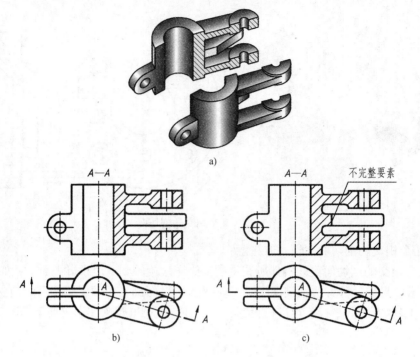

图 7-24　剖切后产生不完整要素按不剖绘制

a）立体图　b）正确　c）错误

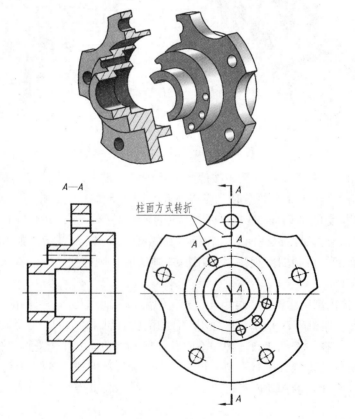

图 7-25　端盖

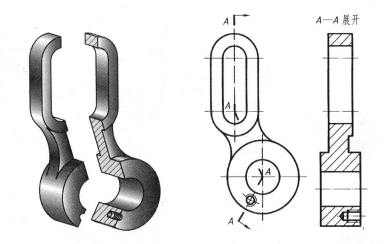

图 7-26 展开画法

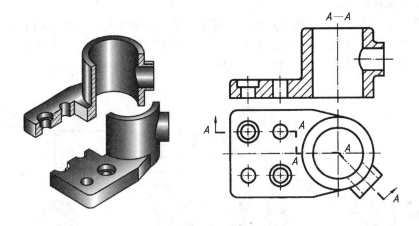

图 7-27 组合剖切面

7.3 断面图

断面图（GB/T 17452—1998、GB/T 4458.6—2002）主要用来表达机件截断面处的形状。

7.3.1 断面图的概念

假想用剖切面把物体的某处切断，仅画出该剖切面与物体接触部分的图形，称为**断面图**。断面图分为移出断面图和重合断面图。

断面图与剖视图的区别：断面图是仅画出机件被切断后的断面形状，如图 7-28a 所示。而剖视图还要画出剖切面后的机件可见结构的投影，如图 7-28b 所示。

断面图常用于表达机件上的肋板、轮辐、键槽、孔及连接板的横断面和各种型材的断面形状。

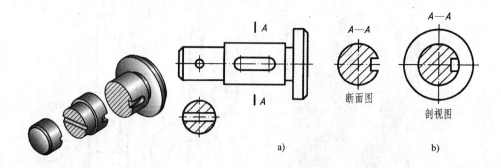

图 7-28   断面图的概念及其与剖视图的区别

7.3.2   移出断面图

1. 移出断面图的画法

画在图形外的断面图称为**移出断面图**。移出断面图的画法和位置配置如下：

1）移出断面图的轮廓线用粗实线绘制，并尽量配置在剖切线的延长线上。必要时，可将移出断面图配置在其他适当的地方，并可以旋转，如图 7-29 所示。

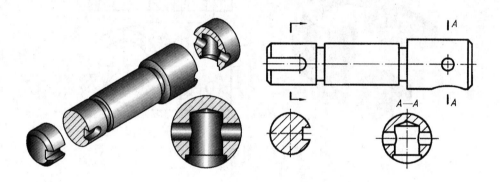

图 7-29   移出断面图（一）

2）断面图形对称时，移出断面图也可画在视图的中断处，如图 7-30 所示。

3）为了能表示出断面的真实形状，剖切平面一般应垂直于机件的主要轮廓（直的）或通过圆弧轮廓的中心。若由两个或多个相交剖切平面剖切得出的移出断面图，中间应用波浪线断开为两个图形，但一般不应把图形错开，如图 7-31 所示。

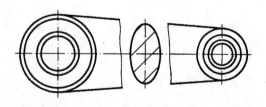

图 7-30   移出断面图（二）

4）当剖切平面通过回转面形成的孔或凹坑的轴线时，这些结构按剖视图画出，如图 7-32 所示。当剖切平面通过非圆孔且会导致出现完全分离的两个断面时，也应按剖视图画出，如图 7-33 所示。

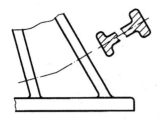

图 7-31　移出断面图（三）

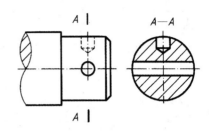

图 7-32　按剖视图绘制的移出断面图（一）

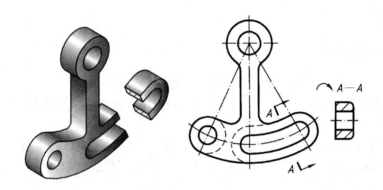

图 7-33　按剖视图绘制的移出断面图（二）

2. 移出断面图的标注

移出断面图的标注方法见表 7-2。

表 7-2　移出断面图的标注方法

标注方式	图　例	标注方式	图　例
省略箭头	按投影关系配置的移出断面图可省略箭头	省略箭头、字母	在剖切线延长线上对称的移出断面图可省略箭头、字母
	不按投影关系配置的对称移出断面图可省略箭头		

（续）

标注方式	图　例	标注方式	图　例
省略字母	在剖切符号延长线上不对称的移出断面图可省略字母	标注剖切符号、箭头和字母	不按投影关系配置的不对称的移出断面图必须标注剖切符号、箭头和字母

7.3.3　重合断面图

画在图形里面的断面图称为**重合断面图**，如图7-34所示。

只有在断面图形状简单，且不影响图形清晰及能增强被表达部位的实感的情况下，才采用重合断面图。

重合断面图的画法：重合断面图的轮廓线用细实线画出（避免与视图中的图线混淆）。当视图中的轮廓线与重合断面图的图形重叠时，视图中的轮廓线仍需完整地画出，不可断开，如图7-34b所示。

对称的重合断面图不需要标注；不对称的重合断面图要画出剖切符号和表示投射方向的箭头，省略字母，如图7-34b所示。在不至于引起误解的情况下，也可以省略标注。

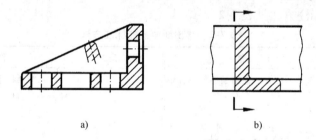

a)　　　　　　　　　　b)

图7-34　重合断面图
a）对称的重合断面图　b）不对称的重合断面图

7.4　局部放大图、简化画法和规定画法

7.4.1　局部放大图

将机件上的部分结构，用大于原图形的比例画出的图形，称为局部放大图（GB/T 4458.1—2002）。局部放大图应尽量配置在被放大部位的附近。

机件上的某些细小结构在视图中表达不清晰，或不便于标注尺寸时，可采用局部放大图。

局部放大图可画成视图、剖视图、断面图，它与被放大部分的表达方式无关。

局部放大图的画法：

1）绘制局部放大图时，应在原图形上用细实线圈出被放大的部位。

2）当同一机件上有几处被放大的部位时，各处的放大比例可以不同，但必须用罗马数字依次编号，标明被放大的部位，并在局部放大图的上方以分数形式标注出相应的罗马数字和所采用的比例，如图7-35所示。

3）当机件上被放大的部分仅一处时，在局部放大图上方只需注明比例。

4）同一机件上不同部位需要放大时，若局部放大图图形相同或对称时，只需画出一个，如图7-36所示。

5）必要时可用几个图形来表达同一个被放大部分的结构，如图7-37所示。

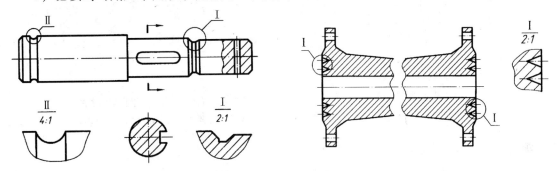

图7-35　局部放大图的画法和标注　　　　图7-36　局部放大图图形相同或对称时只画一个

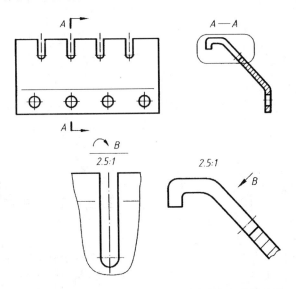

图7-37　用几个图形来表达同一个被放大部分的结构

需要注意的是：局部放大图的比例数值是放大图与实际物体的比例，而不是对原图的比例。

7.4.2　规定画法和简化画法

制图国家标准中还有一些规定画法和简化画法，见表7-3。

表7-3　图样的规定画法和简化画法

肋、轮辐及薄壁等纵向剖切的画法

对于机件的肋、轮辐及薄壁等，如按纵向剖切，这些结构都不画剖面符号，而用粗实线将它与其邻接部分分开

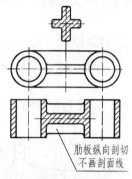

肋板纵向剖切
不画剖面线

对称机件视图的画法

为了节省绘图时间和图幅，对称机件的视图可只画一半或四分之一，并在对称中心线的两端画出两条与其垂直的平行细实线

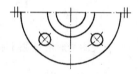

对称机件只画下半部分

对称机件只画四分之一

倾斜角度不大的结构的画法

与投影面倾斜角度小于或等于30°的圆或圆弧，其投影可用圆或圆弧代替

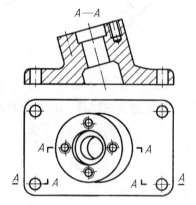

均布的肋、轮辐、孔等结构的画法

当回转体机件上均匀分布的肋、轮辐、孔等结构不处于剖切平面上时，可将这些结构旋转到剖切平面上按对称形式画出，而其分布情况由垂直于回转轴的视图表达

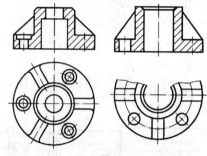

肋、孔按对称形式画出　　　孔按对称形式画出

零件图中有两个或两个以上相同视图的表示

一个零件上有两个或两个以上图形相同的视图，可以只画一个视图，并用箭头、字母和数字表示其投射方向和位置

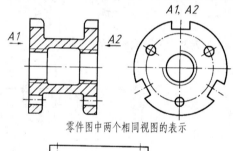

零件图中两个相同视图的表示

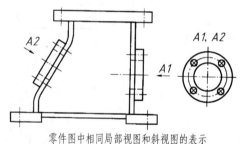

零件图中相同局部视图和斜视图的表示

若干直径相同且成规律分布的孔的画法

圆孔、螺纹孔、沉孔等，可以仅画出一个或几个，其余用细点画线表示其中心位置，同时在零件图中注明孔的总数

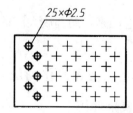

$25 \times \phi 2.5$

相同结构按规律分布的画法	相邻辅助零件的画法
当机件具有若干相同结构（齿、槽等），并按一定规律分布时，可只画出几个完整的结构，其余用细实线连接，但在零件图中必须注明该结构的总数	相邻的辅助零件用细双点画线绘制。相邻的辅助零件不应覆盖为主的零件，而可以被为主的零件遮挡。相邻的辅助零件的剖面区域不画剖面线

若干相同齿的简化画法

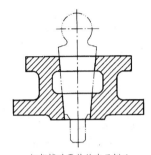

相邻辅助零件的表示例1

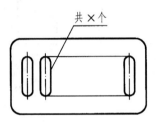

若干相同槽的简化画法

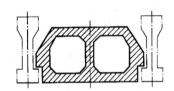

相邻辅助零件的表示例2

较长机件的断开画法	较小斜度和锥度结构的画法
较长的机件（轴、杆、型材、连杆等）沿长度方向的形状一致或按一定规律变化时，可断开后缩短绘制	机件上斜度和锥度等较小的结构，如在一个图形中已表达清楚时，其他图形可按小端画

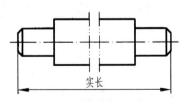

用细双点画线表示断裂边界

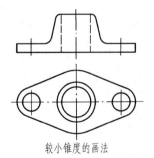

较小锥度的画法

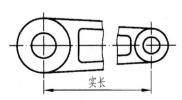

用波浪线表示断裂边界

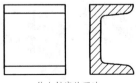

较小斜度的画法

网状物、编织物或机件上的滚花的画法	省略剖面符号的画法

网状物、编织物或机件上的滚花的画法

网状物、编织物或机件上的滚花部分，可在轮廓线附近用粗实线示意画出，并在零件图上或技术要求中注明这些结构的要求

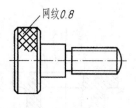

省略剖面符号的画法

移出断面在不致引起误解时，可省略剖面符号，但须标注剖切位置和断面图原有的标注

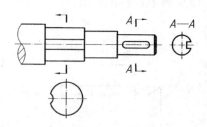

回转体零件上的平面的画法

当回转体零件上的平面在图形中不能充分表达时，可用两条相交的细实线表示这些平面

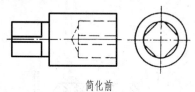

简化前

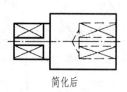

简化后

较小结构的简化或省略画法

当机件上较小的结构及斜度等已在一个图形中表达清楚时，其他图形应当简化或省略

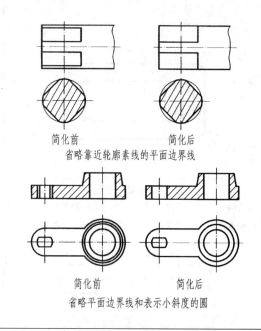

简化前　　　　　简化后

省略靠近轮廓素线的平面边界线

简化前　　　　　简化后

省略平面边界线和表示小斜度的圆

法兰和类似零件上均匀分布孔的画法

圆柱形法兰和类似零件上均匀分布的孔可用在细点画线弧上画圆的方法表示

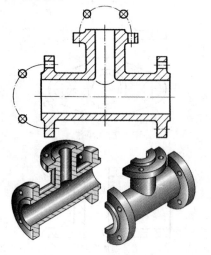

过渡线、相贯线的简化画法

在不致引起误解时，过渡线、相贯线允许简化，可用圆弧或直线代替非圆曲线

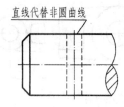

直线代替非圆曲线

局部视图的简化画法	剖切面前面结构的画法
零件上对称结构的局部视图，可按下图方式画出	在表示位于剖切平面前的结构时，这些结构按假想投影的轮廓线绘制
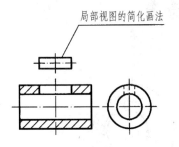局部视图的简化画法	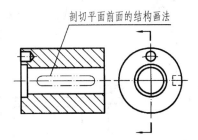剖切平面前面的结构画法

7.5 综合应用举例

前面介绍了各种视图表达方法，每种表达方法都有自己的特点和适用范围，在应用时要根据机件具体情况合理选用。

在绘制图样时，首先要对机件进行形体分析，弄清机件的结构特点，再根据机件的结构特点选择表达方案。一个机件可能有几种不同的表达方案，较好的表达方案应该是用较少的图形，把机件结构完整、清晰地表达出来，使得画图、看图都比较方便。下面举例说明。

例 7-1 支架视图分析（见图 7-38）。

解 图 7-38 所示支架由圆筒、底板和连接板三部分组成。

主视图的全剖视图是用正平面通过支架前后对称面剖切得到的，它清楚地表达了内部的主要结构；左端凸缘上螺纹孔的中心不在剖切面内，图上按旋转一个螺纹孔剖切的画法画出，孔的位置和数目在左视图上表示。主视方向的外形比较简单，从俯视图、左视图可以看清楚，无需特别表达。

俯视图是外形图，主要反映底座的形状和安装孔、销孔的位置。

左视图利用支架前后对称的特点，采用半剖视。从"A—A"的位置剖切，既反映了圆筒、连接板和底板之间的连接情况，又表现了底板上销孔的穿通情况。左边的外形主要表达圆筒端面上螺纹孔的数量和分布位置。局部剖视表达底板上的安装孔。

图 7-38 所示的三个视图，表达方法搭配适当，每个视图都有表达的重点，目的明确，各视图相互配合和补充，视图数量也比较少。

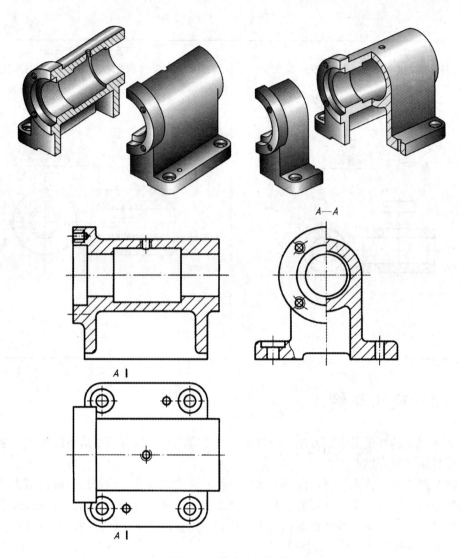

图 7-38　综合应用举例

第8章 标准件和常用件的画法

螺栓、螺钉、螺母、垫圈、销、键、滚动轴承等都是应用广泛、需要量大的机件。为了减轻设计工作，提高设计速度和产品质量，降低成本，缩短生产周期和便于组织专业化生产，对这些面广量大的机件，从结构、尺寸到成品质量，国家标准都有明确的规定。

凡结构、尺寸和成品质量都符合国家标准的机件，称为标准件。不符合标准规定的为非标准件。

齿轮、弹簧在机器和设备中应用广泛，结构定型，是常用件。齿轮、蜗杆、蜗轮中的轮齿和机械零件上的螺纹，它们的结构和尺寸都有国家标准。**轮齿、螺纹等结构要素，凡符合国家标准规定的，称为标准结构要素，**不符合国家标准规定的为非标准结构要素。

本章将介绍螺纹及螺纹连接件、键、销、滚动轴承、齿轮和弹簧等零件的规定画法、标记、标注方法以及有关标准的查表方法。

8.1 螺纹

8.1.1 螺纹的基本知识

1. 螺纹的形成

在圆柱表面或圆锥表面上，沿着螺旋线形成的、具有相同剖面的连续凸起和沟槽，称为**螺纹**。在圆柱面上形成的螺纹为**圆柱螺纹**；在圆锥面上形成的螺纹为**圆锥螺纹**。在工件外表面上加工出的螺纹称为**外螺纹**；在工件内表面上加工出的螺纹称为**内螺纹**。

螺纹的加工方法很多，在车床上车削螺纹时，工件被夹紧在车床的卡盘中，并绕其轴线作匀速转动，车刀沿工件轴线方向作匀速直线运动，当车刀切入工件到一定深度时，工件表面便车出了螺纹。图8-1所示为在车床上加工螺纹的情况。车刀刀尖的形状不同，车削出的螺纹形状也不同。

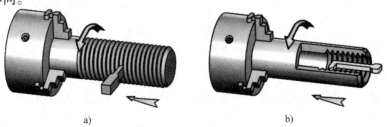

a)   b)

图8-1 在车床上加工螺纹
a) 加工外螺纹 b) 加工内螺纹

有些内螺纹的加工，也采用先钻后攻的方法：先用钻头在机件上钻出光孔，再用丝锥攻出螺纹。图8-2所示为内螺纹先钻后攻的加工示意图。螺纹不通孔底部一般有钻孔时留下的120°锥面。

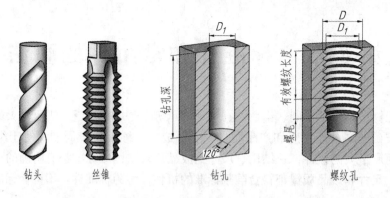

图 8-2　内螺纹加工

2. 螺纹的结构要素

（1）**牙型**　在通过螺纹轴线的剖面上，螺纹的轮廓形状称为**螺纹牙型**。常见的螺纹牙型有三角形、梯形、锯齿形等。

（2）**螺纹直径**　螺纹的直径有大径、小径和中径。直径符号小写字母表示外螺纹，大写字母表示内螺纹，如图 8-3 所示。

大径（d、D）——与外螺纹牙顶（螺纹凸起部分的顶端）或内螺纹牙底（螺纹沟槽部分的底部）相重合的假想圆柱面的直径。螺纹的公称直径即指大径。

小径（d_1、D_1）——与外螺纹牙底或内螺纹牙顶相重合的假想圆柱面的直径。

中径（d_2、D_2）——假想有一圆柱，其母线通过牙型上沟槽和凸起宽度相等的地方，该假想圆柱的直径称为中径。中径是反映螺纹精度的主要参数之一。

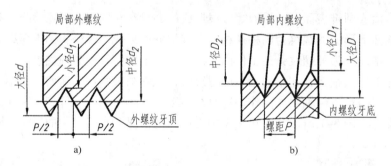

图 8-3　螺纹的直径和螺距
a）外螺纹　b）内螺纹

（3）**线数**　螺纹有单线和多线之分。沿一条螺旋线形成的螺纹称为**单线螺纹**。沿两条或两条以上在轴向等距分布的螺旋线形成的螺纹称为**多线螺纹**，线数以 n 表示，如图 8-4 所示。

（4）**螺距与导程**　相邻两牙在中径线上对应两点间的轴向距离称为螺距，用 P 表示；同一条螺旋线上的相邻两牙在中径线上对应两点的轴向距离称为导程，用 Ph 表示，如图 8-4 所示。螺距与导程之间的关系为：

$$单线螺纹\ P = Ph \quad 多线螺纹\ P = Ph/线数\ n$$

（5）**旋向**　螺纹有左旋和右旋之分。顺时针旋入的螺纹称为右旋，反之为左旋。常用

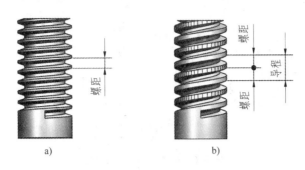

图 8-4　螺纹的线数

a）单线螺纹　b）双线螺纹

的是右旋螺纹。判断螺纹旋向时，可将轴线竖起，螺纹可见部分由左向右上升的为右旋，反之为左旋，如图 8-5 所示。

图 8-5　螺纹的旋向

a）左旋螺纹　b）右旋螺纹

内、外螺纹是配对使用的。只有牙型、大径、小径、导程、线数、旋向六个要素完全相同的内、外螺纹才能相互旋合。

3. 螺纹的分类

螺纹按牙型、直径、螺距三要素是否符合国家标准，可分为三类：

1）标准螺纹——牙型、直径、螺距三要素符合标准的螺纹。

2）特殊螺纹——牙型符合标准，直径或螺距不符合标准的螺纹。

3）非标准螺纹——牙型不符合标准的螺纹。

按螺纹的用途又可分为**连接螺纹**和**传动螺纹**两类。常用的标准螺纹牙型及种类（或特征）代号见表8-1。

8.1.2　螺纹的规定画法

由于螺纹的结构要素和尺寸已标准化，通常采用专用刀具或专用机床制造，在表达螺纹时，没有必要画出螺纹的真实投影，国家标准 GB/T 4459.1—1995 规定了螺纹的画法。

1. 外螺纹的画法

如图 8-6 所示，外螺纹的牙顶（大径）和螺纹终止线用粗实线表示，牙底（小径）用细实线表示（小径近似画成 0.85 倍大径）。

在与轴线平行的视图上，表示牙底的细实线画进倒角。如需要表示螺纹收尾时，尾部牙

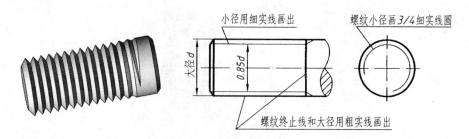

图 8-6 外螺纹的规定画法

底用与轴线成 30°的细实线绘制。

在与轴线垂直的视图上，表示牙底的细实线圆画大约 3/4 圈，且螺杆的倒角省略不画。

外螺纹需要剖切的画法如图 8-7 所示。注意，剖面线应画到粗实线。

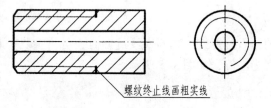

图 8-7 外螺纹剖切的画法

2. 内螺纹的画法

画内螺纹通常采用剖视图，如图 8-8b 所示。内螺纹的牙顶（小径）和螺纹终止线用粗实线表示，牙底（大径）用细实线表示（小径近似画成 0.85 倍大径）。剖面线应画到粗实线。

在与轴线垂直的视图上，若螺纹孔可见，牙顶用粗实线，表示牙底的细实线圆画大约 3/4 圈，且孔口倒角省略不画。

绘制不通孔的内螺纹，应将钻孔深度和螺纹深度分别画出。孔底由钻头钻成的 120°的锥面要画出。

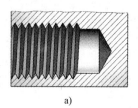　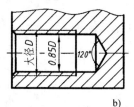　

a)　　　　　　　　　　　b)

图 8-8 内螺纹的规定画法

a）剖切示意图　b）剖视图

在视图中，若内螺纹不可见，所有螺纹图线用虚线绘制，如图 8-9 所示。

两螺纹孔相贯或螺纹孔与光孔相贯，只画小径产生的相贯线，如图 8-10 所示。

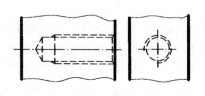

图 8-9 不可见螺纹画法

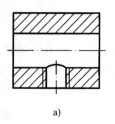　　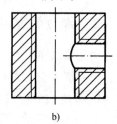

a)　　　　　　　　b)

图 8-10 螺纹孔相贯的画法

a）螺纹孔与光孔相贯　b）两螺纹孔相贯

3. 螺纹连接画法

螺纹连接通常采用剖视图。内、外螺纹旋合部分按外螺纹画出，未旋合部分按各自的规定画法画出，如图 8-11 所示。

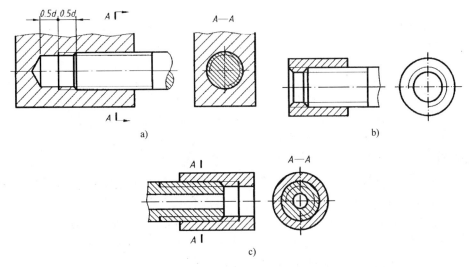

图 8-11　螺纹连接的规定画法

a）不通孔螺纹连接　b）通孔螺纹连接　c）管螺纹连接剖视

8.1.3　螺纹的标注

螺纹的规定画法不能清楚地表达螺纹的种类、要素及其他要求。采用螺纹的规定画法再标注上螺纹标记，才能区分不同种类的螺纹及其规格等。各种螺纹的标记及标注示例见表 8-1。

1. 标准螺纹的标记及标注

（1）普通螺纹的标记　单线普通螺纹的标记项目及格式为：

$$\boxed{\text{螺纹特征代号}}\boxed{\text{公称直径}}\times\boxed{\text{螺距}}-\boxed{\text{中径公差带代号}}\boxed{\text{顶径公差带代号}}-\boxed{\text{旋合长度代号}}-$$

$$\boxed{\text{旋向代号}}$$

如果是多线螺纹，将$\boxed{\text{螺距}}$改为$\boxed{\text{Ph 导程 P 螺距}}$

普通螺纹的特征代号为 M。普通螺纹多为单线螺纹，单线螺纹不必注写"Ph""P"字样。单线粗牙螺纹不注螺距，细牙螺纹注螺距。中径公差带代号和顶径公差带代号相同时，可只注一个公差带代号。旋合长度分短、中、长三组，代号分别为"S、N、L"，中等旋合长度不必标注，长或短旋合长度必须标注；特殊的旋合长度可直接注出长度数值。右旋螺纹不注，左旋注"LH"。

最常用的中等公差精度螺纹（公称直径 ≤1.4mm 的 5H、6h 和公称直径 ≥1.6mm 的 6H 和 6g）不标注公差带代号。例如，公称直径为 10mm，细牙，螺距为 1mm，中径、顶径公差带均为 6H 的单线右旋且中等旋合长度的普通螺纹，其标记为 M10×1。若螺纹为粗牙螺纹（$P = 1.5$mm），则标记为 M10。

表示内外螺纹配合（即螺纹副）时，内螺纹公差带代号在前，外螺纹公差带代号在后，中间用斜线分开。例如，普通粗牙螺纹副，公称直径为 20mm，单线，中等旋合长度，右旋。如果其内、外螺纹的公差带代号非同为中等公差精度，比如内螺纹中径、顶径公差带为 6H，外螺纹中径、顶径公差带分别为 5g 和 6g，此时该螺纹副的标记为 M20 - 6H/5g6g；但如果其内、外螺纹都是最常用的中等公差精度，即内螺纹中径、顶径公差带均为 6H，外螺纹中径、顶径公差带均为 6g，则该螺纹副标记为 M20。

多线螺纹示例：普通粗牙，公称直径为 16mm，3 线，螺距为 2mm，中径、顶径公差带为 7H，长旋合长度，左旋的内螺纹标记为 M16 × Ph6P2 - 7H - L - LH

（2）梯形和锯齿形螺纹的标记　标记项目及格式为：

$$\boxed{螺纹特征代号}\ \boxed{公称直径} \times \boxed{Ph\ 导程（P\ 螺距）}\ \boxed{旋向} — \boxed{公差带代号} — \boxed{旋合长度代号}$$

梯形螺纹的特征代号为 Tr，锯齿形螺纹的特征代号为 B。右旋螺纹不注，左旋注 "LH"。梯形、锯齿形螺纹只注中径公差带代号。旋合长度只有中（N）、长（L）两组，规定中等旋合长度不标注。

表示内、外螺纹配合时，内螺纹公差带在前，外螺纹公差带在后，中间用斜线分开。例如，公称直径为 40mm，螺距为 7mm，右旋、中等旋合长度，公差带为 7H 的双线梯形内螺纹与公差带为 7e 的双线梯形外螺纹配合时，标记为 Tr40 × 14（P7）- 7H/7e。公称直径为 40mm，螺距为 7mm，右旋、中等旋合长度，公差带为 7H 的单线锯齿形内螺纹与公差带为 7e 的单线锯齿形外螺纹配合标记为 B40 × 7 - 7H/7e。

（3）管螺纹的标记

1）螺纹密封的管螺纹标记项目及格式为：

$$\boxed{螺纹特征代号}\ \boxed{尺寸代号}\ \boxed{旋向代号}$$

用螺纹密封的管螺纹仅有一种公差等级，公差等级代号不注。右旋螺纹不注，左旋注 "LH"。

用螺纹密封的管螺纹（55°密封管螺纹）有两种配合形式：圆柱内螺纹与圆锥外螺纹（"柱/锥"），圆锥内螺纹与圆锥外螺纹（"锥/锥"）。

在 "柱/锥" 配合中，圆柱内螺纹的特征代号为 Rp；与其相配合的圆锥外螺纹的特征代号为 R_1。表示螺纹副时，螺纹的特征代号为 Rp/R_1，例如，尺寸代号为 3 的右旋 "柱/锥" 螺纹副标记为 Rp/R_1 3。

在 "锥/锥" 配合中，圆锥内螺纹的特征代号为 Rc，与其相配合的圆锥外螺纹的特征代号为 R_2。表示螺纹副时，螺纹的特征代号为 Rc/R_2，例如，尺寸代号为 3 的右旋 "锥/锥" 螺纹副标记为 Rc/R_2 3。

2）非螺纹密封的管螺纹标记项目及格式为：

$$\boxed{螺纹特征代号}\ \boxed{尺寸代号}\ \boxed{公差等级代号} — \boxed{旋向代号}$$

非螺纹密封的管螺纹特征代号为 G，其内、外螺纹都是圆柱管螺纹。外管螺纹的公差等级代号分 A、B 两级；而内管螺纹仅有一种公差等级，不标公差等级代号。右旋螺纹不注，左旋注 "LH"。例如，尺寸代号为 2 的右旋圆柱内螺纹的标记为 G2，尺寸代号为 3 的 A 级左旋圆柱外螺纹的标记为 G3A - LH

表示螺纹副时仅需标注外螺纹的标记代号。

注意：管螺纹的尺寸代号是管子内径（通径）的尺寸，而不是螺纹大径的尺寸。单位为英寸 [1in（英寸）= 25.4mm（毫米）]。

（4）**螺纹标记在图样上的标注方法**　普通螺纹标记、梯形螺纹标记、锯齿形螺纹标记的标注方法与一般线性尺寸的标注方法相同，将标记注写在大径的尺寸线或尺寸线的延长线上；管螺纹的标记必须注写在从螺纹大径引出的指引线的水平折线上，标注示例见表8-1。

表8-1　螺纹的牙型、特征代号、螺纹标记及标注示例

螺纹种类		牙型放大图	特征代号	标记的标注示例	说　明
普通螺纹	粗牙		M	M16-5g6g-S	粗牙普通螺纹，公称直径16mm，螺距（查表）2mm，中径公差带5g，顶径公差带6g，短的旋合长度，右旋
	细牙			M16X1-LH	细牙普通螺纹，公称直径16mm，螺距1mm，中径和顶径公差带均为6H，中等旋合长度，左旋
55°管螺纹	55°密封管螺纹		Rp R₁	Rp1/4	圆柱内螺纹，尺寸代号为1/4，右旋
				Rc1/4	圆锥内螺纹，尺寸代号为1/4，右旋
			Rc R₂	R₂1/4	与圆锥内螺纹 Rc 相配合的圆锥外螺纹，尺寸代号为1/4，右旋
	55°非密封管螺纹		G	G1/4	非螺纹密封的圆柱内管螺纹，尺寸代号为1/4，右旋
				G1/4A-LH	非螺纹密封的圆柱外管螺纹，尺寸代号为1/4，公差为A级，左旋

（续）

螺纹种类		牙型放大图	特征代号	标记的标注示例	说　明
传动螺纹	梯形螺纹	30°	Tr	Tr30X14(P7)LH-8e	梯形螺纹，公称直径30mm，导程14mm（螺距7mm），左旋，中径公差带8e，中等旋合长度
	锯齿形螺纹	3°　30°	B	B32X6-7E	锯齿形螺纹，大径32mm，螺距6mm，右旋，中径公差带7E，中等旋合长度
	矩形螺纹		非标准螺纹	6　3　Φ30　Φ24	非标准螺纹必须画出牙型和注出有关螺纹结构的全部尺寸

2. 特殊螺纹与非标准螺纹的标注

（1）**特殊螺纹**　应在螺纹特征代号前加注"特"字，并注出大径和螺距。

（2）**非标准螺纹**　非标准螺纹可按规定画法画出，但必须画出牙型和注出有关螺纹结构的全部尺寸。

8.2　螺纹紧固件及连接画法

8.2.1　常用的螺纹紧固件及其标记

常用的螺纹紧固件有螺栓、双头螺柱、螺钉、螺母、垫圈（见图8-12）等，都是标准

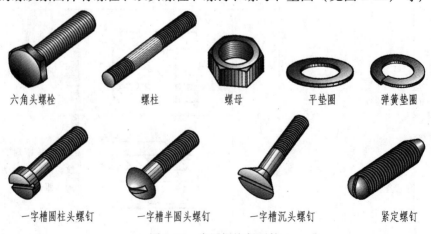

六角头螺栓	螺柱	螺母	平垫圈	弹簧垫圈

一字槽圆柱头螺钉	一字槽半圆头螺钉	一字槽沉头螺钉	紧定螺钉

图 8-12　常用螺纹紧固件

件，它们结构、形状和尺寸都已标准化。各种标准件都有规定的标记，根据标记可从相关标准中查出它们的结构数据。表8-2为部分常见螺纹紧固件的标记示例。

表 8-2 常见螺纹紧固件的标记示例

名称及标准号	图例和标记示例	说　明
六角头螺栓 GB/T 5782—2000	M12 50 标记示例：螺栓 GB/T 5782　M12×50	螺栓 GB/T 5782　M12×50 表示螺纹规格 d = M12、公称长度 l = 50mm、性能等级为8.8级、表面氧化、产品等级为A级的六角头螺栓
双头螺柱 GB/T 897—1988	M12 12　50 标记示例：螺柱 GB/T 897　M12×50	螺柱 GB/T 897　M12×50 表示两端均为粗牙普通螺纹、螺纹规格 d = M12、公称长度 l = 50mm、性能等级为4.8级、不经表面处理、B 型双头螺柱
开槽沉头螺钉 GB/T 68—2000	M8 35 标记示例：螺钉 GB/T 68　M8×35	螺钉 GB/T 68　M8×35 表示螺纹规格 d = M8、公称长度 l = 35mm、性能等级为4.8级、不经表面处理的开槽沉头螺钉
开槽圆柱头螺钉 GB/T 65—2000	M8 35 标记示例：螺钉 GB/T 65　M8×35	螺钉 GB/T 65　M8×35 表示螺纹规格 d = M8、公称长度 l = 35mm、性能等级为4.8级、不经表面处理的开槽圆柱头螺钉
开槽锥端紧定螺钉 GB/T 71—1985	M8 25 标记示例：螺钉 GB/T 71　M8×25	螺钉 GB/T 71　M8×25 表示螺纹规格 d = M8、公称长度 l = 25mm、性能等级为14H级、表面氧化的开槽锥端紧定螺钉
六角螺母 GB/T 6170—2000	M16 标记示例：螺母 GB/T 6170　M16	螺母 GB/T 6170　M16 表示螺纹规格 D = M16、性能等级为8级、不经表面处理、产品等级为A级的 I 型六角螺母
平垫圈 GB/T 97.1—2002	∅17 标记示例：垫圈 GB/T 97.1　16	垫圈 GB/T 97.1　16 表示公称直径为16mm、由钢制造的硬度等级为200HV级、不经表面处理、产品等级为A级的平垫圈

（续）

名称及标准号	图例和标记示例	说　明
弹簧垫圈 GB/T 93—1987	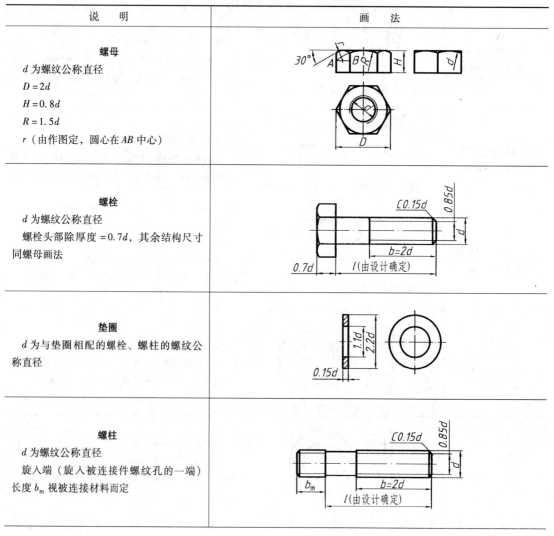标记示例：垫圈 GB/T 93　16	垫圈 GB/T 93　16 表示公称直径为16mm、材料为65Mn、表面氧化的标准型弹簧垫圈

8.2.2　常用螺纹紧固件的画法

　　绘制螺纹紧固件，可从相应的国家标准中查出其结构形式和各部分尺寸，然后画出。实际绘图时，为节省时间，也可根据紧固件的螺纹公称直径，按比例近似地画出。螺纹紧固件的近似比例画法见表8-3。

表8-3　螺纹紧固件的近似比例画法

说　明	画　法
螺母 d 为螺纹公称直径 $D = 2d$ $H = 0.8d$ $R = 1.5d$ r（由作图定，圆心在 AB 中心）	
螺栓 d 为螺纹公称直径 螺栓头部除厚度 $= 0.7d$，其余结构尺寸同螺母画法	
垫圈 d 为与垫圈相配的螺栓、螺柱的螺纹公称直径	
螺柱 d 为螺纹公称直径 旋入端（旋入被连接件螺纹孔的一端）长度 b_m 视被连接材料而定	

（续）

说　　　明	画　　　法

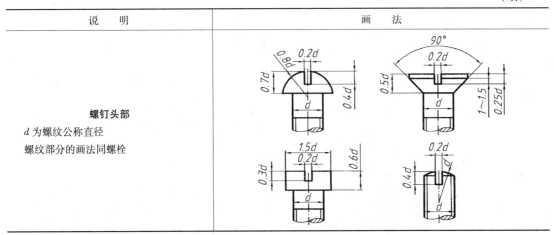

螺钉头部

d 为螺纹公称直径

螺纹部分的画法同螺栓

8.2.3　螺纹紧固件的连接画法

设计机器时，无需画标准化的螺纹紧固件的零件图，但要在装配图样上表达其连接形式和注写规定的标记，因此，必须掌握其连接装配图的画法。

1. 装配图的一般规定画法

1）相邻零件的表面接触时，画一条粗实线作为分界线；不接触时按各自的尺寸画出，间隙过小时，应夸大画出。

2）在剖视图中，相邻两金属零件的剖面线方向应相反，或方向相同，但间距不同或错开。在同一张图样上，同一零件在各个剖视图中的剖面线方向、间距应一致。

3）当剖切平面通过紧固件的轴线时，紧固件按不剖画出。

利用螺纹紧固件连接两零件的形式有三种：螺栓连接、双头螺柱连接和螺钉连接。无论哪一种螺纹连接，其画法均应符合上述装配图画法的一般规定。

2. 螺栓连接

螺栓连接适用于连接不太厚的并且能钻成通孔的两个零件。连接时螺栓穿过两零件上的光孔，加上垫圈，最后用螺母紧固。垫圈是用来增加支承面积和防止拧紧螺母时损伤被连接零件表面的。被连接零件的通孔直径应略大于螺纹公称直径 d，具体大小可根据装配要求查有关国家标准。

画图时，首先必须已知两被连接零件的厚度（δ_1、δ_2），各紧固件的形式、规格，然后从标准中查出螺母、垫圈的厚度（m、h），再按下式算出螺栓的参考长度（L'）。

$$L' = \delta_1 + \delta_2 + m + h + b_1$$

式中，b_1 为螺栓伸出螺母外的长度，一般取 $b_1 \approx 5 \sim 6$ mm；最后根据螺栓的形式、规格查相应的螺栓标准，从标准中选取与 L' 相近的螺栓公称长度 L 的数值。

螺栓连接装配图可按查表得出的尺寸作图。为作图方便，常以公称直径 d 为基础，按表 8-3 中的近似比例画法画装配图，如图 8-13 所示。

在螺栓连接装配图中也可省略螺栓六角头和六角螺母上的倒角以及由倒角产生的曲线的投影，采用图 8-14 所示的简化画法。在后面的螺柱连接装配图中，对六角螺母也可采用相同画法。

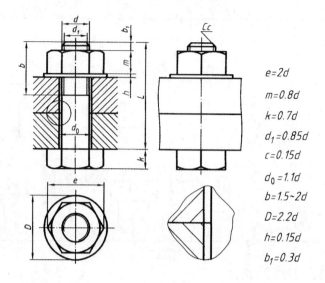

$e = 2d$

$m = 0.8d$

$k = 0.7d$

$d_1 = 0.85d$

$c = 0.15d$

$d_0 = 1.1d$

$b = 1.5 \sim 2d$

$D = 2.2d$

$h = 0.15d$

$b_1 = 0.3d$

图 8-13　螺栓连接的比例画法

3. 螺柱连接

双头螺柱连接多用于被连接件之一太厚或由于结构上的原因不能用螺栓连接，以及因拆卸频繁不宜使用螺钉连接的场合。双头螺柱一端全部旋入被连接件的螺纹孔内，且一般不再旋出；另一端穿过另一被连接件的光孔，加上垫圈，以螺母紧固。为了防松可加弹簧垫圈。

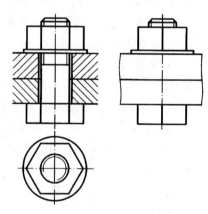

（1）双头螺柱有关尺寸的确定　螺柱的两端都有螺纹。用来旋入被连接件螺纹孔的一端称为旋入端，其长度用 b_m 表示；另一端称为紧固端。旋入端长度与制有螺纹孔的零件的材料有关，且有标准规定，一般为：

图 8-14　装配图中螺栓六角头和六角螺母的简化画法

钢、青铜：　　　　　　　　$b_m = d$（GB/T 897—1988）

铸铁：　$b_m = 1.25d$（GB/T 898—1988）或 $b_m = 1.5d$（GB/T 899—1988）

铝：　　　　　　　　　　$b_m = 2d$（GB/T 900—1988）

画图前，应已知制有螺纹孔的零件的材料（以确定旋入端长度）、制有光孔的零件的厚度 δ 和螺柱的公称直径 d；然后查表得到螺母、垫圈的厚度（m、s）；再计算出双头螺柱的参考长度 L'。

$$L' = \delta + s + m + b_1$$

式中，b_1 为螺柱伸出螺母外的长度，一般取 $b_1 \approx 5 \sim 6mm$；最后查标准选定与参考长度相近的公称长度 L。

（2）双头螺柱连接装配图的画法　双头螺柱连接的比例画法和简化画法如图 8-15 所示。

画螺柱连接图应注意几点：

1）旋入端的螺纹终止线应与结合面平齐，以示拧紧。

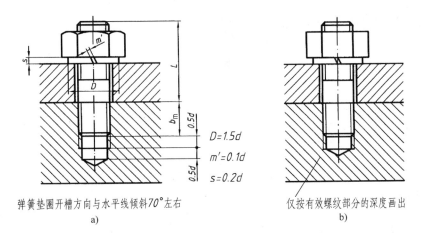

图 8-15 双头螺柱连接装配图的画法

a) 比例画法 b) 简化画法

2) 结合面以上部位的画法与螺栓连接相同。

3) 螺纹底孔末端应画出钻头钻孔留下的角度，且螺纹一般不攻到孔底。

4) 装配图中，不穿通的螺纹孔可不画出钻孔深度，仅按有效螺纹部分的深度（不包括螺尾）画出，如图 8-15b 和图 8-16b、c 所示。

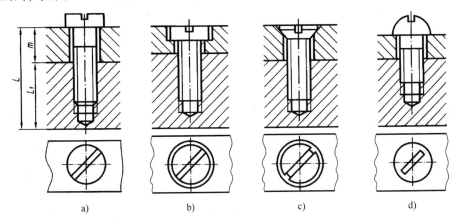

图 8-16 螺钉连接

a) 圆柱头螺钉连接 b) 开槽圆柱头螺钉连接 c) 开槽沉头螺钉连接 d) 半圆头螺钉连接

4. 螺钉连接

螺钉连接按其用途可分为紧固螺钉连接和紧定螺钉连接。紧固螺钉与双头螺柱连接的运用场合有些相似，但多用于不需经常拆装、且受力不大的地方。紧定螺钉连接主要用于固定两零件的相对位置，常见的有支紧和骑缝两种形式。

（1）紧固螺钉的连接装配图画法 如图 8-16 所示，画图时所需参数、数据查阅和画图方法等，与双头螺柱连接基本相同。但注意：

1) 当螺钉非全螺纹时，螺纹终止线一定要在结合面以上，以示拧紧。

2) 对于螺钉头部的开槽，在投影为圆的视图上，不按投影关系绘制，按向右倾斜 45° 角画出。当槽宽小于 2mm 时，可将槽涂黑画出。

（2）**紧定螺钉的连接装配图画法**　紧定螺钉的连接装配图画法如图 8-17 所示。

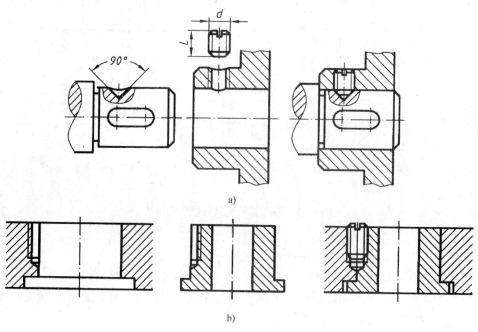

a)

b)

图 8-17　紧定螺钉连接

a）支紧　b）骑缝

8.3　齿轮

齿轮是机器和仪器中应用最广泛的零件之一，其作用是传递动力或改变转速或改变旋转方向。齿轮必须成对使用。如图 8-18 所示二级减速器，它装有以下三种常见的齿轮。

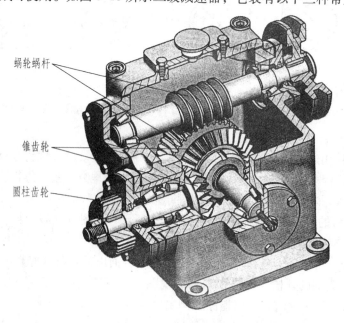

图 8-18　二级减速器

1）圆柱齿轮——用于两平行轴之间的传动。

2）锥齿轮——用于两相交轴之间的传动。

3）蜗轮蜗杆——用于两交叉轴之间的传动。

轮齿是齿轮的主要结构，轮齿的齿廓曲线有渐开线、摆线、圆弧等。本节主要介绍应用最多的齿廓曲线为渐开线的标准齿轮的基本知识和规定画法。

8.3.1 圆柱齿轮

圆柱齿轮按轮齿排列方向的不同，一般有直齿、斜齿和人字齿等，如图 8-19 所示。

图 8-19 直齿圆柱齿轮、斜齿圆柱齿轮、人字齿圆柱齿轮

1. 直齿圆柱齿轮各部分名称、代号

直齿圆柱齿轮各部分名称、代号如图 8-20 所示。

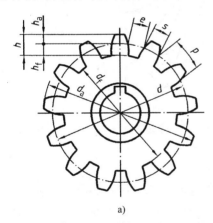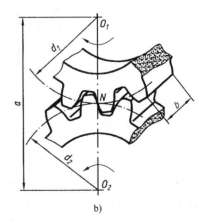

a)　　　　　　　　　　　　b)

图 8-20 直齿圆柱齿轮各部分名称
a) 单个齿轮各部分名称、代号　b) 齿宽、中心距和节圆

1）齿顶圆（直径 d_a）——通过齿顶的圆。

2）齿根圆（直径 d_f）——通过齿根的圆。

3）分度圆（直径 d）——设计或加工时计算轮齿各部分尺寸的基准圆，是在齿顶圆和齿根圆之间的一个假想圆。标准齿轮在该圆上齿厚 s 与齿槽宽 e 相等。

4）齿顶高（h_a）——分度圆到齿顶圆的径向距离。

5）齿根高（h_f）——分度圆到齿根圆的径向距离。

6）齿高（h）——齿顶圆与齿根圆之间的径向距离。

7）齿厚（s）——分度圆上，每一齿的弧长。

8）齿槽宽（e）——分度圆上，每一齿槽对应的弧长。

9）齿距（p）——分度圆上，相邻两齿对应点间的弧长。

10）齿宽（b）——齿轮的有齿部位沿分度圆柱面的直母线方向量度的宽度，如图8-20b所示。

11）中心距（a）——两啮合齿轮轴线间的距离，如图8-20b所示。

12）节圆——当两齿轮传动时，其齿廓（轮齿在齿顶圆和齿根圆之间的曲线段）在两齿轮中心的连心线上的接触点 N 处，两齿轮的圆周速度相等，分别以两齿轮中心到 N 的距离为半径的两个圆称为相应齿轮的节圆。节圆直径只有在装配后才能确定。一对标准安装的标准齿轮，其节圆和分度圆重合。两个节圆相切点（N 点）称为节点，如图8-20b所示。

2. 直齿圆柱齿轮的基本参数

1）齿数（z）——齿轮的总齿数。

2）压力角（α）——如图8-21所示，在点 N 处，齿廓的受力方向与齿轮瞬时运动方向的夹角称为压力角，用 α 表示。分度圆上的压力角又称为齿形角。标准齿轮的压力角为20°。

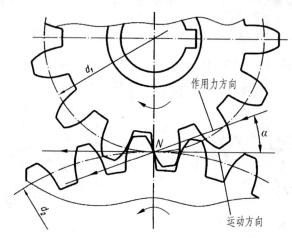

图8-21　压力角

3）模数（m）——由于 $\pi d = pz$，所以 $d = zp/\pi$，为计算方便，比值 p/π 称为齿轮的模数，即 $m = p/\pi$ ，所以 $d = mz$。

模数是设计和制造齿轮的一个重要参数。模数越大，轮齿就越大；模数越小，轮齿就越小。加工齿轮的刀具选择以模数为准。模数已标准化，设计齿轮时应采用标准值，标准模数见表8-4。

一对正确啮合的齿轮，模数、压力角必须分别相等。

表8-4　模数的标准系列（GB/T 1357—2008）　　　　（单位：mm）

第一系列	1, 1.25, 1.5, 2, 2.5, 3, 4, 5, 6, 8, 10, 12, 16, 20, 25, 32, 40, 50
第二系列	1.125, 1.375, 1.75, 2.25, 2.75, 3.5, 4.5, 5.5, (6.5), 7, 9, 11, 14, 18, 22, 28, 35, 45

注：优先选用第一系列模数，括号内尽可能不用。

3. 标准直齿圆柱齿轮的轮齿各部分尺寸与模数的关系

标准直齿圆柱齿轮各部分尺寸与模数有一定关系，计算公式见表8-5。

表 8-5　标准直齿圆柱齿轮的各部分尺寸计算公式

基本参数：模数 m，齿数 z		
名　称	代　号	公　式
齿顶高	h_a	$h_a = m$
齿根高	h_f	$h_f = 1.25m$
齿全高	h	$h = 2.25m$
分度圆直径	d	$d = mz$
齿顶圆直径	d_a	$d_a = d + 2h_a = m(z+2)$
齿根圆直径	d_f	$d_f = d - 2h_f = m(z-2.5)$
齿距	p	$p = \pi m$
分度圆齿厚	s	$s = \pi m/2$
中心距	a	$a = (d_1 + d_2)/2 = m(z_1 + z_2)/2$

4. 圆柱齿轮的规定画法

根据国家标准（GB/T 4459.2—2003），齿轮的轮齿部分按规定绘制，轮齿以外的部分按实际投影绘制。

（1）单个齿轮的画法　齿轮一般用两个视图表示，主视图的齿轮轴线水平放置，左视图是反映圆的视图。单个齿轮的规定画法如图 8-22 所示。

1）齿顶圆和齿顶线用粗实线绘制；分度圆和分度线用细点画线绘制；齿根圆和齿根线用细实线绘制，也可省略，如图 8-22a 所示。

2）在剖视图中，当剖切平面通过齿轮的轴线时，轮齿一律按不剖处理，齿根线用粗实线绘制，如图 8-22b 所示。

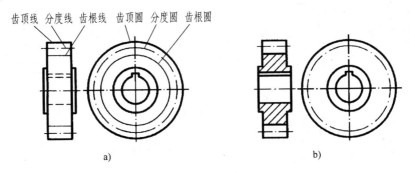

齿顶线　分度线　齿根线　　齿顶圆　分度圆　齿根圆

a)　　　　　　　　　　　　　　　b)

图 8-22　单个齿轮的规定画法

a) 齿轮视图　b) 齿轮剖视图

如果需表明轮齿的齿形，可在齿轮投影为圆的视图中用粗实线画出一个或两个齿，或用适当比例的局部放大图表示。在画齿形时，可以用圆弧代替渐开线的齿廓形状，如图 8-23 所示，图中 $p/2$ 为齿厚 s，齿根部圆角 $r = 0.2m$。

（2）直齿圆柱齿轮的啮合画法

1）在非啮合区：按单个齿轮的画法绘制。

2）在啮合区：在垂直于圆柱齿轮轴线的视图（反映圆的视

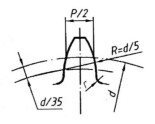

图 8-23　齿形的近似画法

图）中（通常为左视图），啮合区内两轮的齿顶圆用粗实线绘制或省略不画，两节圆相切，如图 8-24b、c 所示。

3）在平行于圆柱齿轮轴线的视图中（通常为主视图），若不剖，齿顶线不画，节线用粗实线绘制，如图 8-24a 所示。

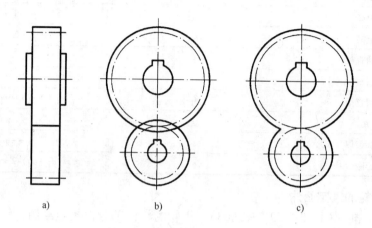

图 8-24　啮合齿轮的外形画法

a）主视图　b）左视图（啮合区内绘出齿顶圆）　c）左视图（啮合区内不绘齿顶圆）

4）当剖切平面通过两啮合齿轮的轴线时，在啮合区内，两轮的节线（标准齿轮为分度线）重合为一条细点画线，齿根线都画成粗实线，一个齿轮的齿顶线画成粗实线，另一个齿轮的齿顶线画成虚线或省略不画。齿顶和齿根的间隙为 $0.25m$，如图 8-25 所示。

5）在剖视图中，当剖切平面不通过啮合齿轮的轴线时，齿轮一律按不剖绘制。

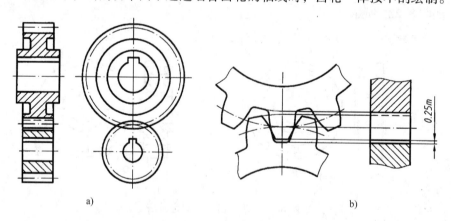

图 8-25　啮合齿轮的剖视画法

a）剖视画法　b）剖视画法放大图

（3）直齿圆柱齿轮啮合的画图步骤　先画反映圆的视图，画两轮的轴线，画相切的分度圆，画齿顶圆，画其他；再画与轴线平行的视图。

（4）直齿轮零件工作图　图 8-26 所示为直齿轮零件工作图。

5. 齿轮内啮合及齿轮、齿条啮合画法

图 8-27 所示为两齿轮内啮合画法。图 8-28 所示为齿轮、齿条啮合画法。

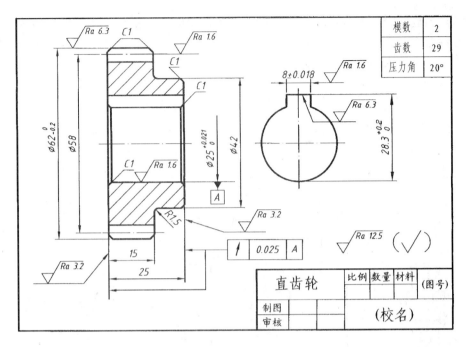

图 8-26 直齿轮零件工作图

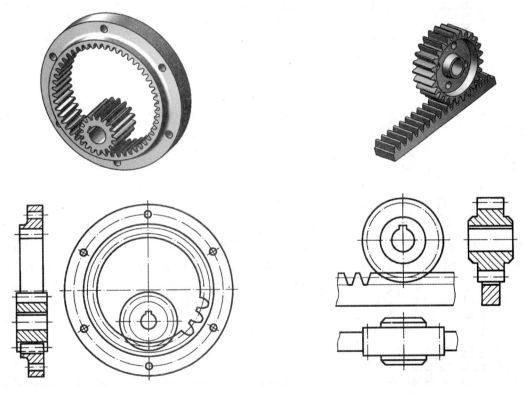

图 8-27 两齿轮内啮合画法　　　图 8-28 齿轮、齿条啮合画法

6. 斜齿和人字齿圆柱齿轮的画法

斜齿圆柱齿轮及人字齿圆柱齿轮与直齿圆柱齿轮画法相似，其反映圆的视图（不论单

个齿轮或两齿轮啮合）与直齿圆柱齿轮的画法相同；但在其平行于齿轮轴线的视图中，用三条与齿线方向一致的细实线表示其齿线特征（如果要剖视，采用局部剖视），如图8-29所示。斜齿和人字齿圆柱齿轮的啮合画法如图8-30所示。

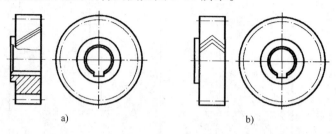

a)   b)

图 8-29　单个斜齿和人字齿圆柱齿轮的画法

a）单个斜齿圆柱齿轮的画法　b）单个人字齿圆柱齿轮的画法

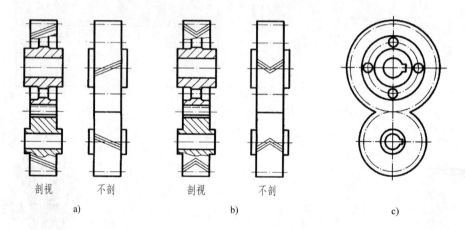

剖视　　　不剖　　　　剖视　　　不剖

a)   b)   c)

图 8-30　斜齿和人字齿圆柱齿轮的啮合画法

a）斜齿轮平行于齿轮轴线的视图　b）人字齿轮平行于齿轮轴线的视图　c）反映圆的视图

8.3.2　直齿锥齿轮

这里仅讨论最常用的两轴线夹角为90°的直齿锥齿轮。

1. 直齿锥齿轮各部分名称及尺寸计算

锥齿轮的轮齿是在圆锥面上切制出的，轮齿一端大、一端小，因此，沿齿宽方向模数也逐渐变化。为了便于计算和制造，规定以大端端面模数为标准模数（GB/T 12368—1990），以此计算大端轮齿各部分的尺寸。直齿锥齿轮标准模数见表8-6。

表 8-6　直齿锥齿轮标准模数（GB/T 12368—1990）　　　　（单位：mm）

0.1、0.12、0.15、0.2、0.25、0.3、0.35、0.4、0.5、0.6、0.7、0.8、0.9、1、1.125、1.25、1.375、1.5、1.75、2、2.25、2.5、2.75、3、3.25、3.5、3.75、4、4.5、5、5.5、6、6.5、7、8、9、10、11、12、14、16、18、20、22、25、28、30、32、36、40、45、50

直齿锥齿轮一般有五个锥面（齿顶圆锥面、齿根圆锥面、分度圆锥面、背锥面、前锥面）。齿顶圆锥面、齿根圆锥面、分度圆锥面分别与背锥面相交，交线分别为齿顶圆、齿根圆、分度圆。直齿锥齿轮的三个锥角（分度圆锥角、顶锥角、根锥角）分别是分度圆锥素线、顶锥素线、根锥素线与齿轮轴线的夹角。直齿锥齿轮各部分名称如图 8-31 所示。

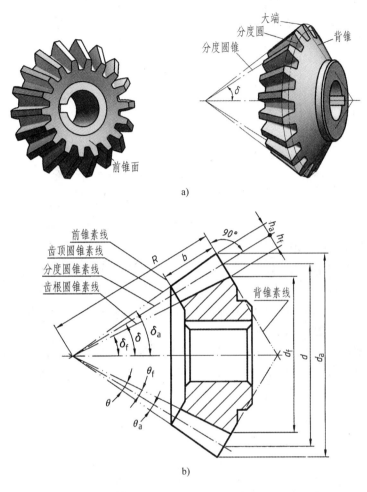

图 8-31 直齿锥齿轮各部分名称

a) 立体图 b) 剖视图

直齿锥齿轮各部分名称及尺寸的计算公式见表 8-7。

表 8-7 标准直齿锥齿轮各部分尺寸的计算公式

基本参数：大端模数 m、齿数 z 和节锥角 δ'			
名　称	代　号	公　式	说　明
齿顶高	h_a	$h_a = m$	
齿根高	h_f	$h_f = 1.2m$	
齿高	h	$h = h_a + h_f = 2.2m$	
分度圆直径	d	$d = mz$	均用于大端
齿顶圆直径	d_a	$d_a = m(z + 2\cos\delta)$	
齿根圆直径	d_f	$d_f = m(z - 2.4\cos\delta)$	
锥距	R	$R = mz/2\sin\delta$	

（续）

基本参数：大端模数 m、齿数 z 和节锥角 δ'

名　称	代　号	公　式	说　明
齿顶角	θ_a	$\tan\theta_a = 2\sin\delta/z$	
齿根角	θ_f	$\tan\theta_f = 2.4\sin\delta/z$	
分度圆锥角	δ_1 δ_2	$\tan\delta_1 = z_1/z_2$ $\tan\delta_2 = z_2/z_1$	"1"表示小齿轮 "2"表示大齿轮 适用于 $\delta_1 + \delta_2 = 90°$
顶锥角	δ_a	$\delta_a = \delta + \theta_a$	
根锥角	δ_f	$\delta_f = \delta - \theta_f$	
齿　宽	b	$b \leqslant R/3$	

2. 单个直齿锥齿轮的规定画法

（1）单个锥齿轮的画法　如图 8-32 所示，锥齿轮一般用两个视图或一个视图和一个局部视图表示，按轴线水平放置绘制。锥齿轮的画法与圆柱齿轮的画法基本相同。

1）主视图常用全剖视图，轮齿按规定不剖，顶锥线和根锥线用粗实线绘制，分度线画成细点画线，如图 8-32b 所示。

2）在左视图中，大端、小端齿顶圆用粗实线绘制，大端的分度圆用细点画线画出，大端齿根圆和小端分度圆规定不画，如图 8-32c 所示。

3）在外形图中，顶锥线用粗实线绘制，根锥线省略不画，分度锥线用细点画线画出，如图 8-32a 所示。

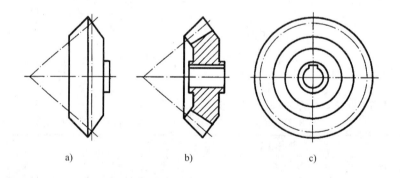

a)　　　　　　　　b)　　　　　　　　c)

图 8-32　单个锥齿轮的画法
a）外形图　b）剖视图　c）左视图

（2）单个锥齿轮的画图步骤　如图 8-33 所示。

1）由分度圆锥角和大端的分度圆直径画出分度圆锥和背锥以及大端的分度圆。

2）根据齿顶高、齿根高画出顶锥、根锥，根据齿宽画轮齿。

3）画出齿轮其他部分的投影。

3. 直齿锥齿轮的啮合画法

图 8-34 所示为啮合的两锥齿轮。

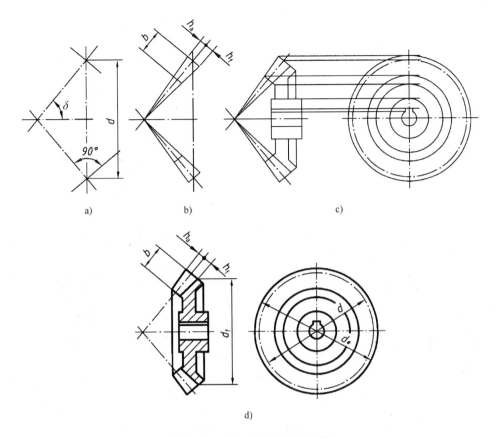

a)　　　　　　　b)　　　　　　　c)

d)

图 8-33　单个锥齿轮的画图步骤

a) 画分锥、背锥　b) 画顶锥、根锥轮齿　c) 画齿轮其他部分的投影　d) 画剖面线、加深图线

　　啮合的锥齿轮主视图一般取全剖视，啮合区的画法与圆柱齿轮相同。应注意在反映大齿轮为圆的视图上，小齿轮大端节线和大齿轮大端节圆相切。啮合的锥齿轮画图步骤如图 8-35 所示。

　　1) 画出两齿轮的轴线及节锥、大齿轮的大端节圆和小齿轮大端节线，如图 9-35a 所示。

　　2) 画出两齿轮的顶锥、根锥轮齿及齿宽，如图 9-35b 所示。

　　3) 画出两齿轮其他部分的投影，如图 9-35c 所示。

　　4) 画剖面线，加深图线，完成全图，如图 9-35d 所示。

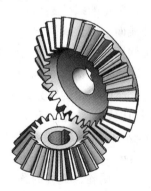

8.3.3　蜗轮蜗杆

图 8-34　啮合的两锥齿轮

　　蜗轮和蜗杆的齿向是螺旋形的。蜗轮类似于斜齿轮，不同之处在于蜗轮的轮齿是在轮缘的环面上加工形成，因而对蜗杆有一个适当的包角，使其相互啮合时有较大的接触面，保证传动的连续和平稳。图 8-36 所示为啮合的蜗轮和蜗杆。

　　蜗杆就其结构特征，类似一个梯形牙型的螺杆，它的齿数即螺旋线的头数。工作时通常蜗杆是主动件，蜗轮是从动件。蜗轮蜗杆传动能获得较大传动比，且所占空间较小，但传动中摩擦消耗的功率大，机械效率低。

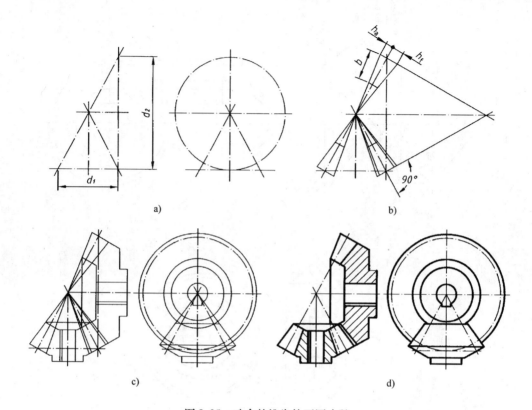

图 8-35　啮合的锥齿轮画图步骤

a）画出两齿轮的轴线、节锥线、节圆　b）画出顶锥、根锥、背锥及齿宽

c）画出两齿轮其他部分的投影　d）画剖面线并对可见轮廓线加深

常见的蜗轮蜗杆传动两轴线交叉角为 90°。通过蜗杆轴线而垂直于蜗轮轴线的剖切平面称为**中心剖切平面**。蜗轮蜗杆在中心平面上的啮合与直齿圆柱齿轮与齿条的啮合相同，蜗轮蜗杆的尺寸计算都以中心平面上的参数为基准。所以蜗轮的模数是指在中心剖切平面上的模数，亦称端面模数 m_t，它应该符合标准系列；蜗杆则是以轴向模数 m_x 为标准模数。一对啮合的蜗轮、蜗杆，其模数相等，即

$$m = m_t = m_x。$$

图 8-36　啮合的蜗轮和蜗杆

1. 蜗轮、蜗杆的画法

（1）**蜗杆的画法**　如图 8-37 所示，蜗杆的齿顶圆（d_{a1}）和齿顶线用粗实线绘制，分度圆（d_1）和分度线用细点画线绘制，齿根圆（d_{f1}）和齿根线用细实线绘制。蜗杆一般用一个视图表示，为表达蜗杆的齿形，常用局部剖视图或局部放大图表示（轴向剖面齿形为梯形，顶角一般为 40°）。

图 8-37 中所示的 d_{a1}、d_1、d_{f1} 以及齿根高（h_a）、齿顶高（h_f）、齿高（h）、轴向齿距（p_x）等参数，可通过查机械设计手册计算得出。

（2）**蜗轮的画法**　如图 8-38 所示，蜗轮的画法与圆柱齿轮相似。在垂直轴线方向的视图中，用粗实线画轮齿部分外圆（最大轮廓，直径 D）、用细点画线画分度圆（d_2）。齿顶

圆（d_{a2}）、齿根圆（d_{f2}）和倒角圆省略不画，其他部分按不剖处理。在与轴线平行的视图中，一般采用剖视图，轮齿按不剖绘制，齿顶和齿根的圆弧用粗实线绘制。

图 8-38 中的 D、d_{a2}、d_2、d_{f2} 以及齿根圆弧半径（r_1）、齿顶圆弧半径（r_2）、包角（2γ：γ 是蜗杆分度圆上的螺旋升角，称为蜗杆导程角）、中心距（a）、蜗轮宽度（b_2）等参数，可通过查机械设计手册计算得出。

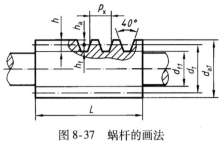

图 8-37　蜗杆的画法

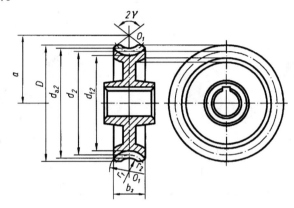

图 8-38　蜗轮的画法

2. 蜗轮与蜗杆的啮合画法

如图 8-39 所示，在蜗杆投影为圆的视图上，不论是否剖视，对啮合部分，蜗杆总是画成可见（即蜗杆、蜗轮投影重合部分，只画蜗杆）。

在蜗轮投影为圆的视图上，蜗轮节圆应与蜗杆节线相切，蜗轮被蜗杆挡住的部分不画（见图 8-39a）。

在外形图中，蜗杆顶线与蜗轮外圆可重叠画出（见图 8-39b）。

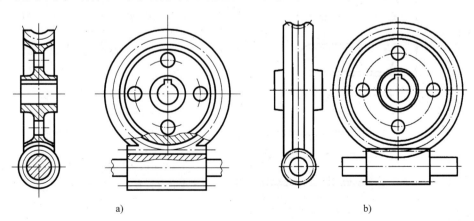

a)　　　　　　　　　　　　　　　　b)

图 8-39　蜗轮与蜗杆的啮合画法

a）蜗轮蜗杆啮合剖视图　b）蜗轮蜗杆啮合外形图

8.4 键、销连接

键、销都是标准件，它们的结构、型式和尺寸都有规定，可从有关标准中查阅选用。键、销的标记反映其型式及主要尺寸。

8.4.1 键连接

在机器中，可用键将轴、轮（如齿轮、带轮等）连接起来转动，从而传递转矩。这种连接称为键连接。常用的键有平键、半圆键、钩头型楔键、花键轴等，如图 8-40 所示。

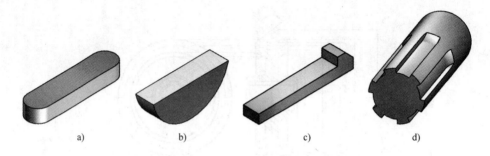

图 8-40　常用键型

a）平键　b）半圆键　c）钩头型楔键　d）花键轴

1. 键的规定标记及其示例

常用的普通平键（A 型——圆头、B 型——平头、C 型——单圆头等三种）、半圆键及钩头型楔键的规定标记及其示例见表 8-8。

表 8-8　键的规定标记及其示例

名称	型式	图　例	标记示例
普通平键	A 型		$b=18$mm、$h=11$mm、$L=100$mm 的普通 A 型平键的标记为： GB/T 1096　键 $18 \times 11 \times 100$
	B 型		$b=18$mm、$h=11$mm、$L=100$mm 的普通 B 型平键的标记为： GB/T 1096　键 B$18 \times 11 \times 100$（注意：B 不能省略）

（续）

名称	型式	图 例	标 记 示 例
普通平键	C 型		$b=18\text{mm}$、$h=11\text{mm}$、$L=100\text{mm}$ 的普通 C 型平键的标记为： GB/T 1096　键 C18×11×100 （注意：C 不能省略）
半圆键		注：$X\leqslant s_{max}$	$b=6\text{mm}$、$h=10\text{mm}$、$D=25\text{mm}$ 的普通半圆键的标记为： GB/T 1099.1　键 6×10×25
钩头型楔键			$b=18\text{mm}$、$h=11\text{mm}$、$L=100\text{mm}$ 的钩头型楔键的标记为 GB/T 1565　键 18×100

2. 普通键连接的画法

普通 A 型平键连接的画法如图 8-41 所示。平键的两侧面是工作面，键的侧面、底面与键槽的侧面及轴的键槽底面接触，只画一条粗实线；而键的顶面与轮毂上键槽的底面有间隙，要画两条粗实线；剖切平面通过轴线和键的对称平面作纵向剖切时，键按不剖绘制。

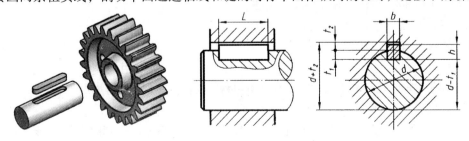

图 8-41　普通 A 型平键连接的画法

键宽 b、键高 h、轴上键槽深度 t_1、轮毂键槽深度 t_2 可根据轴的直径 d，通过附表 9 查得，键长 L 应比轮毂长度短至少 5mm，并取标准系列长度。

3. 半圆键连接的画法

半圆键连接时，半圆键的两侧面与轮、轴的键槽侧面紧密接触，画法与普通平键画法类似，如图 8-42 所示。

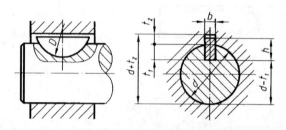

图 8-42　半圆键连接的画法

4. 钩头型楔键连接的画法

钩头型楔键的顶面有 1:100 的斜度，它靠顶面与底面接触受力而传递力矩，装配时，沿轴向将键打入键槽，因此，其顶面与底面是工作面。而两侧面是非工作面，接触较松，以偏差控制——间隙配合。绘图时顶面、底面、侧面都不留间隙，如图 8-43 所示。

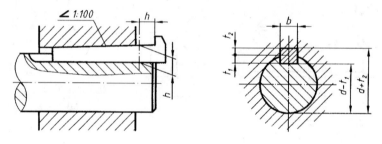

图 8-43　钩头型楔键连接的画法

8.4.2　花键的画法及代号注法

花键连接由外花键和内花键组成，可以认为花键连接是平键连接在数目上的发展。在轴、孔断面上键（亦称为齿）呈对称分布，有四键、六键及八键等。由于齿形不同，可分为矩形花键和渐开线花键。花键连接能传递较大的转矩，被连接件之间的同轴度和导向性好。本节只介绍矩形花键的画法和代号注法。

1. 矩形外花键（花键轴）的画法和标注

（1）矩形外花键（花键轴）的画法　在与轴线平行的视图中，外花键大径用粗实线绘制，小径用细实线绘制。工作长度的终止端和尾部长度末端均用细实线绘制，并与轴线垂直，尾部画成与轴线成 30° 的细斜线，如图 8-44a 所示。在外花键的局部剖视图中，小径画成粗实线，如图 8-45 所示。

垂直于花键轴线的图形可画成断面图或视图。若画断面图，可画出全部齿形，大径、小径都用粗实线绘制，如图 8-44b 所示；也可画出部分齿形，大径用粗实线圆绘制，小径用细实线圆绘制，如图 8-44c 所示。若画视图，大径用粗实线圆绘制，小径用细实线圆绘制，倒角圆不画，如图 8-46 所示。

（2）**矩形外花键**（花键轴）**的标注**　外花键的标注有两种方法：一种是在图中直接注出公称尺寸 D（花键大径）、d（花键小径）、B（键宽）和 N（键数）等，如图 8-44 和图 8-45 所示；另一种是从大径圆柱的素线上引出指引线，在其水平折线上注出花键代号，包括花键齿形符号、键数 N、花键小径 d、花键大径 D、键（槽）宽 B、公差带代号和标准号，如图 8-46 所示。

无论采用哪种注法，花键工作长度 L 都要在图样上注出。

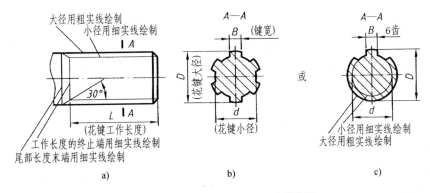

图 8-44　矩形外花键的画法及直接标注

a）与轴线平行的视图　　b）垂直于轴线的断面图　　c）垂直于轴线的断面图
　　　　　　　　　　　　（画出全部齿形）　　　　（画出部分齿形）

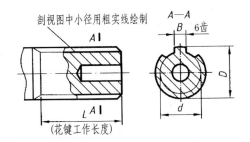

图 8-45　矩形外花键的画法及直接标注（剖视图）

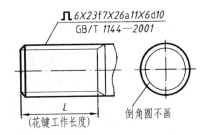

图 8-46　矩形外花键的画法及花键代号标注

2. 矩形内花键（花键孔）**的画法和标注**

（1）**矩形内花键**（花键孔）**的画法**　在与轴线平行的剖视图中，内花键通常用剖视图表达，大、小径均用粗实线绘制，齿按不剖处理，如图 8-47a 所示。

在垂直于轴线的视图中，可画出全部齿形，大径、小径都用粗实线绘制，如图 8-47b 所示；也可画出部分齿形，小径用粗实线绘制，大径用细实线绘制，如图 8-47c 所示。

（2）**矩形内花键**（花键孔）**的标注**　内花键的标注同样有两种方法：一种是在图中直接注出尺寸，如图 8-47 所示。另一种是从大径圆柱的素线上引出指引线，标注花键代号，如图 8-48 所示。

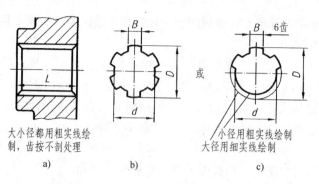

图 8-47　矩形内花键的画法及直接标注

a）与轴线平行的剖视图　b）垂直于轴线的视图　c）垂直于轴线的视图

（画出全部齿形）　　（画出部分齿形）

3. 花键连接的画法和标注

花键连接部分按外花键的画法绘制；在花键连接装配图上通常是标注花键代号，如图 8-49 所示。

8.4.3　销连接

常用的销有圆柱销、圆锥销和开口销等。圆柱销、圆锥销在机器中主要起连接和定位作用；开口销用来防止螺母松动或固定其他零件。销是标准件，可在国家标准中查到它们的型式和尺寸。

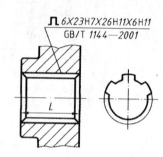

图 8-48　矩形内花键的花键代号标注

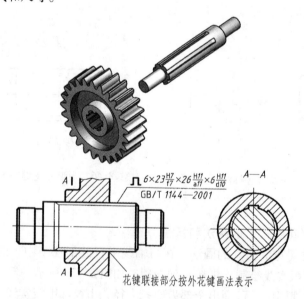

图 8-49　花键连接的画法及标注

1. 销的规定标记

圆柱销、圆锥销、开口销的型式、画法和规定标记示例见表 8-9。

圆柱销有不淬硬钢和奥氏体不锈钢（GB/T 119.1—2000）及淬硬钢和马氏体不锈钢

（GB/T 119.2—2000）两类。圆锥销有 A 型和 B 型（GB/T 117 – 2000），圆锥销的公称直径是指小端直径。开口销（GB/T 91—2000）的公称直径是指销孔直径。

表 8-9　销的型式、画法和标记示例

名称	图　例	标记示例
圆柱销	≈15°　c　l　c　d	公称直径 $d = 6\text{mm}$、公差为 m6、公称长度 $l = 30\text{mm}$、材料为钢、不经淬火、不经表面处理的圆柱销： 销 GB/T 119.1　6m6 ×30
圆锥销	1:50　d　r_1　r_2　a　l　a $r_1 \approx d, r_2 \approx \dfrac{a}{2} + d + \dfrac{(0.021)^2}{8a}$	直径 $d = 6\text{mm}$、公称长度 $l = 30\text{mm}$、材料为 35 钢、热处理硬度 28 ~ 38HRC、表面氧化处理的 A 型圆锥销： 销 GB/T 117　6 ×30
开口销	b　l　a　c　d	公称直径 $d = 5\text{mm}$、公称长度 $l = 50\text{mm}$、材料为 Q215 或 Q235、不经表面处理的开口销： 销 GB/T 91　5 ×50

2. 销连接的画法

　　圆柱销和圆锥销连接，要求先将被连接件装配在一起，再加工销孔，并在零件图上加以注明。销连接的画法如图 8-50 所示，当剖切面通过销的轴线时，销按不剖处理。

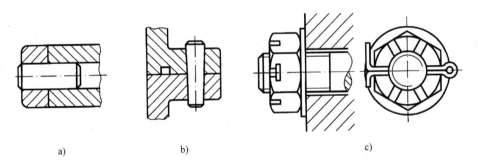

图 8-50　销连接的画法
a）圆柱销　b）圆锥销　c）开口销

8.5　弹簧

　　弹簧是用途极广的零件，可以用于机械的运动控制、减振、夹紧、测力和储能等。

　　如图 8-51 所示，弹簧的种类繁多，有螺旋弹簧、碟形弹簧、平面涡卷弹簧和板弹簧等，最常见的是圆柱螺旋弹簧。

　　圆柱螺旋弹簧又有压缩螺旋弹簧、拉伸螺旋弹簧和扭转螺旋弹簧，如图 8-51a 所示。本

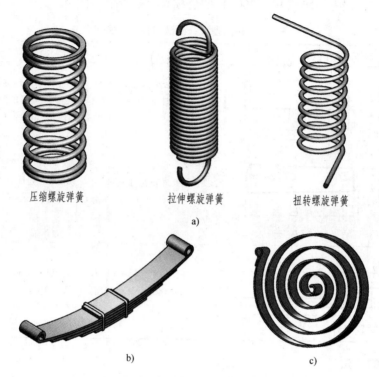

压缩螺旋弹簧　　　　拉伸螺旋弹簧　　　　扭转螺旋弹簧

a)

b)　　　　　　　　　　c)

图 8-51　常用弹簧

a) 圆柱螺旋弹簧　b) 板弹簧　c) 涡卷弹簧

节只介绍最常见的圆柱螺旋压缩弹簧的画法，其他种类弹簧的画法可查阅国家标准。

8.5.1　圆柱螺旋压缩弹簧的各部分名称及尺寸关系

圆柱螺旋压缩弹簧的各部分名称及尺寸关系如图 8-52 所示。

1）弹簧丝直径 d：制造弹簧的材料直径。

2）弹簧外径 D_2 和内径 D_1：分别指弹簧的最大和最小直径。

3）弹簧的中径 D：$D = (D_2 + D_1)/2$。

4）有效圈数 n：弹簧受力时实际起作用的圈数。

5）支承圈数 n_2：为使压缩弹簧受力均匀，增加平稳性，将弹簧两端并紧并磨平的圈数。支承圈数有 1.5 圈、2 圈、2.5 圈三种，以 2.5 圈较常用。

6）总圈数 n_1：$n_1 = n + n_2$。

7）节距 t：两相邻有效圈在轴向对应点之间的距离。

8）自由高度 H_0：弹簧不受外力作用时的高度：$H_0 = nt + (n_2 - 0.5)d$。

9）展开长度 L：制造弹簧时，所需弹簧丝的长度。

10）旋向：弹簧的螺旋方向。分为右旋和左旋两种，大多为右旋。其旋向的判别方法与螺纹旋向的判别方法相同。

8.5.2 圆柱螺旋压缩弹簧的规定画法

1. 单个弹簧的规定画法

圆柱螺旋压缩弹簧的画图步骤如图 8-52 所示。

1）在平行于螺旋弹簧轴线的视图中，各圈轮廓画成直线。

2）不论左旋还是右旋，弹簧均可画成右旋，若实际为左旋弹簧，应在图中注明旋向"左旋"。

3）如要求两端并紧且磨平时，不论支承圈的圈数为多少和并紧情况如何，均按图 8-52 所示绘制。必要时，也可按支承圈的实际结构绘制。

4）有效圈数在 4 圈以上，中间各圈可省略，允许适当缩短图形长度，但应画出弹簧丝中心线。

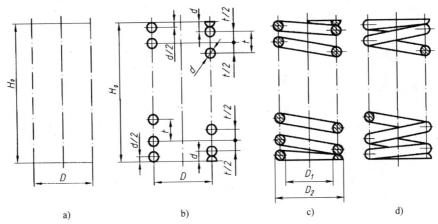

图 8-52　圆柱螺旋压缩弹簧的画图步骤

a）根据中径 D 和自由高度 H_0 画基准线　b）画支承圈和工作圈　c）剖视图　d）视图

2. 弹簧在装配图中的规定画法

在装配图中，被弹簧挡住的结构一般不画，可见部分应从弹簧的外轮廓线或从弹簧丝剖面的中心线画起，如图 8-53a 所示。当弹簧丝直径在图上≤2mm 时，弹簧丝剖面可全部涂黑，

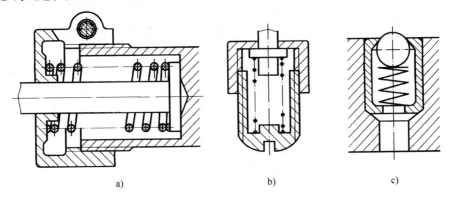

图 8-53　装配图中圆柱螺旋压缩弹簧的画法

a）弹簧的一般画法　b）弹簧丝剖面涂黑画法　c）示意画法

如图 8-53b 所示。弹簧丝直径在图上小于 1mm 时，可采用示意画法，如图 8-53c 所示。

若采用非标准的圆柱螺旋压缩弹簧，应绘制其零件图。如需要表明弹簧的力学性能时，必须用图解方式在图样上表示（可参考设计手册）。

8.6 滚动轴承

滚动轴承是标准部件，规格型号很多，用来支承传动轴，具有结构紧凑、摩擦力小、动能损耗少、维护简单等特点。因此，广泛运用在各类机器中。

滚动轴承类型很多，但其结构大体相同，一般由外圈、内圈、滚动体和保持架等零件组成。轴承的外圈装在机座的座孔内，一般不动；内圈装在轴上，与轴一起转动。

图 8-54 所示为三种滚动轴承结构图，分别是深沟球轴承（主要承受径向载荷）、圆锥滚子轴承（同时承受径向载荷和轴向载荷）、推力球轴承（主要承受轴向载荷）。

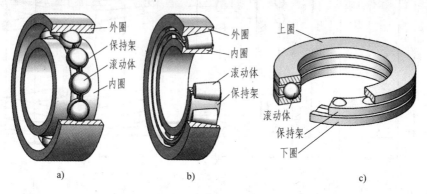

图 8-54 三种滚动轴承结构图

a）深沟球轴承 b）圆锥滚子轴承 c）推力球轴承

8.6.1 滚动轴承的代号

滚动轴承代号是以字母加数字来表示滚动轴承的结构尺寸、公差等级、技术性能等特征的产品符号。国家标准 GB/T 272—1993 规定，滚动轴承的代号由基本代号、前置代号和后置代号构成，排列如下：

前置代号　基本代号　后置代号

前置、后置代号是轴承在结构形状、尺寸、公差和技术要求等有改变时，在其基本代号左、右添加的补充代号，前置代号用字母表示，后置代号用字母或字母加数字表示。如无特殊要求，只标记轴承基本代号。

基本代号表示轴承的基本类型、结构和尺寸，是轴承代号的基础。基本代号由轴承类型代号、尺寸系列代号、内径代号构成。其中，类型代号由数字或字母表示；尺寸系列代号、内径代号由数字表示。具体规定请查阅 GB/T 272—1993。

滚动轴承的标记示例：

示例1：6204

6204 是基本代号，其中，6 为类型代号（深沟球轴承）；（0）2 为尺寸系列代号；04 为内径代号。

> **注**：当内径代号为 00、01、02、03 时，分别表示内径 d 为 10mm、12mm、15mm、17mm；当内径代号 ≥04 时，代号数字乘以 5 即为轴承的内径 d（限于内径为 20～480mm）。

示例 2：L N 207

L 为前置代号（可分离轴承的可分离内圈或外圈）；N 207 为基本代号，其中，N 为类型代号（圆柱滚子轴承），（0）2 为尺寸系列代号，07 为内径代号。

在基本代号中当轴承类型代号为字母时，则该字母应与后面表示尺寸系列代号的数字之间空半个汉字。

8.6.2 滚动轴承的画法

滚动轴承是标准部件，所以，无需画出其零件图，只是在装配图上根据外径 D、内径 d 和宽度 B 等几个主要尺寸，按不同的需要可采用通用画法、特征画法或规定画法（GB/T 4459.7—1998）。

1. 通用画法

当不需要较确切地表达滚动轴承的外形轮廓、载荷特性、结构特征时，可用矩形线框及位于线框中央正立的十字符号表示，十字符号不应与矩形线框接触，如图 8-55 所示。通用画法应绘制在轴的两侧，如图 8-55a 所示。

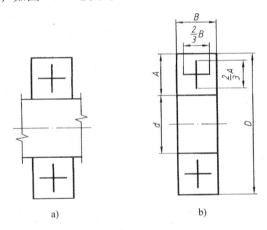

图 8-55 轴承的通用画法及尺寸关系

a）轴承的通用画法 b）轴承通用画法的尺寸关系

如需确切地表达滚动轴承的外形，则应画出其剖面轮廓，并在轮廓中央画出正立的十字符号表示，十字符号不应与矩形线框接触。图 8-56a 所示为带偏心套的外球面球轴承的通用画法；图 8-56b 所示为一面带防尘盖轴承的通用画法。

2. 特征画法和规定画法

当需要较形象地表达滚动轴承的结构特征时，可采用在矩形线框内画出其结构要素符号的特征画法。特征画法应绘制在轴的两侧。

必要时，在滚动轴承的产品图样、产品样本、产品标准、用户手册和使用说明书中可采用规定画法。规定画法一般绘制在轴的一侧，另一侧按通用画法绘制。

滚动轴承的类型和画法见表 8-10。

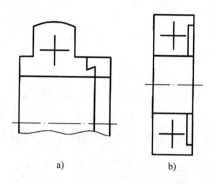

a)   b)

图 8-56 轴承的通用画法举例

a）带偏心套的外球面球轴承的通用画法 b）一面带防尘盖轴承的通用画法

表 8-10 滚动轴承的类型和画法

轴承类型 （国家标准号）	查表所得 主要数据	画 法	
		特 征 画 法	规 定 画 法
深沟球轴承 （GB/T 276—1994）	D d B		
单列圆锥滚子轴承 （GB/T 297—1994）	D d B T C		

（续）

轴承类型 （国家标准号）	查表所得 主要数据	画　法	
		特 征 画 法	规 定 画 法
单向推力球轴承 （GB/T 301—1995）	D d T		

第9章 零件图

表达一个零件的结构、大小和技术要求的图样，称为零件图。

9.1 零件图的作用与内容

1. 零件图的作用

机器都是由零件和部件组成。零件设计得合理与否及制造质量的好坏，必然影响零件的使用效果乃至整台机器的性能。因此，零件图要准确地反映设计思想并提出相应的零件质量要求。事实上，在零件的生产过程中，零件图是最重要的技术资料，是制造和检验零件的依据。图9-1所示的铣刀头立体图中的轴的零件图如图9-2所示。

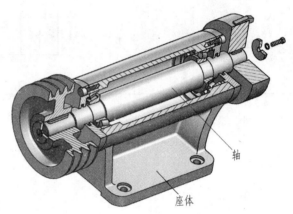

图 9-1　铣刀头立体图

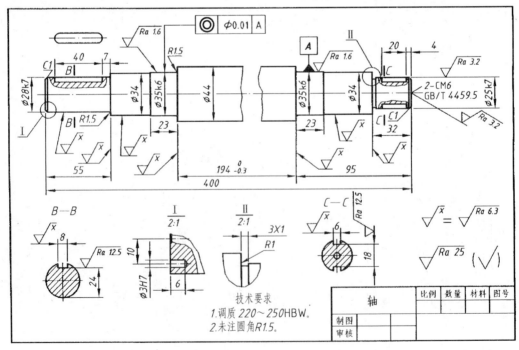

图 9-2　铣刀头轴的零件图

2. 零件图的内容

一张完整的零件图应包括如下四项内容：一组图形、全部尺寸、技术要求以及标题栏。

1）一组图形：用一组图形（包括视图、剖视图、断面图等）把零件各部分的结构形状表达清楚。

2）全部尺寸：用一组尺寸把零件各部分的形状、大小及其相互位置确定下来。

3）技术要求：用一些规定的符号、数字、字母和文字注解，说明零件在使用、制造和检验时应达到的技术性能要求（包括表面粗糙度、尺寸公差、几何公差、表面处理和材料热处理的要求等）。

4）标题栏：在标题栏中填写出零件的名称、材料、图样的编号、比例、制图人与校核人的姓名和日期等。

9.2 零件表达方案的选择

零件的表达方案就是用若干个图形（视图、剖视图、断面图……），把零件的内、外结构形状表达出来。一般来说，零件的表达方案不止一个，这就要求对零件进行分析，并结合零件的加工和使用，选择一个较好的表达方案。较好的表达方案应该把零件形状完整、清晰、合理地表达出来，并力求画图简便，读图容易。

要达到上述要求，首先应选择好主视图，然后合理选配其他视图。

9.2.1 视图的选择

1. 主视图的选择

主视图是最重要的视图，主视图选择合理与否直接影响整个表达方案是否合理，对画图和看图影响很大。主视图的选择原则如下：

（1）形状特征原则 从形体分析的角度来说，应选择能将零件各组成部分的形状及其相对位置反映得最清楚的方向作为主视图的投射方向，如图9-3所示。

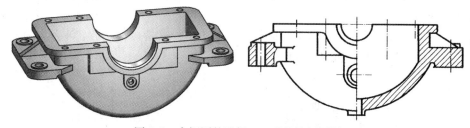

图9-3 主视图的选择——形状特征原则

（2）加工位置原则、工作位置原则和自然放置原则 主视图应尽可能反映零件的加工位置、工作位置或自然放置位置，这是确定零件安放位置的依据。

1）零件的加工位置原则：零件在制造过程中，特别是在机械加工时，要把它固定和夹紧在一定位置上进行加工。在选择主视图时，应尽量与零件的加工位置一致，这样画主视图的优点是便于工人看图加工。

对在车床上加工的轴、套、轮和盘等零件，一般应按加工位置画主视图，轴线水平放置，如图9-2、图9-4所示。

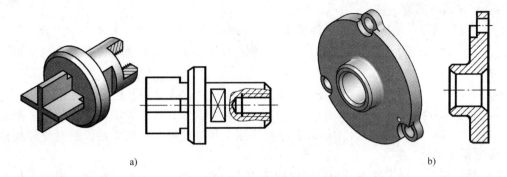

a)   b)

图 9-4 按加工位置选择主视图

a）轴套类零件 b）轮盘类零件

2）零件的工作位置原则：零件安装在机器上都有一定的工作位置。主视图与工作位置一致的优点是便于对照装配图看图和画图。

对于支座、箱体类零件，因其结构形状比较复杂，在加工不同的表面时往往其加工位置也不同，这类零件一般按工作位置画主视图，如图 9-5 所示。

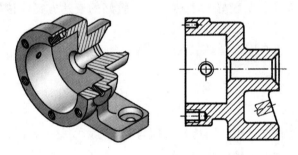

图 9-5 按工作位置选择主视图

3）零件的自然放置原则：当加工位置各不相同，工作位置不固定时，零件按其自然安放位置画主视图。

对于叉、架等类零件，由于这类零件加工位置不定，通常以自然放置平稳，并综合考虑形状特征原则确定主视图，如图 9-6 所示。

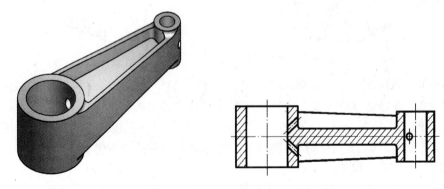

图 9-6 按自然放置选择主视图

此外，选择主视图还要考虑其他视图的合理布置，充分利用图纸幅面。

2. 其他视图的选择

1）以主视图为基础，本着易画、易看、完整、清晰的原则，确定其他图形。

2）每个视图都有表达重点，各个视图应互相配合、补充而不重复。视图数量不宜过多，以免繁琐、主次不分。

3）在选择其他视图时，零件的主要结构和主要形状，优先选用基本视图或在基本视图上取剖视的方法表达；次要结构、细节、局部形状用局部视图、局部放大图、断面图等表达。

4）优先选用人们习惯的视图，如用左视与右视或俯视与仰视表达相同的内容时，优先选用左视和俯视。

5）采用局部视图、斜视、斜剖时，尽可能按投影关系就近配置。

6）图面布局要合理，既要美观、清晰，又要充分利用图幅。

3. 零件表达方案的选择步骤

选择表达方案的一般步骤为：

1）对零件进行形体、结构分析（包括零件的装配关系及功用）和工艺分析（零件的制造加工方法），分清主要部分和次要部分。

2）选择主视图。在确定主视图的投射方向后，根据零件的特点，应尽量选择零件的主视图为其工作位置或加工位置。

3）确定其他视图。确定图形的数量和每个图形的表达方法。先考虑主要部分，用基本视图把主要部分表示出来，再考虑次要部分，用局部视图、局部放大图、断面图等表达次要部分。

4）全面检查表达方案，并作适当的调整和修改。

要注意的是，上述步骤并不是截然分离的，检查调整常常包含在选择表达方案的过程之中。

9.2.2 四类典型零件的表达方案分析

根据零件的结构形状以及在机器中的作用不同，一般可把零件分为四类：轴套类、盘盖类、叉架类和箱体类，每一类零件的表达方案都有其各自的特点。

1. 轴套类零件

轴套类零件包括轴、轴套、衬套、阀杆等。轴套类零件在工作中常起着支承或传递动力的作用。这类零件的主要结构由直径大小各异的圆柱、圆锥体共轴线组成，一般轴向长度尺寸大于径向尺寸，局部结构有倒角、倒圆、键槽、退刀槽、中心孔和螺纹孔等。

这类零件的主体通常在车床、磨床上加工，加工时轴线水平放置。所以，零件的表达方案为满足加工时的看图需要，常采用一个轴线水平的主视图（套类零件采用剖视），并配合尺寸标注来表达零件主体结构。孔、槽等一些细小结构常采用局部剖视图、断面图及局部放大图等表达，如图 9-7 所示。对于结构简单而较长的轴段，常采用断开画法，如图 9-2 所示。

2. 轮盘类零件

通常将齿轮、手轮、带轮、端盖、法兰盘等称为轮盘（或盘盖）类零件。图 9-8 所示的

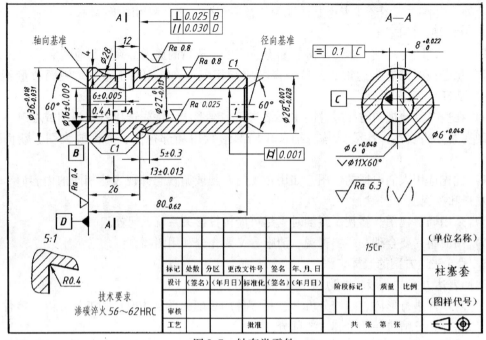

图 9-7　轴套类零件

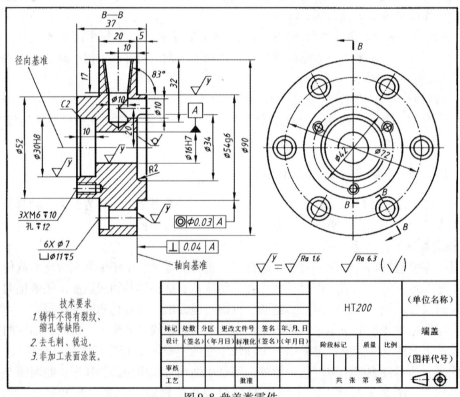

图 9-8　盘盖类零件

盘盖类零件即为这类零件。这类零件在机器中主要起传递动力、支承、轴向定位及密封等作用。轮盘（或盘盖）类零件的主要结构一般为多个同轴回转体或其他平板形，其轴向尺寸较小而径向尺寸较大，或者形状扁平，常带有各种形状的凸缘、均布的圆孔、轮辐或肋等结构。

轮盘类零件主要在车床上加工，选择主视图时，应按照加工位置将轴线水平放置，并采用剖视（或局部剖视）图表达内部结构。尤其对于以回转体为主要结构的零件，通常将非圆视图作为主视图，用其他基本视图，如左视图等来表达端面形状结构，如图 9-8 所示。对于轮辐、肋等结构，其横截面常采用断面图表示。细小结构如小孔、油槽须采用局部放大图表示。

3. 叉架类零件

通常把拨叉、连杆、摇臂、托架及支座等零件归纳为叉架类零件。叉架类零件形状各异，零件常有大、小端不一，有些还有倾斜、弯曲结构，多为锻件和铸造件。

叉架类零件常在车床、铣床等设备上加工，但加工位置不固定，而一些零件的工作位置还是比较明显的，因此，多按形状特征和工作位置来确定主视图。叉架类零件一般采用一个全剖视或局部剖视的基本视图表示内部结构形状，同时选择另一基本视图反映外形结构与相邻结构的表面连接形式，如图 9-9 所示的连杆零件图。叉架类零件的结构形状较复杂，所以

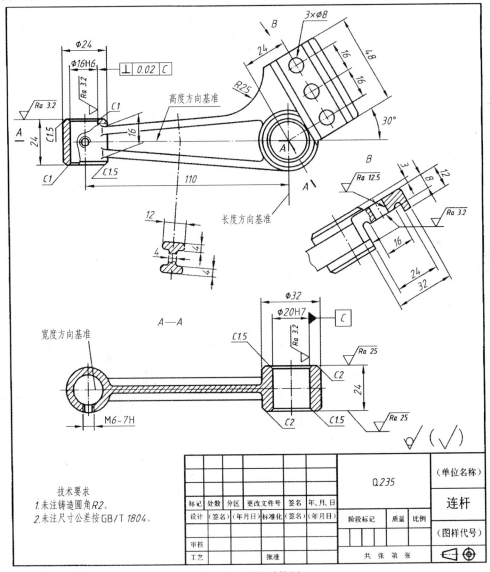

图 9-9　连杆零件图

视图数量较多。对一些不平行于基本投影面的结构形状，常采用斜视图、斜剖视图和断面图来表示。

4. 箱体类零件

通常把机床床身、泵体、变速器的壳体等归纳为箱体类零件，这类零件通常是部件的主体，有较大的空腔，用于支承、包容、保护相关零件。除根据设计要求箱体类零件本身结构形状可能比较复杂外，其上常有形状、大小各异的孔、凸台、肋板、底板等结构。

由于箱体类零件结构都较复杂，且加工工序较多，表达方案不必过多考虑加工位置，一般以形状特征和工作位置来确定主视图。箱体类零件常需用三个或三个以上的基本视图，针对外部和内部结构形状的复杂情况，可采用全剖视、半剖视与局部剖视。对局部的内、外部结构形状可采用斜视图、局部视图、局部剖视图和断面图来表示，如图9-10所示。

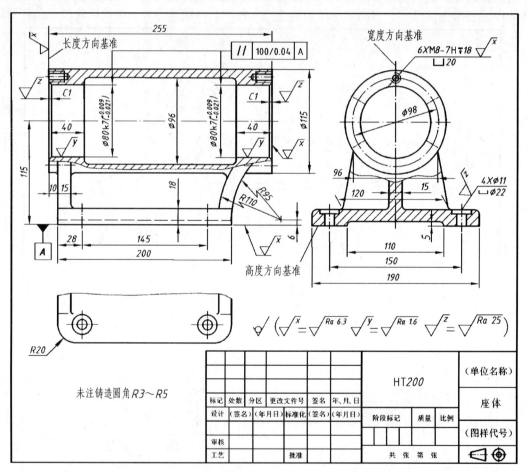

图 9-10　箱体类零件（铣刀头座体的零件图）

9.3　零件的工艺结构

零件结构形状的设计，既要根据它在机器（或部件）中的作用，又要考虑加工制造的可能性以及是否加工方便。因此，在画零件图时，应该使零件的结构既能满足使用要求，又要使其制造加工方便、合理，即满足工艺要求。

机器零件大部分是通过铸造和机械加工来制造的，下面介绍一些铸造和机械加工对零件结构的工艺要求。

9.3.1 铸造零件的工艺结构

1. 起模斜度

为了在造型时能将模样顺利地从砂型中取出，铸件应沿着起模方向有一定的斜度，这个斜度称为**起模斜度**，如图 9-11 所示。

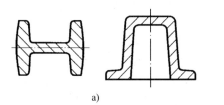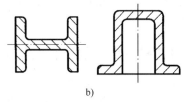

图 9-11 起模斜度

a）合理 b）不合理

起模斜度的大小通常为 1:100 ~ 1:20；用角度表示时，木模常为 1° ~ 3°；金属模用手工造型时为 1° ~ 2°，用机械造型时为 0.5° ~ 1°。

铸件的起模斜度（不大于 3°）在零件图上一般不画、不标。必要时，可在技术要求中说明。当需要在图中表达起模斜度时，如在一个视图中已表达清楚，其他视图可按小端画出。

2. 铸造圆角

在铸件各表面相交处应做成光滑过渡即铸造圆角，如图 9-12 所示。有了圆角后既便于起模，又能防止在浇铸金属液时将砂型转角处冲坏，还可以避免铸件在冷却时产生裂纹或缩孔。

圆角半径一般取壁厚的 0.2 ~ 0.4，在同一铸件上圆角半径的种类应尽可能少。零件图中，铸造圆角应注出。如果一个表面经加工后铸造圆角被切削掉，此时应画成尖角。

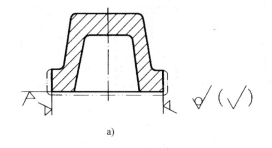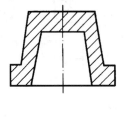

图 9-12 铸造圆角

a）合理 b）不合理

3. 铸件壁厚

铸件的壁厚应均匀。铸件在浇注后的冷却过程中，容易因厚薄不均匀而产生裂纹和缩孔。为了避免这种现象出现，铸件各处的壁厚应尽量均匀或逐渐过渡，如图 9-13 所示。

图 9-13　铸件壁厚
a）合理　b）不合理

要注意的是，铸件结构宜尽量简单、紧凑，这样可以节省制造铸型工时，减少造型材料消耗，降低成本。

9.3.2　零件机械加工的工艺结构

1. 倒角和倒圆

为了去除零件的毛刺、锐边和便于装配，轴端、孔口、台肩及轮缘等处，一般都加工成倒角；为了避免因应力集中而产生裂纹，轴肩转角处往往加工成圆角过渡，称为倒圆。如图 9-14 所示。

在零件图中，倒角和倒圆应该画出并标注。

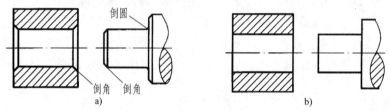

图 9-14　倒角和倒圆
a）合理　b）不合理

2. 退刀槽和砂轮越程槽

在切削加工中，特别是在车削螺纹和磨削时，为了容易退出刀具或使砂轮可以稍稍越过加工面，常在加工表面的凸肩处预先加工出退刀槽和砂轮越程槽，如图 9-15 所示。

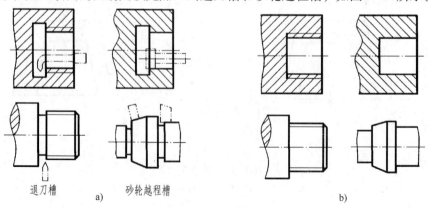

图 9-15　退刀槽和砂轮越程槽
a）合理　b）不合理

在零件图中，退刀槽和越程槽应该画出并标注尺寸。

3. 钻孔结构

钻孔时，要求钻头轴线垂直于被钻孔的端面，以保证钻孔位置准确和避免钻头折断。若要在曲面、斜面上钻孔，应预先把钻孔口表面做成与轴线垂直的凸台、凹坑或平面，如图9-16a 所示。

钻不通孔时，在底部有一个120°的锥角，锥孔深度指圆柱部分的深度，不包括锥坑。在阶梯形钻孔的过渡处，也存在锥角为120°的圆台，在零件图中，应该画出这个圆锥角。

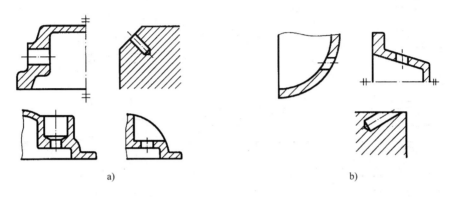

a)   b)

图 9-16　钻孔结构

a）合理　b）不合理

4. 键槽

同一轴上的两个键槽应在同侧，便于一次装夹加工。不要因加工键槽而使机件局部过于单薄，致使强度减弱。必要时可增加键槽处的壁厚，如图9-17所示。

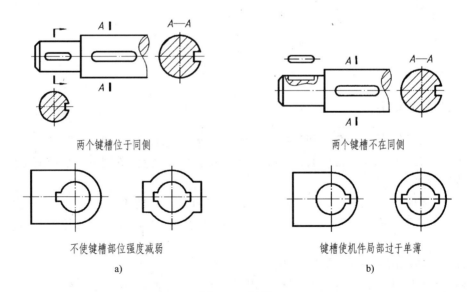

两个键槽位于同侧   两个键槽不在同侧

不使键槽部位强度减弱   键槽使机件局部过于单薄

a)   b)

图 9-17　键槽

a）合理　b）不合理

5. 凸台、凹槽、凹坑

为了保证零件间接触良好，零件上与其他零件的接触面，一般都要加工。为了减少加工面积，节省材料，降低制造费用，常在铸件上设计出凸台、沉孔（凹坑）、凹槽或凹腔的结构，如图9-18所示。

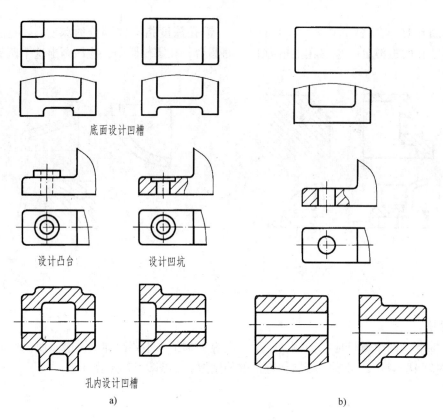

底面设计凹槽

设计凸台　　　　设计凹坑

孔内设计凹槽

a)　　　　　　　　　　　　　　　　b)

图9-18　凸台、凹槽、凹坑

a）合理　b）不合理

9.3.3　过渡线画法

由于零件上存在铸造圆角，两形体表面相交时所产生的相贯线就不太明显，为了能在看图时区分不同的表面，实际绘图时，仍在两形体相贯线的理论位置用细实线画出交线，这种交线称为**过渡线**。

过渡线与相贯线的主要区别有两点：一是过渡线用细实线绘制；二是过渡线的端部不与轮廓线相连，留有间隙（画到没有圆角时原相贯线与原曲面轮廓线的理论交点处），如图9-19所示。

下面以具体示例来说明过渡线的画法。

示例1　图9-20所示为不等径圆柱面相贯、等径圆柱面相贯、圆柱面与圆锥面相接的过渡线的画法。

示例2　图9-21a所示为平面与平面有圆角相交时过渡线的画法；图9-21b所示为平面与曲面有圆角相交时过渡线的画法。过渡线画在两个面的理论相交处，平面的两侧轮廓线画

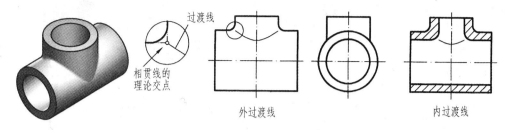

图 9-19　两曲面相交的过渡线

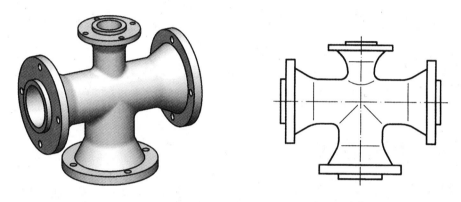

图 9-20　圆柱面相贯、圆柱面与圆锥面相接的过渡线

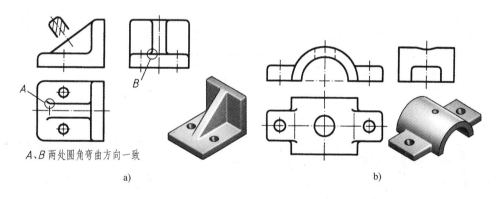

a)　　　　　　　　　　　　　　　　b)

图 9-21　平面与平面或平面与曲面相交的过渡线

a）平面与平面有圆角相交时过渡线的画法　b）平面与曲面有圆角相交时过渡线的画法

小圆弧，其弯曲方向与铸造圆角的弯曲方向一致。

　　示例 3　图 9-22a 所示为断面为矩形的板，在有圆角时连接两圆柱面的画法：如果板与圆柱面相切，不画过渡线；如果板与圆柱面相交，则画过渡线。图 9-22b 所示为断面为长圆形的板，在有圆角时连接两圆柱面的画法：如果板与圆柱面相切，过渡线不相交，如果板与圆柱面相交，过渡线不断开。

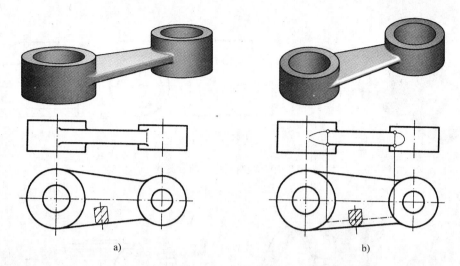

图 9-22 圆柱面与板状形体相交的过渡线

a）断面为矩形的板连接两圆柱面的画法 b）断面为长圆形的板连接两圆柱面的画法

9.4 零件图的尺寸标注

零件图上的尺寸是零件加工、检验的重要依据。遗漏一个尺寸，零件加工就无法进行；注错一个尺寸，整个零件就可能报废。因此，在绘制零件图时，应高度重视尺寸标注。

零件图尺寸标注的基本要求是：**正确、完整、清晰、合理**。关于正确、完整、清晰，在第 5 章中已经进行过讨论，这里不再重述。所谓合理，即标注的尺寸既要满足设计要求，又要满足工艺要求，也就是说，既要保证零件在机器中的工作性能，又要使加工、测量方便。而要真正做到这一要求，需要设计者具备一定的专业知识和生产实际经验。本节只简单介绍零件尺寸合理性的基本知识。

9.4.1 尺寸基准

零件在设计、制造和检验中度量尺寸的起点，称为**尺寸基准**。根据基准的作用不同，可把基准分为设计基准和工艺基准。

1. 设计基准

根据零件在机器中的作用及结构特点，为保证零件的设计要求，用以确定零件在机器或部件中准确位置的点、线、面，称为**设计基准**。设计基准是尺寸标注时的主要尺寸基准。

任何零件都有长、宽、高三个方向的尺寸基准，且每个方向只能选择一个主要设计基准。纯回转体只有径向和轴向设计基准。

常见的设计基准有：零件上主要回转结构的轴线；零件结构的对称中心面；零件的重要支承面、装配面、两零件的重要结合面；零件的主要加工面。

从设计基准出发标注尺寸，可以直接反映设计要求，能体现零件在部件中的功能。图 9-23 所示为一个轴承挂架。在机器中，轴承挂架要准确定位于安装位置才能工作，因此，设计轴承挂架时，尺寸基准必须首先满足这个条件。以安装面 I 作为长度方向的设计基准，

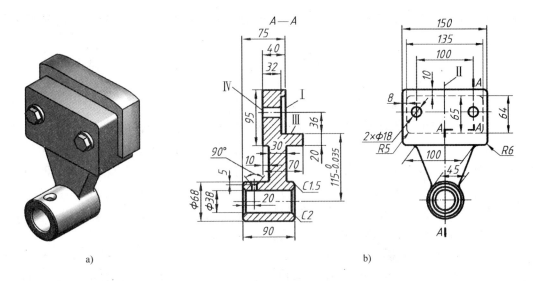

图 9-23　轴承挂架

a）轴承挂架安装方法　b）轴承挂架设计基准

可确定轴承挂架在机器中的左右位置。以对称面Ⅱ作为宽度方向的设计基准，挂架宽度方向的尺寸关于面Ⅱ对称标注，如两安装孔的孔距 100mm 关于面Ⅱ对称标注，可保证轴承挂架在机器中的前后准确位置；用安装面Ⅲ作为高度方向的设计基准，可确定轴承挂架在机器中的上、下位置，例如，以此为起点标注尺寸 115mm，可保证轴承挂架的轴承孔在机器中的上、下准确位置。

2. 工艺基准

工艺基准是在加工或测量时，确定零件相对机床、工装或量具位置的面、线或点。

从工艺基准出发标注尺寸，可直接反映工艺要求，便于操作和保证加工、测量质量。如图 9-24 所示阶梯轴，E 面为轴向设计基准，因为工作时以其定位。但是，如果轴向尺寸均以 E 面为起点标注，对加工、测量则不方便。若以右端面为起点标注尺寸，则符合图 9-24b

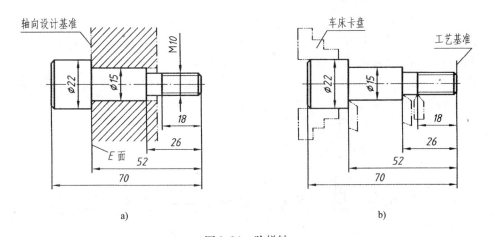

图 9-24　阶梯轴

a）阶梯轴的设计基准　b）阶梯轴的加工情况及工艺基准

所示阶梯轴在车床上的加工情况，所以确定右端面为工艺基准，但在两基准之间必须标注一个联系尺寸（如52mm）。

在标注尺寸时，如果可能，最好使设计基准和工艺基准重合，这样可减少误差的积累，既满足设计要求，又保证工艺要求。

3. 主要基准和辅助基准

从制造工艺角度来讲，根据零件本身的结构、功能要求，同方向的设计基准、工艺基准都不一定是一个。当同一方向不止一个尺寸基准时，根据基准的重要性可将其分为主要基准和辅助基准。如图9-23所示，安装面I是长度方向的主要基准，而面Ⅳ就是一个辅助基准，从主要基准标注尺寸75mm、40mm，从辅助基准标注尺寸32mm、10mm、70mm。

辅助基准与主要基准之间必须有直接的尺寸联系，图9-23中是通过尺寸40mm将辅助基准与主要基准相联系起来的。

4. 典型零件的尺寸基准

1）轴、套类零件设计基准分为径向和轴向两个方向。这类零件的径向尺寸基准是轴线，轴向尺寸基准常选择重要的端面及轴肩。图9-7中轴向尺寸基准为柱塞套的左端面。

2）以回转体为主要结构的轮、盘类零件通常选用通过轴孔的轴线作为径向设计基准，轴向基准通常为重要的端面或接合面。图9-8中轴向设计基准为端盖右侧的定位接触面。

3）叉架类零件的结构较复杂，通常以重要结构的对称中心线、轴线或表面作为尺寸基准。在图9-9中，长度方向设计基准是右侧大圆筒轴线，宽度方向尺寸基准为前后对称面。高度方向尺寸基准为左、右两圆筒的上下对称面。

4）箱体类零件一般要考虑长、宽、高三个方向的设计基准，主要基准也是采用重要结构的对称中心线、轴线、对称平面和较大的加工平面。在图9-10中，长度方向设计基准是左端面，宽度方向尺寸基准为前后对称面，高度方向尺寸基准为下底面。

9.4.2 合理标注尺寸应注意的问题

1. 主要尺寸和非主要尺寸的标注

凡是直接影响零件使用性能和安装精度的尺寸称为主要尺寸。主要尺寸包括零件的规格性能尺寸、有配合要求的尺寸、确定零件之间相对位置的尺寸、用于连接和安装的尺寸等，它们一般都有较高的精度要求。**主要尺寸要直接注出。**

如图9-25所示的两种标注，表面看似乎一样，但实际上这两种注法的结果不同。从分析该轴承座的设计要求可知，其中心高尺寸 h 是主要尺寸。图9-25b所示的错误就是主要尺

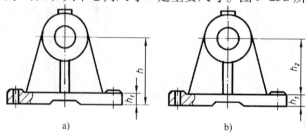

图9-25 主要尺寸直接标注图

a）正确　b）错误

寸没有从基准直接标注，而是标注尺寸 h_1 和 h_2，使得加工时 h 会受 h_1 和 h_2 两个尺寸影响，精度不易保证，也给加工增加难度。

仅满足零件的力学性能、结构形状和工艺要求等方面的尺寸称为非主要尺寸。非主要尺寸包括外形轮廓尺寸，无配合要求、工艺要求的尺寸，如退刀槽、凸台、凹坑、倒角等。非主要尺寸一般都不注公差。

2. 不要注成封闭尺寸链

封闭尺寸链是头尾相接，形成一个封闭圈的一组尺寸，每个尺寸称为尺寸链中的一环。

图 9-26 所示的尺寸 h、h_1 和 h_2 是一封闭尺寸链。这样标注的尺寸，一方面，由于加工时要保证每一个尺寸的精度要求，会增大加工成本；另一方面，任意两个尺寸的误差会累积到另一个尺寸，造成另一个尺寸可能达不到设计要求。例如，h_1 和 h_2 各自的误差可能都在要求范围内，但其误差之和可能会导致超出 h 的误差，从而使 h 达不到精度要求。因此，在实际标注尺寸时，都是选一个不重要的环不标注，称它为开口环。这时开口环的尺寸误差是其他各环尺寸误差之和，因为它不重要，对设计要求没有影响。

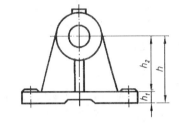

图 9-26　不能注成封闭尺寸链

3. 按加工顺序标注尺寸

按加工顺序标注尺寸，符合加工过程，便于加工和测量，如图 9-27 所示。

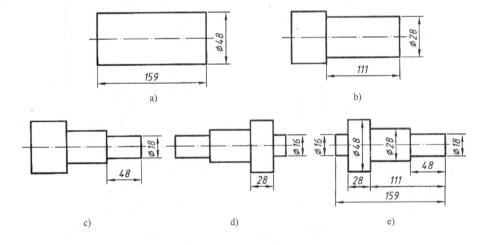

图 9-27　按加工顺序标注尺寸

a）落料，定 159mm 尺寸　b）车 ϕ28mm，定 111mm 尺寸

c）车 ϕ18mm 外圆，定 48mm 尺寸　d）调头车 ϕ16mm 外圆，留 28mm 尺寸　e）按加工顺序标注尺寸

4. 应考虑测量方便

零件图的尺寸标注，应考虑测量和检验的方便，同时尽量做到使用普通量具就能测量，以减少专用量具的设计和制造。图 9-28a 所示标注正确，因为量具可从零件的具体位置进行测量；图 9-28b 所示标注不正确。图 9-29a 所示标注正确，因为便于从零件的外部进行测量；图 9-29b 所示标注不正确，因为其中的尺寸 l 是一个内部尺寸，不便测量。

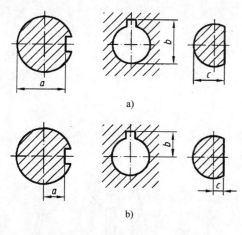

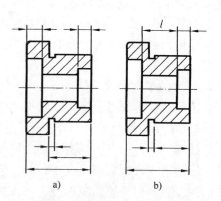

图 9-28　标注尺寸要便于测量例 1
a) 正确　b) 不正确

图 9-29　标注尺寸要便于测量例 2
a) 正确　b) 不正确

5. 加工面和非加工面分开标注

对于铸造、锻造零件，同一方向的加工面和非加工面应各选基准分别标注各自尺寸，并且两个基准之间只允许有一个联系尺寸。如图 9-30a 所示，零件的非加工面间由一组高度尺寸 m_1、m_2、m_3、m_4 相联系；加工面间由另一组高度尺寸 l_1、l_2 相联系；加工基准面与非加工基准面之间的高度尺寸由一个尺寸 h 相联系。图 9-30b 所标注的尺寸是不合理的，因为只有上、下表面是加工面，零件下表面加工后要同时保证 h 尺寸、k 尺寸、n 尺寸，显然不合理。

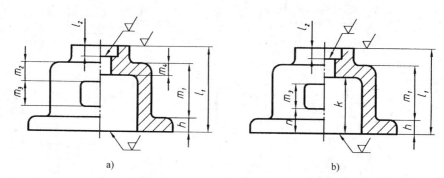

图 9-30　非加工面与加工面的尺寸标注
a) 合理　b) 不合理

9.4.3　零件上常见结构的尺寸标注

1. 圆角尺寸标注

铸件上的圆角或切削加工的不重要圆角，可在技术要求中或图样空白处用文字说明。当圆角的尺寸全部相同时，可写明："全部圆角 $R \times$"。若某个圆角尺寸占多数时，这些圆角的尺寸不必一一标注，可统一写明："未注尺寸的铸造圆角为 $R \times$"或"未注圆角为 $R \times$"。如图 9-2 中的文字说明。

2. 倒角尺寸标注

45°的倒角可使用符号 C，标注方法如图 9-31a 所示。倒角也可以是 30°或 60°，但要分开标注倒角度数和轴向尺寸，如图 9-31b 所示。

如果图样中倒角尺寸全部相同或某个尺寸占多数时，可在技术要求中或图样空白处作总的说明，如"全部倒角 $C1.5$"或"其余倒角 $C1$"。

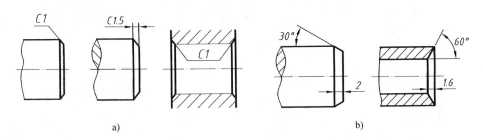

图 9-31 倒角尺寸标注

a) 45°倒角注法 b) 非 45°倒角注法

3. 退刀槽和砂轮越程槽的尺寸标注

退刀槽和砂轮越程槽一般可按"槽宽×槽深"或"槽宽×直径"的形式标注，如图 9-32a、b 所示（注意：实际绘图时，图 9-32a 中的尺寸（a）和图 9-32b 中的尺寸（d_1）不需标出）。退刀槽宽度直接注出，便于切槽时选择刀具。在图样上，退刀槽和砂轮越程槽常常用局部放大图表示，如图 9-32c 所示。退刀槽和砂轮越程槽的结构和尺寸查阅相关国家标准。

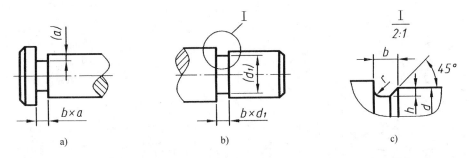

图 9-32 退刀槽和砂轮越程槽尺寸标注

a) 按"槽宽×槽深"标注 b) 按"槽宽×直径"标注 c) 局部放大图

4. 常见孔的尺寸标注

常见孔的尺寸标注方法见表 9-1。

表 9-1 常见孔的尺寸标注方法

类型		旁注法		普通注法	说　明
螺孔	通孔	$3×M6$	$3×M6$	$3×M6$	$3 × M6$ 表示直径为 6mm 均匀分布的三个螺纹孔。可以旁注，也可以直接注出

（续）

类型		旁注法		普通注法	说　明
螺孔	不通孔	3×M6-7H▼10	3×M6-7H▼10	3×M6-7H	螺纹孔深度可与螺纹孔直径连注，也可分开注出
	一般孔	3×M6▼10 孔▼12	3×M6▼10 孔▼12	3×M6	需要注出孔深时，应明确标注孔深尺寸
光孔	一般孔	4×Ø5▼10	4×Ø5▼10	4×Ø5	4×φ5 表示直径为 5mm 均匀分布的四个光孔。孔深可与孔径连注，也可以分开注出
	精加工孔	4×Ø5$^{+0.012}_{0}$▼10 钻▼12	4×Ø5$^{+0.012}_{0}$▼10 钻▼12	4×Ø5$^{+0.012}_{0}$▼10	光孔深为 12mm，钻孔后需精加工至 φ5$^{+0.012}_{0}$ mm，深度为 10mm
	锥销孔	锥销孔Ø5 配作	锥销孔Ø5 配作	锥销孔无普通注法	φ5mm 为与锥销孔相配的圆锥销小头直径。锥销孔通常是相邻两零件装在一起时加工的
沉孔	锥形沉孔	6×Ø7 ∨Ø13×90°	6×Ø7 ∨Ø13×90°	90° Ø13 6×Ø7	"∨" 为埋头孔符号。6×φ7 表示直径为 7mm 均匀分布的 6 个孔
	柱形沉孔	4×Ø7 ⊔Ø10▼3.5	4×Ø7 ⊔Ø10▼3.5	Ø10 3.5 4×Ø7	"⊔" 为锪平孔、沉孔符号。沉孔的小直径为 7mm，大直径为 10mm，深度为 3.5mm，都要标注
	锪平孔	4×Ø7 ⊔Ø16	4×Ø7 ⊔Ø16	⊔Ø16 4×Ø7	锪平孔 φ16mm 的深度不需标注，一般锪平到不出现毛坯表面为止

9.5 表面结构

表面结构是指零件表面的几何形貌。零件的表面状况不仅直接影响零件的配合精度、耐磨程度、抗疲劳强度、抗腐蚀性、密封性，还会影响流体运动阻力的大小、导电、导热等性能。因此，零件的表面特征状况直接关系零件的质量。

国家标准（GB/T 131—2006）《产品几何技术规范（GPS）技术产品文件中表面结构的表示法》规定了技术产品文件中表面结构的表示法，技术产品文件包括图样、说明书、合同、报告等。同时给出了表面结构标注用图形符号和标注方法。

9.5.1 表面结构的评定参数

评定表面结构的主要参数有三个：

1）轮廓参数——与标准 GB/T 3505—2009 相关的参数：R 轮廓参数（粗糙度轮廓参数）、W 轮廓参数（波纹度轮廓参数）、P 轮廓参数（原始轮廓参数）。

2）图形参数——与标准 GB/T 18618—2009 相关的参数：粗糙度图形参数、波纹度图形参数。

3）支承率参数——与标准 GB/T 18778.2—2009 相关的参数：基于线性支撑率曲线参数；与标准 GB/T 18778.3—2009 相关的参数：基于概率支撑率曲线参数。

关于这些参数的定义请参看相应的国家标准。本节所列举的主要示例是应用最广的 R 轮廓参数（粗糙度轮廓参数）中的**轮廓算术平均偏差 Ra** 和**轮廓最大高度 Rz** 在图样上的标注方法。

注：GB/T 131—2006 的表面结构标准较 GB/T 131—1993（《机械制图　表面粗糙度符号、代号及其注法》）标准从定义到代号都有很大变化，例如，R 轮廓参数的两个参数：轮廓算术平均偏差用 Ra，轮廓最大高度用 Rz。旧标准 GB/T 131—1993 中表面粗糙度的下角标写法，如轮廓算术平均偏差 Ra、轮廓最大高度 Ry、微观不平度十点高度 Rz 不再使用。Rz 不再被认可为标准代号。新的 Rz 为原 Ry 的定义。

1. 表面粗糙度的概念

由于金属塑性、刀痕和加工技术等原因的影响，零件的表面不可能加工到理想的光滑表面。在放大镜或显微镜下面观察，可以看到高低不平的状况，高起的部分称为峰，低凹的部分称为谷，如图 9-33 所示。加工表面上具有的某一定间距的峰、谷所组成的微观几何形状显示零件表面的粗糙程度。

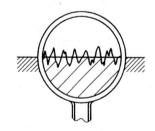

图 9-33　表面粗糙度微观形状

2. R 轮廓参数 Ra 和 Rz 的定义

根据 GB/T 3505—2009，Ra 和 Rz 定义如下：

1）Ra（**轮廓算术平均偏差**）：在取样长度（用于判别被评定轮廓不规则特征的一段基准线长度）内，轮廓偏距（表面轮廓线上任一点到基准线的距离 Z）绝对值的算术平均值用参数 Ra 表示，如图 9-34 所示。用公式表示为

$$Ra = \frac{1}{l}\int_0^l |Z(x)|\,\mathrm{d}x \text{ 或 } Ra \approx \frac{1}{n}\sum_{i=1}^n |Z_i|$$

2）Rz（**轮廓最大高度**）：在一个取样长度内，最大轮廓峰高和最大轮廓谷深之和用参数 Rz 表示，如图 9-34 所示。

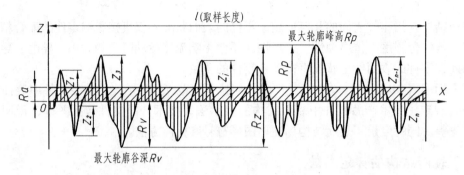

图 9-34　参数 Ra 和 Rz

GB/T 1031—2009 规定表面粗糙度参数 Ra、Rz 的数值系列见表 9-2。

表 9-2　表面粗糙度参数 Ra、Rz 的数值系列（GB/T 1031—2009）　（单位：μm）

轮廓算术平均偏差 Ra				轮廓最大高度 Rz				
0.012	0.2	3.2	50	0.025	0.4	6.3	100	1600
0.025	0.4	6.3	100	0.05	0.8	12.5	200	—
0.05	0.8	12.5	—	0.1	1.6	25	400	—
0.1	1.6	25	—	0.2	3.2	50	800	—

注：在表面粗糙度参数常用的参数范围内（Ra 为 0.025 ~ 6.3 μm，Rz 为 0.1 ~ 25 μm），推荐优先选用 Ra。

9.5.2　表面结构的符号、代号

1. 表面结构的符号

标注表面结构的图形符号见表 9-3。

表 9-3　标注表面结构的图形符号（GB/T 131—2006）

名称		图形符号	说　　明
基本图形符号			基本图形符号仅用于简化代号标注，没有补充说明时不能单独使用 如果基本图形符号与补充的或辅助的说明一起使用，则不需要进一步说明为了获得指定的表面是否应去除材料或不去除材料
扩展图形符号	要求去除材料的图形符号		表示指定表面是用去除材料的方法获得，如通过机械加工获得的表面（如车、铣、刨、磨、抛光等）
	不允许去除材料的图形符号		表示指定表面是用不去除材料方法获得（如铸、锻或保持上道工序形成的表面等）

（续）

名称	图形符号	说　明
完整图形符号 （要求标注表面结构特征的补充信息时采用）	✓	允许任何工艺 在报告和合同的文本中用文字表达该符号时，使用 APA
	✓	去除材料 在报告和合同的文本中用文字表达该符号时，使用 MRR
	✓	不去除材料 在报告和合同的文本中用文字表达该符号时，使用 NMR
工件轮廓各表面的图形符号		当在图样某个视图上构成封闭轮廓的各表面有相同的表面结构要求时，应在完整图形符号上加一圆圈，标注在图样中工件的封闭轮廓线上，如下图所示 如果标注会引起歧义时，各表面应分别标注 a)视图　　　　b)立体图 图 a 的表面结构符号是指对图 b 中封闭轮廓的 1~6 的六个面的共同要求（不包括前后面）

表面结构图形符号的画法如图 9-35 所示，附加标注的尺寸见表 9-4。

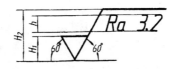

图 9-35　表面结构图形符号的画法

表 9-4　表面结构图形符号附加标注的尺寸　　　　　（单位：mm）

数字和字母高度 h（GB/T 14690）	2.5	3.5	5	7	10	14	20
符号线宽	0.25	0.35	0.5	0.7	1	1.4	2
字母线宽							
高度 H_1	3.5	5	7	10	14	20	28
高度 H_2（最小值）[①]	7.5	10.5	15	21	30	42	60

① H_2 取决于标注内容。

2. 表面结构完整图形符号的组成

为了明确表面结构要求，除了标注表面结构参数代号和数值外，必要时应标注补充要求。补充要求包括传输带、取样长度、评定长度、极限值、加工工艺、表面纹理及方向、加工余量等。但如果表面结构参数标准中规定了默认值，可简化标注，不必注出。

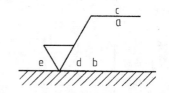

注：由于本书重点讲述的是表面结构的标注，关于传输带、取样长度、评定长度、极限值、加工工艺、表面纹理及方向等，请参看随书光盘中的 Word 文件《表面结构参数的意义、标注及示例》或国家标准（GB/T 131—2006）《产品几何技术规范（GPS）技术产品文件中表面结构的表示法》

图 9-36　补充要求的注写位置（a～e）

在完整符号中，对表面结构的单一要求和补充要求应注写在图 9-36 所示的指定位置。

图 9-36 所示的位置 a～e 的注写内容见表 9-5。

表 9-5　表面结构补充要求的注写内容

位置	注 写 内 容
a	注写表面结构的单一要求：表面结构参数代号、极限值和传输带或取样长度 为了避免误解，在参数代号和极限值间应插入空格，如 Rz 6.3
b	注写第二个表面结构要求。还可以注写第三个或更多个表面结构要求，此时，图形符号应在垂直方向扩大，以空出足够的空间。扩大图形符号时，a 和 b 的位置随之上移
c	注写加工方法、表面处理、涂层或其他加工工艺要求等。如车、磨、镀等加工表面
d	注写所要求的表面纹理和纹理的方向
e	注写所要求的加工余量，以毫米为单位给出数值

9.5.3　表面结构要求的注法

表面结构要求对每一表面一般只标注一次，并尽可能标注在相应的尺寸及其公差的同一视图上。除非另有说明，所标注的表面结构要求是对完工零件表面的要求。

1. 表面结构符号、代号的标注位置与方向

总的原则是根据 GB/T 4458.4 的规定，使表面结构的注写和读取方向与尺寸的注写和读取方向一致，如图 9-37 所示。

（1）标注在轮廓线上或指引线上　表面结构要求可标注在轮廓线上，其符号应从材料外指向表面并接触表面。必要时，表面结构符号也可用带箭头或黑点的指引线引出标注，如图 9-38、图 9-39 所示。

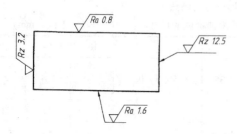

图 9-37　表面结构要求的注写方向

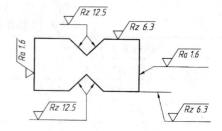

图 9-38　表面结构要求在轮廓线上的标注

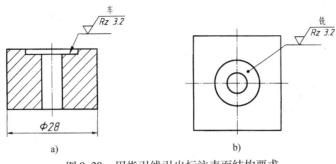

a)　　　　　　　　　　　　　　　　b)

图 9-39　用指引线引出标注表面结构要求

a）表面结构符号用带箭头的指引线引出标注　b）表面结构符号用带黑点的指引线引出标注

（2）标注在特征尺寸的尺寸线上　在不致引起误解时，表面结构要求可以标注在给定的尺寸线上，如图 9-40 所示。

（3）标注在几何公差的框格上　表面结构要求可标注在几何公差框格的上方，如图 9-41a、b 所示。

（4）标注在延长线上　表面结构要求可以直接标注在延长线上，或用带箭头的指引线引出标注，如图 9-38 和图 9-42 所示。

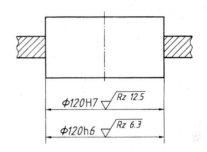

图 9-40　表面结构要求标注在尺寸线上

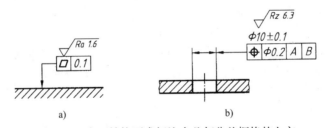

a)　　　　　　　　　　　　　b)

图 9-41　表面结构要求标注在几何公差框格的上方

a）表面结构要求注在形状公差框格上方　b）表面结构要求注在位置公差框格的上方

（5）标注在圆柱和棱柱表面上　圆柱和棱柱表面的表面结构要求只标注一次，如图 9-42 所示。如果每个棱柱表面有不同的表面结构要求，则应分别单独标注，如图 9-43 所示。

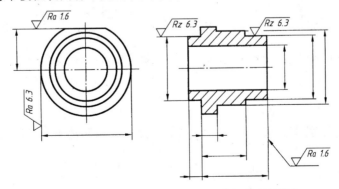

图 9-42　表面结构要求标注在圆柱特征的延长线上

（6）**同一表面上有不同表面结构要求的标注**　零件同一表面上有不同的表面结构要求时，须用细实线画出其分界线，并注出相应的表面结构代号和尺寸，如图9-44所示。

（7）**需局部热处理或涂镀时表面结构的标注**　零件需局部热处理或涂镀时，应在其轮廓线上方用粗点画线画出范围并注出尺寸，在粗点画线上标注表面结构代号，如图9-45所示。

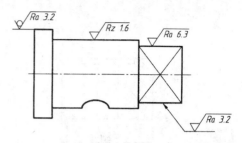

图9-43　圆柱和棱柱的表面结构要求的注法

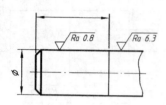

图9-44　同一表面上有不同表面结构要求的标注

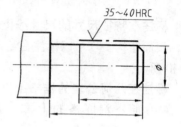

图9-45　局部热处理或涂镀时表面结构的标注

2. 表面结构要求的简化注法

（1）**有相同表面结构要求的简化注法**　如果在工件的多数（包括全部）表面有相同的表面结构要求，则其表面结构要求可统一标注在图样的标题栏附近。此时（除全部表面有相同要求的情况外），表面结构要求的符号后面应有：

注法一：在圆括号内给出无任何其他标注的基本符号，如图9-46所示；

注法二：在圆括号内给出不同的表面结构要求，如图9-47所示。

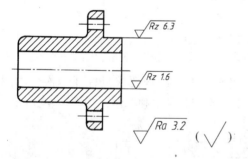

图9-46　大多数表面有相同表面结构要求的
简化注法（一）

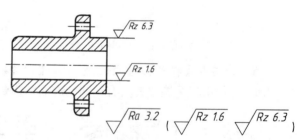

图9-47　大多数表面有相同表面结构要求的
简化注法（二）

不同的表面结构要求应直接标注在图形中，如图9-46和图9-47所示。

（2）**多个表面有共同要求的注法**　当多个表面具有相同的表面结构要求或图纸空间有限时，可以采用简化注法。

1）**用带字母的完整符号的简化注法**。可用带字母的完整符号，以等式的形式在图形或标题栏附近对有相同表面结构要求的表面进行简化标注，如图9-48所示。

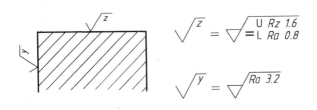

图 9-48　在图纸空间有限时的简化注法

2）只用表面结构符号的简化注法。可用表面结构的基本图形符号和扩展图形符号，以等式的形式给出对多个表面共同的表面结构要求，如图 9-49 所示。

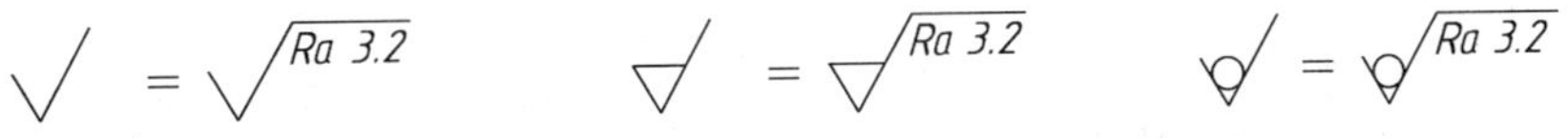

图 9-49　对多个表面共同的表面结构要求的简化注法
a）未指定工艺方法的简化注法　b）要求去除材料的简化注法　c）不允许去除材料的简化注法

（3）两种或多种工艺获得的同一表面的注法　由几种不同的工艺方法获得的同一表面，当需要明确每种工艺方法的表面结构要求时，可按图 9-50 所示进行标注。

3. 常用零件的表面结构标注

（1）中心孔、键槽、圆角、倒角的表面结构的标注　采用图 9-51 所示的方法标注。

（2）零件上连续表面及重复要素（孔、槽、齿……）的表面结构标注　图 9-52a 所示为零件上连续表面的表面结构标注；图 9-52b 所示为内花键的表面结构标注；图 9-52c 所示为用细实线连接的不连续的同一表面的表面结构标注。

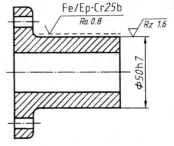

图 9-50　同时给出镀覆前后的表面结构要求的注法

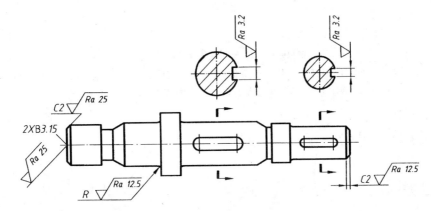

图 9-51　中心孔、键槽、圆角、倒角的表面结构的标注

（3）特殊要素表面结构的标注　齿轮、渐开线花键、螺纹等工作表面没有画出齿（牙）

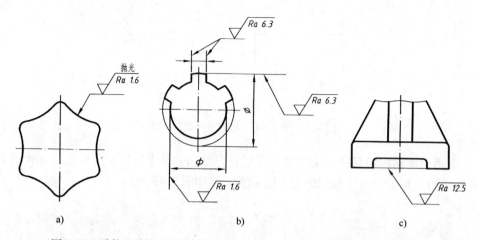

图 9-52　零件上连续表面及重复要素（孔、槽、齿……）的表面结构标注

a）连续表面的表面结构标注　b）内花键的表面结构标注　c）不连续的同一表面的表面结构标注

型时，其表面结构代号可分别标注在齿轮分度线上、花键齿中径线上、螺纹尺寸线上，如图 9-53 所示。

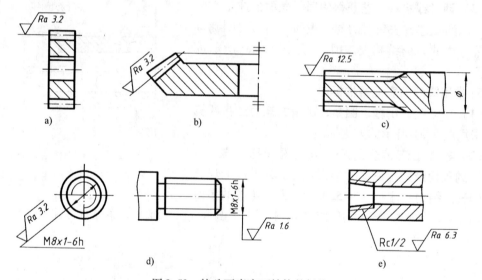

图 9-53　特殊要素表面结构的标注

a）圆柱齿轮的轮齿表面结构标注　b）锥齿轮的轮齿表面结构标注　c）渐开线花键齿的表面结构标注
d）普通螺纹工作表面表面结构标注　e）圆锥管螺纹工作表面表面结构标注

9.6　极限与配合

9.6.1　公差

1. 零件的互换性

同一规格的零件，不经挑选或修配，任取一个，装配到机器上就能满足机器的性能要

求，零件的这种性质称为**互换性**。零件的互换性具有非常重要的意义，使得零件便于大规模专业化生产，提高产品质量，降低生产成本，便于机器的维修。

2. 公差概念

在制造零件的过程中，由于机床精度、刀具磨损、测量误差等实际因素的影响，零件的尺寸实际上不可能达到一个绝对理想的固定数值，都会出现一定的尺寸误差，如果这个误差在一个合理的范围内，也认为这个零件是合格的，即满足互换性。这个合理的尺寸误差范围，就是零件加工时允许其尺寸的变动量，称为**尺寸公差**（简称**公差**）。

公差的大小反映零件的尺寸精度。公差越大，零件的尺寸精度越低，零件易于加工；公差越小，零件的尺寸精度越高，零件不易加工。

3. 公差的有关术语

（1）**要素** 要素是指零件上的几何特征——点、线或面。

（2）**公称尺寸** 由图样规范确定的理想形状要素尺寸，称为公称尺寸。公称尺寸常常是设计时所给定的尺寸（见图9-54）。

（3）**实际要素尺寸** 零件制成后，通过测量所得的尺寸，称为**实际要素尺寸**。

（4）**极限尺寸** 极限尺寸是指尺寸要素允许的尺寸的两个极端。尺寸要素允许的最大尺寸，称为**上极限尺寸**；尺寸要素允许的最小尺寸称为**下极限尺寸**。零件的实际（要素）尺寸只要在上、下极限尺寸之间就算合格。

（5）**零线** 零线是指在极限与配合图解中，表示公称尺寸的一条直线，以其为基准确定偏差和公差（见图9-54）。通常，零线沿水平方向绘制，正偏差位于其上，负偏差位于其下。

（6）**偏差** 某一尺寸减其公称尺寸所得的代数差，称为偏差。

（7）**极限偏差** 极限偏差分为**上极限偏差**和**下极限偏差**：上极限偏差——上极限尺寸减其公称尺寸所得的代数差；下极限偏差——下极限尺寸减其公称尺寸所得的代数差。上、下极限偏差可以是正值、负值或零。

国家标准规定：孔的上、下极限偏差代号分别为 ES 和 EI；轴的上、下极限偏差代号分别为 es 和 ei，如图9-54 所示。

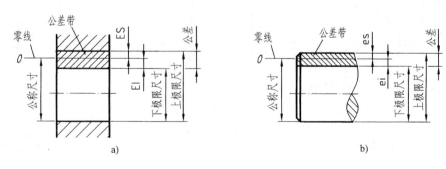

图9-54 公差术语

a）孔 b）轴

（8）**尺寸公差**（简称**公差**） 尺寸公差是指允许尺寸的变动量。

尺寸公差 ＝ 上极限尺寸－下极限尺寸 ＝ 上极限偏差－下极限偏差

因为上极限尺寸总是大于下极限尺寸，所以，尺寸公差一定为正值。

例 9-1 设计一轴与一个孔配合，它们的公称尺寸均为 φ90mm，孔的最大尺寸为 φ90.035mm，最小尺寸为 φ90mm；轴的最大尺寸为 φ89.988mm，最小尺寸为 φ89.966mm。

解 由上面的定义可知：

孔的上极限尺寸为 φ90.035mm，下极限尺寸为 φ90mm；孔的上极限偏差（ES）= 90.035mm − 90mm = 0.035mm，下极限偏差（EI）= 90mm − 90mm = 0；孔的公差为 0.035mm − 0 = 0.035mm。

轴的上极限尺寸为 φ89.988mm，下极限尺寸 φ89.966mm；轴的上极限偏差（es）= 89.988mm − 90mm = −0.012mm，下极限偏差（ei）= 89.966mm − 90mm = −0.034mm；轴的公差为 −0.012mm − （−0.034）mm = 0.022mm。

（9）公差带和公差带图 如图 9-55 所示，用零线表示公称尺寸，同时画出代表上极限尺寸和下极限尺寸（或上极限偏差和下极限偏差）的两条直线，这两条直线所限定的区域，称为公差带。常用按一定比例放大的矩形方框表示公差带，其上边界代表上极限偏差，下边界代表下极限偏差；方框的左右长度无实际意义，可根据需要任意确定。

图 9-55 所示为**公差带图**。公差带图简单而形象地显示了公称尺寸、极限偏差及公差之间关系：公差带的上下高度，反映公差的大小；上极限偏差（或下极限偏差）确定公差带相对零线的位置，即反映公差相对公称尺寸的位置。

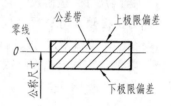

图 9-55 公差带图

公差带图既可用于表示孔的公差带，也可用于表示轴的公差带。

4. 标准公差与基本偏差

从公差带图中可知，在公称尺寸确定后，由公差和极限偏差限定零件的尺寸要求和精度。如在例 9-1 中，轴的实际尺寸由其公称尺寸 φ90mm、上极限偏差 −0.012mm 及下极限偏差 −0.034mm 限定。可见，极限偏差和公差决定零件的加工精度。

通常来说，对于公称尺寸一定的零件，公差的大小以及公差相对公称尺寸的位置，可由设计者任意确定，但这样的话很难保证零件的互换性，也不利于大规模生产。由此国家标准规定了**标准公差和基本偏差**。公差的大小由标准公差决定，公差带相对公称尺寸的位置由基本偏差决定。

（1）标准公差 标准公差是由国家标准规定的确定公差带大小的任一公差。这就要求确定尺寸的精度（即公差的大小）不能随意，只能在标准公差中选择。标准公差把零件的尺寸精度分为 20 个等级（等级代号用符号"IT"和数字组成）：IT01、IT0、IT1 ~ IT18，精度从 IT01 至 IT18 依次降低。表 9-6 是公称尺寸至 3150mm、等级从 IT1 至 IT18 的标准公差数值。标准公差等级 IT01 和 IT0 在工业中很少使用，需要时请查阅国家标准 GB/T 1800.1—2009。

表 9-6　公称尺寸至 3150mm 的标准公差数值

公称尺寸 /mm		标准公差等级																	
		IT1	IT2	IT3	IT4	IT5	IT6	IT7	IT8	IT9	IT10	IT11	IT12	IT13	IT14	IT15	IT16	IT17	IT18
大于	至	/μm											/mm						
—	3	0.8	1.2	2	3	4	6	10	14	25	40	60	0.1	0.14	0.25	0.4	0.6	1	1.4
3	6	1	1.5	2.5	4	5	8	12	18	30	48	75	0.12	0.18	0.3	0.48	0.75	1.2	1.8
6	10	1	1.5	2.5	4	6	9	15	22	36	58	80	0.15	0.22	0.36	0.58	0.9	1.5	2.2
10	18	1.2	2	3	5	8	11	18	27	43	70	110	0.18	0.27	0.43	0.7	1.1	1.8	2.7
18	30	1.5	2.5	4	6	9	13	21	33	52	84	130	0.21	0.33	0.52	0.84	1.3	2.1	3.3
30	50	1.5	2.5	4	7	11	16	25	39	62	100	160	0.25	0.39	0.62	1	1.6	2.5	3.9
50	80	2	3	5	8	13	19	30	46	74	120	190	0.3	0.46	0.74	1.2	1.9	3	4.6
80	120	2.5	4	6	10	15	22	35	54	87	140	220	0.35	0.54	0.87	1.4	2.2	3.5	5.4
120	180	3.5	5	8	12	18	25	40	63	100	160	250	0.4	0.63	1	1.6	2.5	4	6.3
180	250	4.5	7	10	14	20	29	46	72	115	185	290	0.46	0.72	1.15	1.85	2.9	4.6	7.2
250	315	6	8	12	16	23	32	52	81	130	210	320	0.52	0.81	1.3	2.1	3.2	5.2	8.1
315	400	7	9	13	18	25	36	57	89	140	230	360	0.57	0.89	1.4	2.3	3.6	5.7	8.9
400	500	8	10	15	20	27	40	63	97	155	250	400	0.63	0.97	1.55	2.5	4	6.3	9.7
500	630	9	11	16	22	32	44	70	110	175	280	440	0.7	1.1	1.75	2.8	4.4	7	11
630	800	10	13	18	25	36	50	80	125	200	320	500	0.8	1.25	2	3.2	5	8	12.5
800	1000	11	15	21	28	40	56	90	140	230	360	560	0.9	1.4	2.3	3.6	5.6	9	14
1000	1250	13	18	24	33	47	66	105	165	260	420	660	1.05	1.65	2.6	4.2	6.6	10.5	16.5
1250	1600	15	21	29	39	55	78	125	195	310	500	780	1.25	1.95	3.1	5	7.8	12.5	19.5
1600	2000	18	25	35	46	65	92	150	230	370	600	920	1.5	2.3	3.7	6	9.2	15	23
2000	2500	22	30	41	55	78	110	175	280	440	700	1100	1.75	2.8	4.4	7	11	17.5	28
2500	3150	26	36	50	68	96	135	210	330	540	860	1350	2.1	3.3	5.4	8.6	13.5	21	33

注：1. 公称尺寸 >500mm 的 IT1 ~ IT5 的标准公差数值为试行的。

　　2. 公称尺寸 ≤1mm 时，无 IT14 ~ IT18。

从表 9-6 中可看出，当公称尺寸确定时，标准公差等级越高，标准公差值越小，尺寸的精度越高。对于同一标准公差等级（如 IT7），随着尺寸的增大，标准公差值越大，这表明较大零件的加工误差随之增大。

（2）**基本偏差**　基本偏差是确定公差带相对于零线位置的上极限偏差或下极限偏差，一般指靠近零线的那个偏差。

根据实际需要，国家标准分别对孔和轴各规定了 28 个不同的基本偏差，如图 9-56 所示。图 9-56 中的每一个小图，代表公差带。当公差带在零线上方时，基本偏差为下偏差；当公差带在零线下方时，基本偏差为上偏差；当零线穿过公差带时，距离零线较近的偏差为基本偏差。

从图 9-56 可知：

1）基本偏差用拉丁字母（一个或两个）表示。大写字母代表孔，小写字母代表轴。

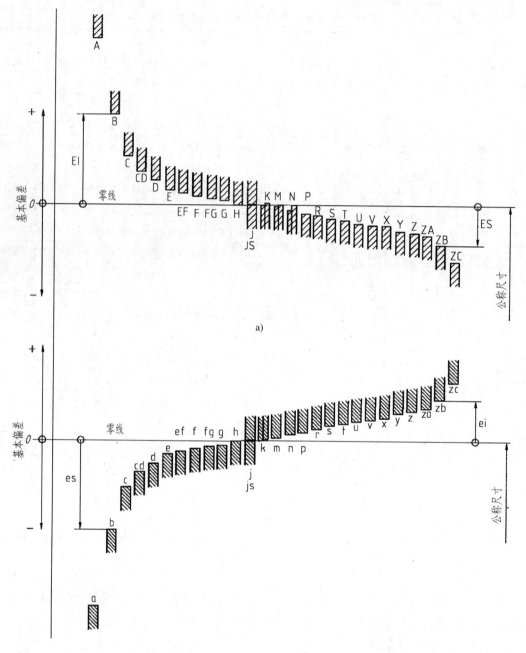

图 9-56 孔、轴基本偏差系列

a）孔 b）轴

2）轴的基本偏差从 a～h 为上极限偏差，从 j～zc 为下极限偏差。js 的上、下极限偏差对称分布在零线两侧，因此，其上极限偏差为 + IT/2 或下极限偏差为 – IT/2。

3）孔的基本偏差从 A～H 为下极限偏差，从 J～ZC 为上极限偏差。JS 的上、下极限偏差分别为 + IT/2 和 – IT/2。

轴和孔的基本偏差数值可查阅国家标准 GB/T 1800.1—2009。

在图 9-56 中，公差带之所以不封口，是因为这里只是说明公差带相对于零线位置，即用基本偏差表示公差带的位置，有靠近零线的偏差就可以了。若要计算轴和孔的另一偏差，可根据轴和孔的基本偏差和标准公差，按以下代数式计算：

轴的另一个偏差（上偏差或下偏差）：$ei = es - IT$ 或 $es = ei + IT$

孔的另一个偏差（上偏差或下偏差）：$ES = EI + IT$ 或 $EI = ES - IT$

5. 轴、孔尺寸公差的公差带代号表示

轴或孔的尺寸公差可用公差带代号表示，公差带代号由基本偏差代号中的字母和表示公差等级的数字组成。

例 9-2 尺寸 $\phi50H7$ 的含义。

解 $\phi50\text{mm}$ 是公称尺寸；H7 是孔的公差带代号，其中，H 是孔的基本偏差代号，7 是公差等级。

例 9-3 尺寸 $\phi30f7$ 的含义。

解 $\phi30\text{mm}$ 是公称尺寸；f7 是轴的公差带代号，其中，f 是轴的基本偏差代号，7 是公差等级。

9.6.2 配合

公称尺寸相同的并且相互结合的孔和轴公差带之间的关系，称为配合。

1. 配合种类

在机器的装配中，使用要求不同，轴、孔配合的松紧程度也不同。配合分为三类。

（1）间隙配合 具有间隙（包括最小间隙等于零）的配合，称为间隙配合。此时，孔的公差带完全在轴的公差带之上，如图 9-57 所示。

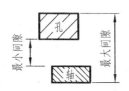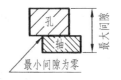

图 9-57 间隙配合的公差带关系示意图

（2）过盈配合 具有过盈（包括最小过盈等于零）的配合，称为过盈配合。此时，孔的公差带完全在轴的公差带之下，如图 9-58 所示。

图 9-58 过盈配合的公差带关系示意图

（3）过渡配合 可能具有间隙或过盈的配合，称为过渡配合。此时，孔的公差带和轴的公差带相互交叠，如图 9-59 所示。

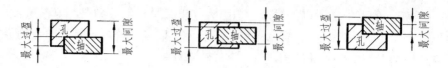

图9-59　过渡配合的公差带关系示意图

2. 配合基准制

国家标准对配合规定了两种基准制：基孔制和基轴制。

（1）**基孔制**　基本偏差为一定的孔公差带、与不同基本偏差的轴的公差带形成各种配合的一种制度，称为基孔制。基孔制是下极限尺寸与公称尺寸相等，孔的下极限偏差为0（上极限偏差为正值）的配合制。所以，在标注基准孔的尺寸公差时，其基本偏差代号为H。

通俗地讲，基孔制就是在同一公称尺寸的配合中，将孔的公差带位置固定，通过变动轴的公差带，得到各种不同的配合，如图9-60所示。基孔制的孔称为基准孔。

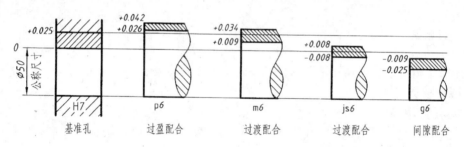

图9-60　基孔制配合示意图

（2）**基轴制**　基本偏差为一定的轴公差带，与不同基本偏差的孔的公差带形成各种配合的一种制度。基轴制是上极限尺寸与公称尺寸相等，轴的上极限偏差为0（下极限偏差为负值）的配合制。所以，在标注基准轴的尺寸公差时，其基本偏差代号为h。

通俗地讲，基轴制是在同一公称尺寸的配合中，将轴的公差带位置固定，通过变动孔的公差带位置，得到各种不同的配合，如图9-61所示。基轴制的轴称为基准轴。

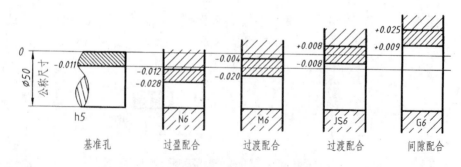

图9-61　基轴制配合示意图

一般情况下，优先采用基孔制。基轴制仅用于具有明显经济效果的场合和结构设计要求不适合采用基孔制的场合。例如，标准滚动轴承的外圈与轴承座孔配合通常采用基轴制。

3. 常用及优先选用的配合

尽管国家标准规定了 20 个公差等级和 28 个基本偏差，但经过组合得到的公差带还是很多。为便于零件的设计和制造，国家标准规定了优先、常用和一般用途的孔公差带，以及优先、常用和一般用途的轴公差带（见附表 18、19）。同时，当轴、孔配合时，国家标准还规定了基孔制优先、常用配合和基轴制优先、常用配合。关于这些优先、常用和一般用途的公差带，以及优先、常用配合，可查阅国家标准 GB/T 1801—2009（随书光盘的参考资料文件夹内有相关表格）。

9.6.3 极限与配合的标注

1. 在零件图中尺寸公差的标注

零件图上标注公差有三种形式：

1）**标注公差带的代号**，如图 9-62a 所示。这种注法和采用专用量具检验零件统一起来，适合大批量生产。

2）**标注极限偏差数值**，如图 9-62b 所示。上极限偏差写在公称尺寸的右上方，下极限偏差应与公称尺寸注在同一底线上，极限偏差数字字号应比公称尺寸数字字号小一号。上、下极限偏差前面必须标出正、负号。上、下极限偏差的小数点必须对齐，小数点后的位数也必须相同。当上极限偏差或下极限偏差为"零"时，用数字"0"标出，并与下极限偏差或上极限偏差的小数点前的个位数对齐。

当公差带相对于公称尺寸对称地配置，即两个极限偏差相同时，极限偏差只需注写一次，并应在极限偏差与公称尺寸之间注出符号"±"，且两者数字高度相同，例如"40 ± 0.25"。必须注意，极限偏差数值表中所列的极限偏差单位为微米（μm），标注时，必须换算成毫米（1μm = 1/1000mm）。

3）**同时标注公差带代号和极限偏差数值**，如图 9-62c 所示。这时，上、下极限偏差必须加上括号。

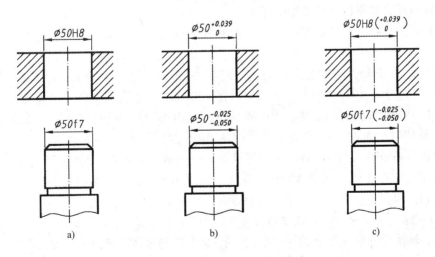

图 9-62 零件图上尺寸公差注法

a）标注公差带的代号 b）标注极限偏差数值 c）同时标注公差带代号和极限偏差数值

2. 在装配图中配合的标注

1）一般零件间相配的配合标注　由于相配合的孔和轴的公称尺寸相同，只需再注出孔和轴的各自公差带代号，所以配合代号用相同的公称尺寸后跟孔、轴公差带代号表示，写成分数形式，分子是孔的公差带代号，分母为轴的公差带代号。实际标注时有图 9-63 所示的几种形式。

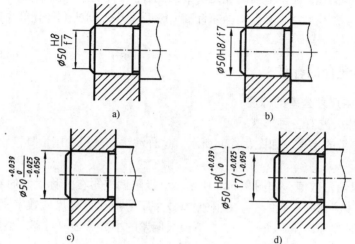

图 9-63　装配图上配合的注法

a）公称尺寸 $\dfrac{孔的公差带代号}{轴的公差带代号}$　　b）公称尺寸、孔的公差带代号/轴的公差带代号

c）公称尺寸 $\dfrac{孔的极限偏差}{轴的极限偏差}$　　d）公称尺寸 $\dfrac{孔的公差带代号（孔的极限偏差）}{轴的公差带代号（轴的极限偏差）}$

2）一般零件与标准件相配的配合标注　当一般零件与标准件（如轴承）相配时，由于标准件的公差有其自己的国家标准，所以，在装配图中标注其配合时，仅标注一般零件的公差，而不标注标准件的公差。

3. 极限与配合在图样上识读和标注

例 9-4　孔 $\phi50H7$ 和轴 $\phi50k6$ 配合，解释代号含义，查出极限偏差值，并写出在装配图上的标注形式。

解　1）孔代号 $\phi50H7$ 的含义：ϕ—直径符号；50—公称尺寸；H—基本偏差代号（基准孔）；7—公差等级（IT7）。读作：公称尺寸为 50mm，公差等级为 7 级的基准孔。

2）孔的极限偏差的查表方法：由附表 18 查孔 $\phi50H7$ 的上极限偏差为 $+25\mu m$，下极限偏差为 0，标注时写为 $\phi50H7$ 或 $\phi50^{+0.025}_{0}$ 或 $\phi50H7\left(^{+0.025}_{0}\right)$。

3）轴代号 $\phi50k6$ 的含义：ϕ—直径符号；50—公称尺寸；k—基本偏差代号；6—公差等级（IT6）。读作：公称尺寸为 50mm，公差等级为 6 级，基本偏差代号为 k 的轴。

4）轴的极限偏差查表方法：由附表 19 查轴 $\phi50k6$ 的上极限偏差为 $+18\mu m$，下极限偏差为 $+2\mu m$，标注时写为 $\phi50k6$ 或 $\phi50^{+0.018}_{+0.002}$ 或 $\phi50k6\left(^{+0.018}_{+0.002}\right)$。

5）孔、轴配合在装配图上的标注形式：孔 $\phi50H7$ 与轴 $\phi50k6$ 配合在装配图上的标注形式为：$\phi50H7/k6$ 或 $\phi50\dfrac{H7}{k6}$。读作：公称尺寸为 50mm，基孔制，公差等级为 7 级的基准孔与公差等级为 6 级、基本偏差代号为 k 的轴的过渡配合。

9.7 几何公差

9.7.1 几何公差的概念

1. 概念和术语

如图 9-64 所示，轴的理想形状是图中细双点画线形状，但加工后实际形状可能是图中粗实线形状。如图 9-65 所示，两段轴的轴线理想位置是同一条（图中长的细点画线），但加工后两轴线可能产生偏差。再如图 9-66 所示，竖直部分与水平部分的理想角度为 90°，但加工后两部分可能成为图 9-66 所示的粗实线而不垂直。这些示例说明，零件加工后的几何状况，与理想的几何状况还可能出现误差。由于这些误差是不可能完全避免的，所以，对于机器中某些精度要求较高的零件，除了要给出零件的尺寸公差，还要给出其形状、方向、位置和跳动的最大误差允许值。

图 9-64 圆柱未达到理想形状

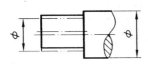

图 9-65 两圆柱未达到理想的同轴

图 9-66 两部分未达到理想的垂直

几何公差是指零件的实际形状、方向、位置和跳动公差，是零件的实际几何状况相对于理想几何状况所允许的变动量。

（1）**被测要素** 被测要素指被测零件上的轮廓线、轴线、面及中心平面等。

（2）**基准** 基准是用来定义公差带的位置和（或）方向或用来定义实体状态的位置和（或）方向（当有相关要求，如最大实体要求）的一个（组）方位要素。

（3）**基准要素** 零件上用来建立基准并实际起基准作用的实际要素（如一条边、一个表面或一个孔），称为基准要素。基准要素一般也是零件上的轮廓线、轴线、面及中心平面等，它是基准概念的具体化。

（4）**公差带形状** 几何公差的公差带主要形状有：一个圆内的区域；一个圆柱面内的区域；一个圆球面内的区域；两等距线或两平行直线之间的区域；两等距面或两平行平面之间的区域；两同心圆之间的区域；两同轴圆柱面之间的区域等。图 9-67 所示为部分几何公差的公差带形状示意图。

2. 几何公差的类型及特征符号

表 9-7 给出了几何公差的类型、几何特征及符号。

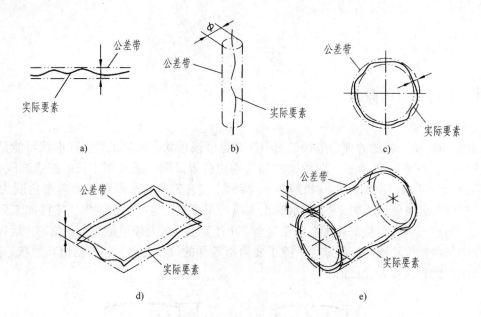

图 9-67　部分几何公差的公差带形状示意图

a）公差带是两平行直线之间的区域　b）公差带是一个圆柱面内的区域

c）公差带是两同心圆之间的区域　d）公差带是两平行平面之间的区域

e）公差带是两同轴圆柱面之间的区域

表 9-7　几何公差的类型、几何特征及符号

公差类型	几何特征	符　号	有无基准
形状公差	直线度	—	无
	平面度	▱	无
	圆度	○	无
	圆柱度	⌭	无
	线轮廓度	⌒	无
	面轮廓度	⌓	无
方向公差	平行度	//	有
	垂直度	⊥	有
	倾斜度	∠	有
	线轮廓度	⌒	有
	面轮廓度	⌓	有

公差类型	几何特征	符　号	有无基准
位置公差	位置度	⊕	有或无
	同心度（用于中心点）	◎	有
	同轴度（用于轴线）	◎	有
	对称度	≡	有
	线轮廓度	⌒	有
	面轮廓度	⌓	有
跳动公差	圆跳动	↗	有
	全跳动	↗↗	有

几何公差还有一些附加符号，可查阅国家标准 GB/T 1182—2008。

9.7.2　几何公差的标注

1. 公差框格

在图样中，通常用公差框格标注几何公差，公差要求注写在划分成两格或多格的矩形框格内，各格自左至右顺序标注如下内容：

1）几何特征符号。

2）公差值（如果公差带为圆形或圆柱形，公差值前应加注符号"φ"；如果公差带为圆球形，公差值前应加注"Sφ"）。

3）基准（用一个字母表示单个基准或用几个字母表示基准体系或公共基准），如图9-68所示。

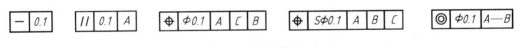

图9-68　公差框格内容

当某项公差应用于多个相同要素时，应在公差框格的上方被测要素的尺寸之前注明要素的个数，并在两者之间加上符号"×"，如图9-69所示。

如果需要限制被测要素在公差带内的形状，应在公差框格的下方注明，如图9-70所示。

图 9-69　某项公差应用于多个相同要素时的注法 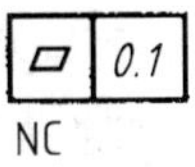　　　图 9-70　限制被测要素在公差带内的形状的注法

如果需要就某个被测要素给出几种几何特征的公差，可将一个公差框格放在另一个下面，如图 9-71 所示。

—	0.01	
‖	0.06	B

图 9-71　被测要素有多个几何特征
要求时将公差框格绘制在一起

2. 被测要素

在图样中标注几何公差时，用指引线连接被测要素和公差框格。指引线引自框格的任意一侧，终端带一箭头。框格通常用细实线绘制，高度是两个字体高度，在图样上水平放置。

（1）被测要素为轮廓线或轮廓面　当被测要素为轮廓线或轮廓面时，箭头指向被测要素的轮廓线或延长线（箭头与轮廓线或延长线接触，与尺寸线明显错开），如图 9-72a、b 所示；箭头也可指向带点的引出线的水平线上，引出线引自被测面，如图 9-72c 所示。

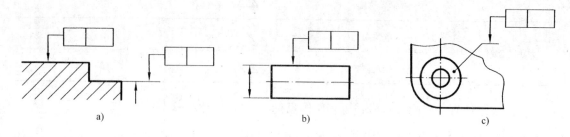

图 9-72　被测要素为轮廓线或轮廓面的标注
a）箭头指向被测要素的轮廓线或延长线　b）箭头指向被测要素的轮廓线　c）箭头指向引出线的水平线

（2）被测要素为中心线、中心面、中心点　当被测要素为中心线、对称中心面或中心点时，箭头与相应的尺寸线对齐，重合于尺寸线的延长线，如图 9-73 所示。

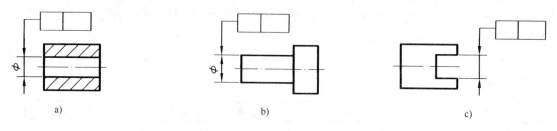

图 9-73　被测要素为中心线、中心面、中心点的标注
a）被测要素是中心线　b）被测要素是轴线　c）被测要素是对称中心平面

3. 基准

对有基准要求的几何公差，与被测要素相关的基准用一个大写字母表示。字母标注在基准方格内，与一个涂黑的或空白的三角形相连以表示基准（涂黑的和空白的基准三角形含义相同），如图 9-74 所示。表示基准的字母还应标注在公差框格内。

图 9-74　基准

（1）基准要素为轮廓线或轮廓面　当基准要素为轮廓线或轮廓面时，基准三角形放置在要素的轮廓线或延长线（与尺寸线明显错开）上，如图 9-75a 所示；基准三角形也可放置在该轮廓面引出线的水平线上，引出线引自被测面，如图 9-75b 所示。

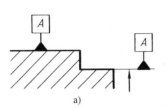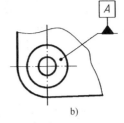

图 9-75　基准要素为轮廓线或轮廓面的基准标注

a）基准三角形放置在要素的轮廓线或延长线上　b）基准三角形放置在引出线的水平线上

（2）**基准要素为轴线、中心面、中心点**　当基准为轴线、对称中心面或中心点时，基准三角形放置在该尺寸线的延长线上，如图 9-76 所示。如果没有足够的位置标注基准要素尺寸的两个箭头，则其中的一个箭头可用基准三角形代替，如图 9-76b、c 所示。

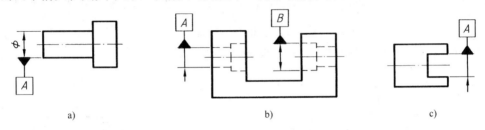

图 9-76　基准要素为轴线、中心面、中心点的基准标注

a）基准要素是轴线　b）基准要素是中心线　c）基准要素是对称中心平面

4. 几何公差标注举例

图 9-77 所示的被测要素为对称平面，基准要素是中心面，是键槽位置度公差对称度的标注。

图 9-78 所示的被测要素为球面，基准要素是球心，是球心跳动公差圆跳动的标注。

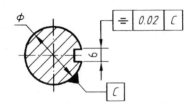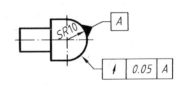

图 9-77　被测要素为对称平面，基准要素是中心面　　图 9-78　被测要素为球面，基准要素是球心

图 9-79 所示为多个被测要素有同一几何公差要求时，如果位置合适，可以使用一个框格，并从指引线上引出多个箭头指向被测要素。图 9-79 所示为三轴线方向公差平行度的标注。

图 9-80 所示为同一被测要素有多项几何公差要求时，框格可绘制在一起，并使用一条指引线。图 9-80 所示为两轴线方向公差平行度和被测轴线直线度的标注。

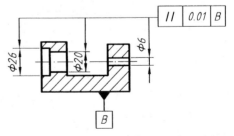

图 9-79　使用一个框格，指引线上引出
多个箭头指向被测要素

图 9-81 所示为某项公差应用于多个相同要素时，框格的上方注明被测要素的尺寸和要素的个数。图 9-81 所示为 4 个圆（孔或柱等）的位置公差位置度的标注。

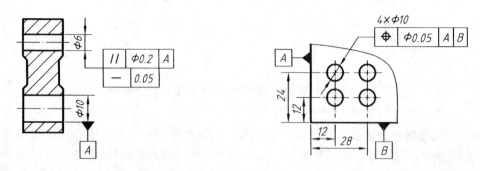

图 9-80　框格绘制在一起并使用一条指引线　　　图 9-81　注明被测要素的尺寸和要素的个数

图 9-82 所示为几何公差仅适用于要素的某一局部，或者是基准要素仅为要素的某一局部，应采用粗点画线示出该局部的范围，并加注尺寸。

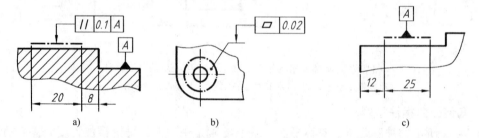

a)　　　　　　　　　　　b)　　　　　　　　　　　c)

图 9-82　几何公差仅适用于要素的某一局部或基准要素仅为要素的某一局部的注法
a）被测要素为轮廓线的一部分　　b）被测要素为表面的一部分　　c）基准要素仅为要素的一部分

5. 几何公差的识读

例如，识读图 9-83 所示阶梯轴上的几何公差，并解释其含义。

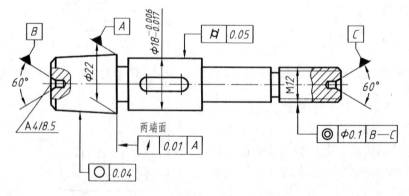

图 9-83　阶梯轴几何公差的识读

两端面 $\boxed{\nearrow|0.01|A}$ 含义是：直径为 $\phi22\text{mm}$ 圆锥的大、小两端面对基准（该段轴的轴线）的圆跳动公差为 0.01mm。

○ 0.04 含义是：圆锥体任一正截面的圆度公差为 0.04mm。

⌀ 0.05 含义是：φ18mm 圆柱面的圆柱度公差为 0.05mm。

◎ φ0.1 B—C 含义是：M12 外螺纹的轴线对公共基准（两端中心孔轴线）的同轴度公差为 φ0.1mm。

9.8 读零件图

1. 读零件图的目的和要求

读零件图要求做到看懂各视图的投影关系，根据图形想象出零件的结构形状；找出尺寸基准、重要尺寸和定位、定形尺寸，根据尺寸确定零件大小及各部分的相对位置；理解图样上的各种符号、代号的含义；全面了解零件的加工方法、质量要求等。

2. 读图的方法和步骤

（1）**看标题栏** 了解零件的名称、材料、质量、画图的比例等，联系典型零件的分类，对零件有一个初步认识。

（2）**视图分析** 进行视图分析，看懂零件的内外结构形状，是读图的重点。视图分析可分两步进行：

第一步，分析视图表达方案。先找出主视图，然后看清楚用了多少个基本视图和其他视图，采用什么表达方法，以及各视图间的投影关系；剖视、断面的剖切位置，有无局部放大图及简化画法、规定画法，为进一步看图打好基础。

第二步，进行形体分析和线面分析。按投影关系，对零件各部分的外部结构和内部结构进行形体分析，逐个看懂。对不便于进行形体分析的细部结构进行线面分析，搞清投影关系、想象形状。对不符合投影关系或表达形式不熟悉的部分，要查标准，看是否为规定画法或简化画法等。

（3）**尺寸分析** 首先找出尺寸基准，然后确定零件的定形尺寸和定位尺寸，看清尺寸标注形式和特点，判断尺寸标注是否正确、齐全、合理；了解功能尺寸和非功能尺寸，确定零件的总体尺寸。

（4）**技术要求和工艺分析** 根据图形内、外的符号和文字说明，了解表面结构、公差和配合、几何公差以及热处理等技术要求；根据零件的特点确定零件的制造工艺。

（5）**综合归纳** 把看懂的零件的结构形状、尺寸标注和技术要求等内容归纳起来，全面地看懂这张零件图。

对一些比较复杂的零件，有时还需参考有关的技术资料，包括该零件所在的部件装配图以及与它有关的零件图。

当然，上述步骤不可机械地分开，而应合理、有效地交替进行。

3. 读零件图举例

现以图 9-84 为例说明读齿轮泵泵体零件图的方法和步骤。

（1）**看标题栏** 零件的名称是泵体，属箱体类零件，材料为 HT200，是铸造件。

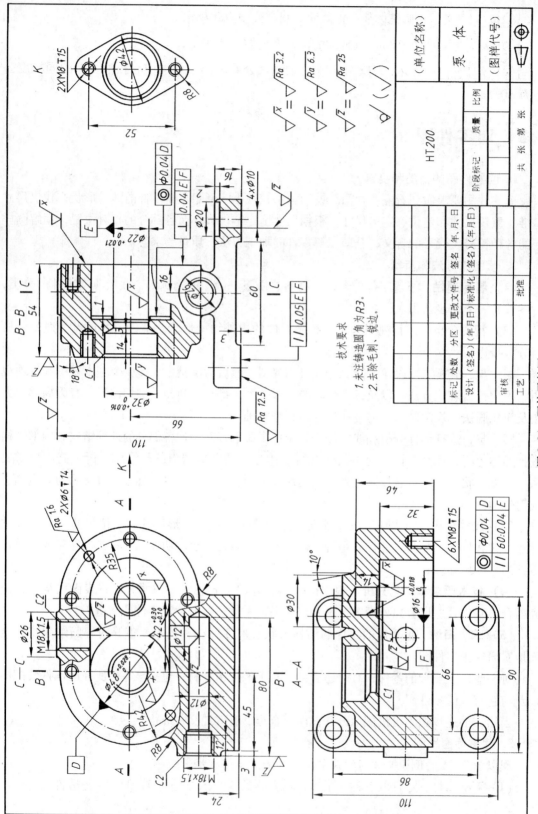

技术要求
1. 未注铸造圆角为R3。
2. 去除毛刺、锐边。

图9·84 泵体零件图

（2）**视图分析** 泵体零件图由主、左、俯三个基本视图和一个局部视图组成。在主视图中，对进、出油口作了局部剖，它反映了壳体的结构形状及齿轮与进、出油口在长、高方向的相对位置；俯视图画成全剖视图，将安装一对齿轮的齿轮腔及安装两齿轮轴的孔剖出。同时还反映了安装底板的形状、4个螺栓孔的分布情况，以及底板与壳体的相对位置。左视图画成局部剖视图，从剖视图上看，剖切是通过主动轴的轴孔进行的，但该孔已在全剖的俯视图中表示清楚。所以，这个剖视图主要是为了表达腰圆形凸台上两个螺纹孔及进、出油口与壳体、安装底板之间的相对位置。

（3）**尺寸及技术要求分析** 通过形体分析，并分析图上所注尺寸，可以看出：泵体长度方向的基准为安装底板的左端面。主动轴轴孔和出油口端面，即是以此为基准而注出的定位尺寸45mm、3mm；再以主动轴轴孔的轴线为辅助基准，注出它与从动轴轴孔的中心距42mm。高度方向的基准为安装底板的底面，以此为基准注出轴孔的中心高66mm、出油孔的中心高24mm。宽度方向的基准为安装底板和出油孔道的对称平面，以此为基准确定壳体前端面的定位尺寸16mm。

从图上标注的技术要求：两孔 $\phi16mm$、$\phi22mm$、齿轮腔 $\phi48mm$ 的尺寸极限偏差，两孔中心距42mm的尺寸极限偏差，以及两孔对齿轮腔的同轴度，$\phi16mm$ 孔对 $\phi22mm$ 孔的平行度等几何公差的标注来看，对于这些部位的加工要求是比较严格的，这是设计人员考虑到在齿轮、轴与泵体装配后能保证油泵的工作性能而确定的。

（4）**综合归纳** 综合以上几方面的分析，就可以了解到这一零件的完整结构，真正看懂这张零件图。图9-85所示为齿轮泵结构示意图，图9-86所示为泵体轴测图。

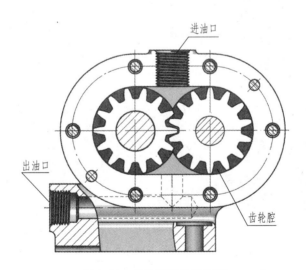

图 9-85　齿轮泵结构示意图

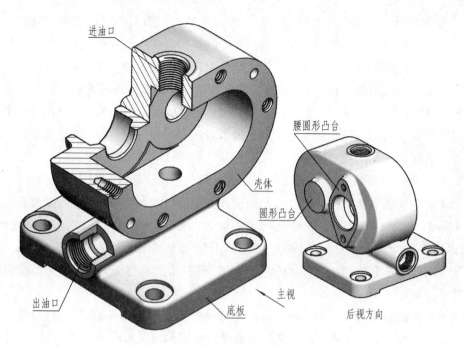

进油口

腰圆形凸台

壳体

圆形凸台

主视

出油口

底板

后视方向

图 9-86　泵体轴测图

第10章 装 配 图

表达机器（或部件）的图样称为装配图。机器（或部件）都是由若干零件按一定的相互位置、连接方式、配合性质等装配关系组合而成的装配体。因此，装配图也可以说是表达装配体整体结构的图样。

10.1 装配图的作用和内容

1. 装配图及其作用

在设计过程中，一般先根据设计要求画出装配图，用以表达机器（或部件）的工作原理、结构形状、装配关系、传动路线和技术要求等，然后再根据装配图绘制零件图。

在生产过程中，根据零件图加工制造零件，再把合格的零件按装配图的要求组装成机器（或部件）。装配图是指导装配、检验、安装、调试的技术依据。

在使用和维修过程中，通过装配图了解机器（或部件）使用性能、传动路线和操作方法，以保证其正常运转，及时进行维修、保养。

因此，装配图是反映设计思想、指导生产的重要技术文件。当然，装配图也是技术交流的重要资料。

2. 装配图的内容

一张完整的装配图应包括下列基本内容：

（1）**一组视图** 用一组视图表示机器（或部件）的工作原理和结构特点、零件的相互位置、装配关系和重要零件的结构形状。

图 10-1 所示为铣刀头装配图，它用两个视图表达了铣刀头各个零件的装配关系、工作原理和结构特点。

（2）**必要的尺寸** 装配图上只要求注出表示机器（或部件）的规格、性能、装配、检验及安装所需要的一些尺寸。如图 10-1 所示的 $\phi80K7$，$\phi35k6$ 为装配尺寸，155mm 为安装尺寸。

（3）**技术要求** 在装配图中应注出机器（或部件）的装配方法、调试标准、安装要求、检验规则和运转条件等技术要求，如图 10-1 中的文字说明。

（4）**零件序号、明细栏** 在装配图上，应对每个不同的零件（或组件）编写序号，在零件明细栏中依次填写零件的序号、名称、件数、材料等内容。

（5）**标题栏** 标题栏的内容有：机器或部件的名称、比例、图号，以及设计、制图、校核人员的签名等。

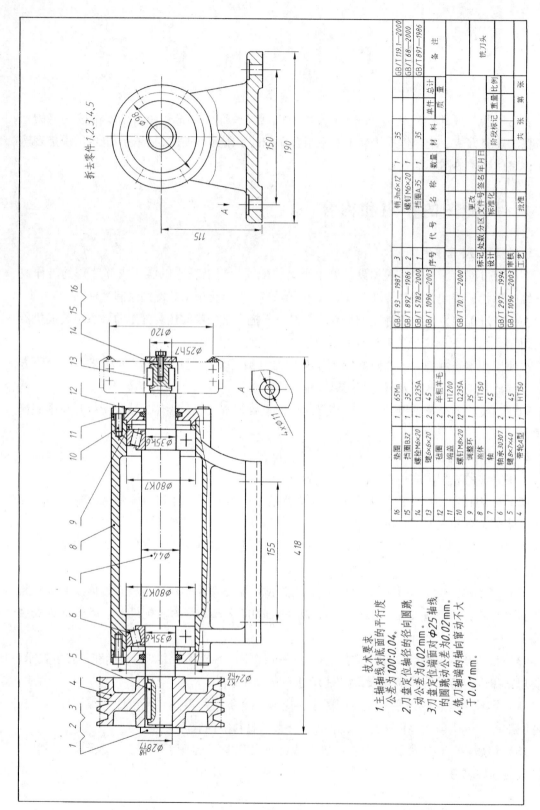

图10-1 铣刀头装配图

10.2 装配图的规定画法、特殊画法和简化画法

前面所学过的机件的各种表达方法：基本视图、剖视图、断面图等，都可以用来表达装配图。另外，对装配图还有一些规定画法、特殊画法和简化画法。

10.2.1 装配图的规定画法

为了在读装配图时能迅速区分不同零件，并正确理解零件之间的装配关系，在画装配图时，应遵守下述规定。

1）两零件的表面接触时，接触处只画一条粗实线。两零件配合时，不论其是何种配合，其配合面处只画一条粗实线。不接触表面和非配合表面必须画两条粗实线，若间隙过小，可采用夸大画法，如图 10-2 所示。

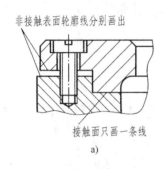
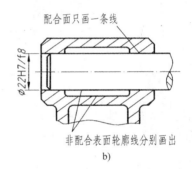

图 10-2　接触面、配合面的画法

a）接触面与非接触面画法　b）配合面与非配合面的画法

2）装配图中，相邻两个或两个以上的金属零件的剖面线倾斜方向应相反，或方向相同但间隔必须不等，如图 10-3 所示。同一零件在各个视图上的剖面线方向和间隔必须一致。当零件厚度在 2mm 以下，剖切时允许以涂黑代替剖面符号。

3）当剖切平面纵向剖切紧固件（螺栓、螺母、垫圈、螺柱、螺钉）及实心零件轴、手柄、连杆、键、销、球等，且剖切平面通过其轴线或对称平面时，这些零件均按不剖绘制，即只画出外形，如图 10-2、图 10-3 和图 10-1 中件 5、6、7 的画法。如果需要表达这些零件上的孔、槽等结构，可采用断面图或局部剖视。

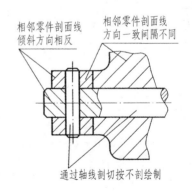

图 10-3　装配图中剖面线的画法

10.2.2 装配图的特殊画法

由于装配体是由若干个零件装配而成的，有些零件彼此遮盖，有些零件有一定的活动范围，还有些零件或组件属于标准产品，因此，为了使装配图既能正确、完整而又简练、清楚地表达装配体的结构，国家标准中还规定了一些特殊的表达方法。

1. 拆卸画法

当某些零件遮住了需要表达的结构与装配关系时，可假想将这些零件拆去后，再画出某一视图，如图 10-1 所示的左视图。有时需沿零件结合面进行剖切，相当于拆去剖切平面一侧的零件，此时结合面上不画剖面线，但被剖切的零件（如螺栓、螺钉等）应画剖面线。必要时，拆卸画法应注明"拆去件××"。

2. 假想画法

1）当需要表示某些零件运动范围或极限位置时，可用细双点画线画出该零件的极限位置图。如图 10-4 所示。

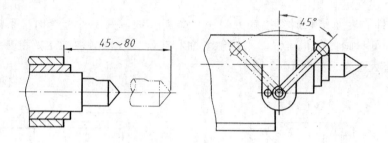

图 10-4　假想画法

2）当需要表达与部件有关但又不属于该部件的相邻零件或部件时，可用细双点画线画出相邻零件或部件的轮廓，如图 10-5 所示的铣刀盘，图 10-6 所示的主轴箱。

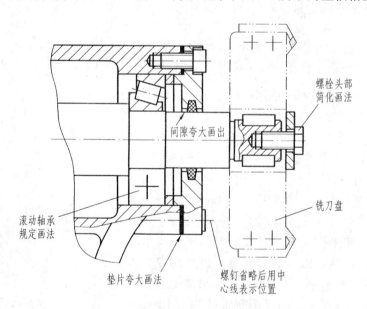

图 10-5　夸大画法、简化画法

3. 夸大画法

在装配图中，非配合面的微小间隙、薄片零件、细弹簧等，如无法按实际尺寸画出时，可不按比例而夸大画出。如图 10-5 所示的垫片、端盖与轴之间的间隙均为夸大画出。

4. 单独表示某个零件

在装配图中，当某个零件的形状未表达清楚而又对理解装配关系有影响时，可单独画出该零件的某一视图，并进行必要的标注。

5. 展开画法

对于某个投射方向投影重叠的若干零件，为了表达它们的传动关系和装配关系，可按顺序将其展开在一个平面内画出剖视图，这种画法称为展开画法。如图10-6所示，为了表达多级齿轮变速箱内齿轮的传动顺序和装配关系，按其传动顺序沿各轴线剖切画出的剖视图。在用展开画法时，展开图的上方要注明"×—×展开"。

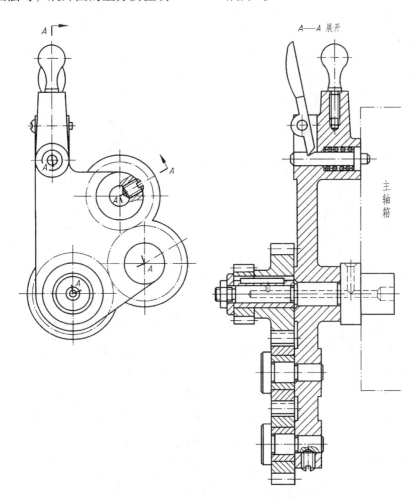

图 10-6　展开画法

10.2.3　简化画法

1）在装配图中，零件的工艺结构，如小圆角、倒角、退刀槽等可省略不画。螺栓的六角头和六角螺母可采用图8-14的简化画法。

2）装配图中的螺纹连接件等若干相同的零件组，允许仅详细画一处，其余则用细点画线标明其位置，如图 10-5 所示。

　　3）在剖视图中表示轴承时，可采用轴承的特征画法和规定画法，如图 10-5 所示。

10.3　装配图表达方案的选择

　　画装配图要着重表达部件的整体结构，特别要把部件所属零件的相对位置、连接方法和装配关系表达清楚，尽可能清晰地反映部件的传动路线、工作原理和操纵方式等。不追求把零件的形状完全表示清楚。因此，在选择表达方案时，应按上述基本要求进行。下面以图 10-7、图 10-8 所示调压阀为例，说明选择装配图表达方案的大致步骤。

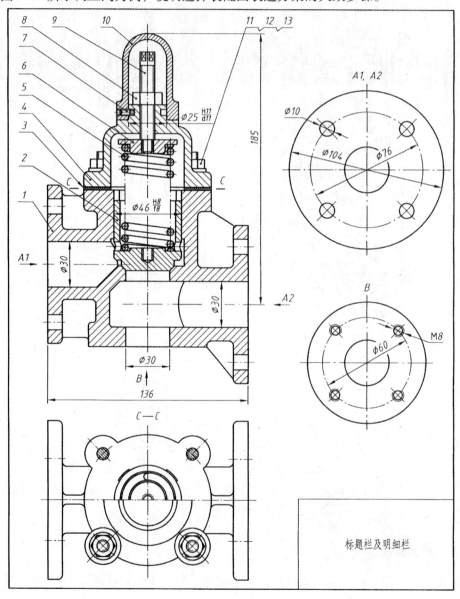

图 10-7　调压阀

序号	代 号	名 称	数量	材 料	单件 质量	总计 质量	备 注
13		垫圈8	4	Q235A			GB/T 97.2—2000
12		螺母M8	4	Q235A			GB/T 6170—2000
11		双头螺柱M8×35	4	Q235A			GB/T 898—1988
10		罩子	1	HT150			
9		螺杆M10	1	Q235A			
8		螺母M10	1	Q235A			GB/T 6170—2000
7		紧定螺钉M5×20	1	Q235A			GB/T 75—1985
6		压板X12	1	HT150			
5		弹簧	1	65Mn			
4		阀盖	1	HT150			
3		垫片	1	纸板			
2		阀瓣	1	HT150			
1		阀体	1	HT150			

（标题栏）标记 处数 分区 更改文件号 签名 年月日 设计 标准化 阶段标记 质量 比例 审核 工艺 批准 共 张 第 张 调压阀

图 10-8　调压阀标题栏和明细栏

1. 对所要表达的部件进行分析

了解装配体的用途，分析其结构、工作原理、传动路线、各零件在装配体中的作用及零件间的连接关系和配合性质。

调压阀的作用是调控出口的气体或液体压力。螺杆9与螺母8、阀盖4旋合后，抵住压板6，压紧弹簧5，进而压住阀瓣2，堵住左、右$\phi30$mm孔的连接口，当右$\phi30$mm孔流入气、液压力超过规定值时，阀瓣2被顶起，使左、右$\phi30$mm孔连通，这样可保持出口压力正常。调整弹簧5的压缩量，可调整系统压力允许值。

可见调压阀主要靠弹簧5、螺母8、螺杆9和阀瓣2工作，这些部件的动作方向在它们的轴线上，这条线也是该装配体的装配主干线，应该把这条线上的零部件及其装配、连接等关系清晰地表达出来。

2. 确定主视图

一般应选择符合部件工作位置的方位，把反映主要或较多装配关系的投射方向作为主视图的投射方向。因为主视图是部件表达方案的核心，应能清楚地反映主要装配干线上各零件的相对位置、装配关系、工作原理及装配体的形状特征。

很显然，调压阀主视图方向应垂直于内腔各孔的轴线，而且应采用全剖视图。这样既符合工作位置，又把各零件的位置和装配关系表达得很清楚，很容易分析出其工作原理。

为了在主视图上尽量多地反映零件的结构及其连接关系，可把未在剖切面上的结构假想置于剖切面上剖开。但不要影响表达的清晰性。图中紧定螺钉 7 和阀体 1 下方的两个小孔的表达就遵循了这一点。

3. 确定其他视图

主视图没有表达而又必须表达的部分或表达不够完整、清晰的部分，可选用其他视图补充说明。一般情况下，部件中的每一种零件至少应在视图中出现一次。

图 10-7 所示的俯视和两个局部视图均补充表达了阀的结构形状和安装尺寸，使装配体的表达完整清晰，便于读图。

复杂装配图上其他视图的选择，也是紧紧围绕着部件上几条装配线进行的。

4. 对表达方案进行调整

最后，对已确定的方案要进行调整。在调整时要注意以下两点：

（1）分清主次，合理安排 一个部件可能有多条装配线，在表达时一定要分清主次，把主要装配线表示在基本视图上。对于次要的装配线，如果不能兼顾，可以表示在单独的剖视图或局部剖视图上。每个视图或剖视图所表达的内容应该有明确的目的。

（2）注意联系、便于读图 所谓联系是指在工作原理或装配关系方面的联系。为了读图方便，在视图表达上不宜采用过于分散零碎的方案，应尽量把一个完整的装配关系表示在一个或几个相邻的视图上。

10.4 装配图的尺寸标注和技术要求

10.4.1 装配图的尺寸标注

装配图的作用与零件图不同，所以在装配图中标注尺寸时，不必把制造零件所需的尺寸都标出来，只需标注以下几类尺寸：

（1）性能（或规格）尺寸 表示机器或部件的工作性能或规格的尺寸，称为性能（或规格）尺寸。这类尺寸是设计产品的主要数据，是在绘图前就确定了的，如图 10-1 所示的铣刀盘的中心高尺寸 115mm 及刀盘直径 ϕ120mm。

（2）装配尺寸 装配尺寸是表示机器或部件中各零件装配关系的尺寸。装配尺寸有以下两种：

1）配合尺寸：表示两个零件之间配合性质的尺寸，如图 10-1 所示的 ϕ28H8/f7、ϕ35k6 等。

2）相对位置尺寸：表示装配机器和拆画零件图时需要保证的零件间相对位置的尺寸，如图 10-1 所示的铣刀盘的中心高尺寸 115mm。

（3）安装尺寸 安装尺寸指将机器或部件安装到其他设备或基础上所需的尺寸，如图 10-1 所示的 155mm、150mm 等。

（4）外形尺寸 外形尺寸用于表示机器（或部件）外形轮廓的大小，即总长、总宽和总高。它为包装、运输和安装过程所占的空间大小提供数据，如图 10-1 所示的 418mm、190mm。

（5）**其他重要尺寸**　其他重要尺寸是指在设计中确定的，而又未包括在上述几类尺寸中的一些重要尺寸，如运动零件的极限尺寸、主要零件的重要尺寸等。

上述五类尺寸，并不一定都标注，要看具体要求而定。此外，有的尺寸往往同时具有多种作用。因此，对装配图中的尺寸需要具体分析，然后进行标注。

10.4.2　装配图的技术要求

由于装配体的性能、用途各不相同，因此其技术要求也不同。拟订装配体的技术要求时，应具体分析，一般从以下三个方面考虑：

1）装配要求，指为保证装配体的性能，装配过程中应注意的事项，装配后应达到的要求。

2）检验要求，指对装配体基本性能的检验、试验和验收方法的说明等。

3）使用要求，是对装配体的使用、维护、保养要求及注意事项等。

上述各项，不是每一张装配图都要求全部注写，应根据具体情况而定。装配图的技术要求通常用文字注写在明细栏上方或图纸下方空白处。

10.5　装配图中的零、部件序号

为了便于读图，在装配图中，要对所有零、部件编写序号，并在标题栏上方画出零件明细栏，按图中序号把各零件填写在明细栏中。

10.5.1　零、部件序号

1. 基本要求

1）装配图中所有的零、部件均应编写序号。

2）装配图中一个部件（如油杯、滚动轴承、电动机等）可以只编写一个序号；同一装配图中相同的零、部件用一个序号，一般只标注一次；多次出现的相同的零、部件，必要时可以重复标注。

3）装配图中零、部件的序号，应与明细栏中的序号一致。

2. 零、部件序号的标注方法

从所要标注的零、部件的可见轮廓内涂一圆点，从圆点画指引线，在指引线的另一端用细实线画一水平线或圆圈；在水平线上或圆圈内注写该零、部件的序号，序号的字号要比装配图中所注尺寸数字的字号大一号或两号，如图 10-9b、c 所示。

也允许采用不画水平线或圆圈的形式，序号注写在指引线附近，序号字号要比装配图中所注尺寸数字大一号或两号，如图 10-9d 所示。同一装配图中的序号形式应当一致。

对于很薄的零件或涂黑的断面不便画圆点时，可用箭头指向该零件的轮廓线，如图 10-10所示。

3. 零、部件序号标注时的注意事项

1）零、部件的序号应注在图形轮廓线的外边。

2）必要时指引线可以画成折线，但只能曲折一次。

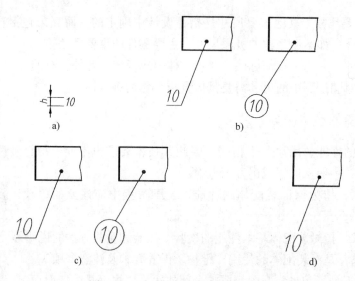

图10-9　零、部件序号的标注方法

a）装配图中所注尺寸数字　b）字号要比装配图中尺寸数字的字号大一号

c）字号要比装配图中尺寸数字的字号大两号　d）字号要比装配图中尺寸数字的字号大两号

3）指引线不能相交。

4）指引线通过有剖面线的区域时，不应与剖面线平行。

5）一组紧固件以及装配关系清楚的零件组，可以采用公共指引线，如图10-11所示。

6）装配图中相同的零件在各视图中只有一个序号，不能重复。

7）零件序号应按水平或竖直方向排列整齐，按顺时针或逆时针顺次排列，如图10-1和图10-7所示。如果在整个图上无法连续时，可只在每个水平或竖直方向顺次排列。

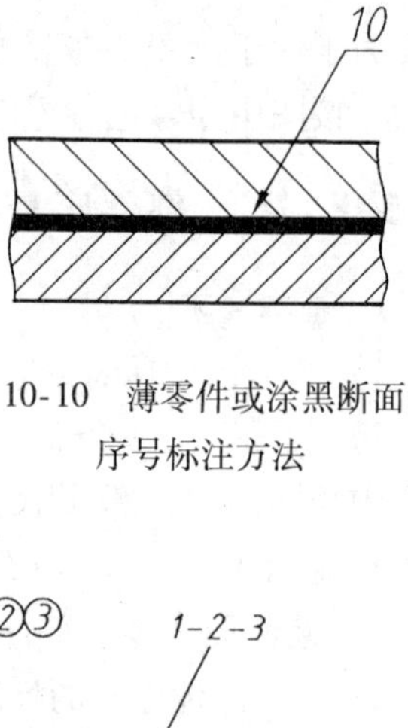

图10-10　薄零件或涂黑断面的序号标注方法

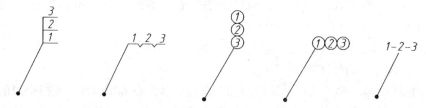

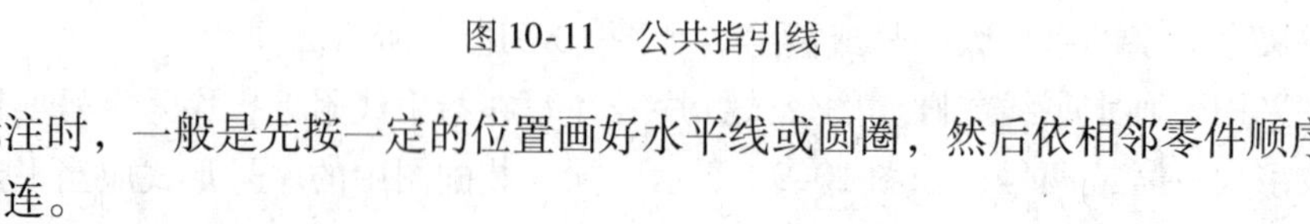

图10-11　公共指引线

实际标注时，一般是先按一定的位置画好水平线或圆圈，然后依相邻零件顺序，画出指引线与其相连。

10.5.2　零、部件的明细栏

装配图中，零、部件的明细栏格式由 GB/T 10609.2—2009 规定。明细栏的内容一般由序号、代号、名称、数量、材料、质量（单件、总计）、备注等组成，也可以按实际需要增加或减少。

明细栏一般配置在标题栏上方，外框和内格竖线为粗实线，序号以上横线为细实线，按由下而上的顺序填写（便于增加零件时可继续向上画格），格数根据需要而定。当由下而上延伸位置不够时，可紧靠在标题栏的左边自下而上延续，如图10-1所示的明细栏。

装配图中明细栏各部分的尺寸与格式如图10-12和图10-13所示。

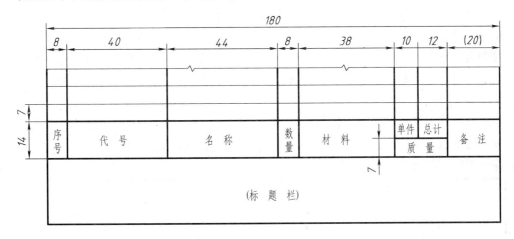

图 10-12　明细栏格式 1

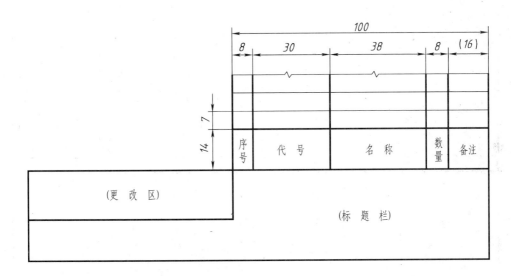

图 10-13　明细栏格式 2

当装配图中不能在标题栏的上方配置明细栏时，可作为装配图内的续页按 A4 幅面单独给出，但填写顺序是自上而下延伸。还可连续加页，但应在明细栏下方配置标题栏。

10.6　画装配图的步骤

画装配图的步骤与画零件图的步骤类似。下面以铣刀头为例来说明画装配图的步骤。

1. 确定表达方案

根据装配体的用途、工作原理、结构特征及零件之间的装配关系，确定合适的表达方案。

2. 定比例、选图幅、画出标题栏和明细栏的位置

根据装配体的大小和表达方案中图形的个数，确定画图比例和图幅。注意：选定图幅时不仅要考虑视图的大小和数量，还要考虑零件序号、尺寸、标题栏、明细栏和技术要求的布置。图幅确定后先画出图框，定出标题栏和明细栏的位置。

3. 画作图基准线

根据表达方案，画出各视图的基准线。注意：此时要考虑整个图面布局，包括图形的位置、图形间的尺寸和零件序号等，使图面布局合理，如图 10-14a 所示。

4. 画底稿

画装配图时，依装配图的结构特点不同，其方法也不一样。一般应先从主要装配干线画，按"先里后外"、"先主后次"的原则逐个画出各零件。要特别注意尽量按照装配顺序绘出各个零件，如图 10-14b、c、d、e 所示。

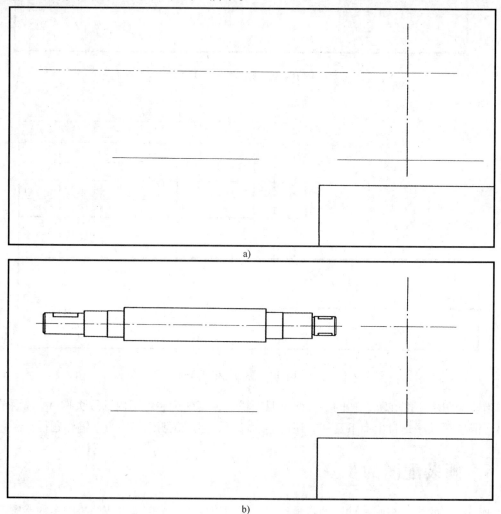

a)

b)

图 10-14 装配图的绘图步骤

a）画基准线 b）画轴

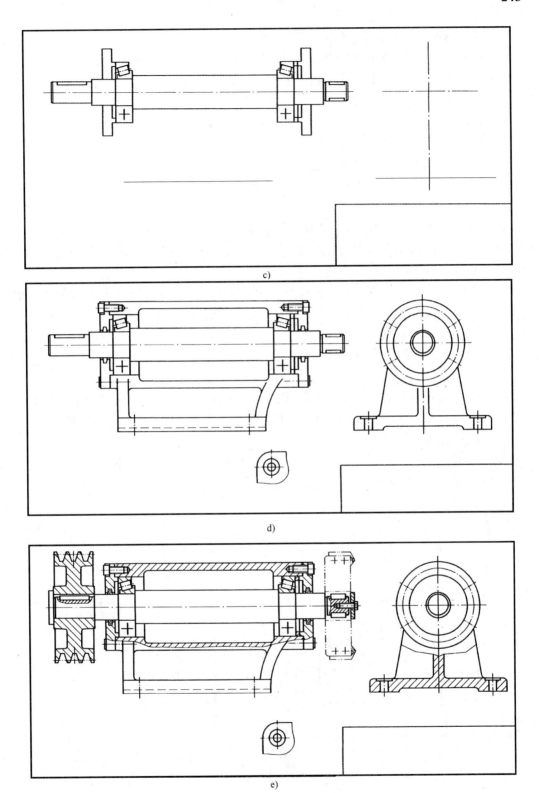

图 10-14 装配图的绘图步骤（续）

c）画轴承、垫圈、端盖 d）画座体、螺钉等 e）画带轮、铣刀盘、键等

5. 检查、修改，画剖面线，描深全图

检查有无表达上的错误和画法上的错误，予以改正，而后画剖面线。注意各零件剖面线的方向和间隔要符合装配图的要求。确信无误后描深全图。

6. 标注尺寸、编写序号、填写明细栏、注写技术要求、填写标题栏

图形完成后标注尺寸；而后依零件序号的编写方法编写序号，填写明细栏；再注写上技术要求，填写好标题栏，至此完成全图。

具体画装配图时还要注意以下几点：

1）装配图的各视图间要保持对应的投影关系，各零件、各结构要素也要符合投影关系。

2）为保证各零件间相互位置的准确，应先画主要装配干线中起定位作用的基准件，明确定位基准，再尽可能从各零件的接触面开始依次绘制各零件轮廓。基准件可根据具体机器（或部件）加以分析判断。

3）画装配图中的每个零件时，应随时检查相邻零件间的装配关系；针对接触面、配合面及间隙等不同情况，应正确表达清楚；还应检查零件间有无干涉，并及时纠正。

10.7　装配结构的合理性

为了使零件装配成机器（或部件）后能达到设计要求，并考虑到便于加工和装拆，在设计时必须注意装配结构的合理性。下面是几种常见的装配工艺结构的正误对照。

1. 配合面与接触面

两零件的接触表面，同方向一般只允许有一对接触面，这样既可保证接触良好，又可降低加工要求，如图 10-15 所示。

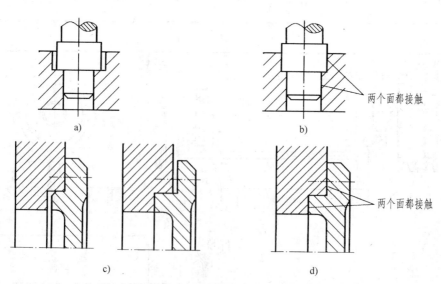

图 10-15　两零件同方向只允许有一对接触面
a）合理　b）不合理　c）合理　d）不合理

2. 相配合零件转角处工艺结构

为了确保两零件转角处接触良好，应将转角设计成倒角或槽，如图 10-16 所示。

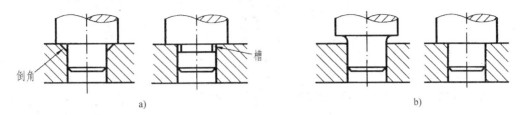

图 10-16　零件转角处设计成倒角或槽
a）合理　b）不合理

3. 减少加工面积的工艺结构

在保证可靠性的前提下，应尽量减少零件加工面积，即两零件接触面常做成凸台或凹坑，如图 10-17 所示。

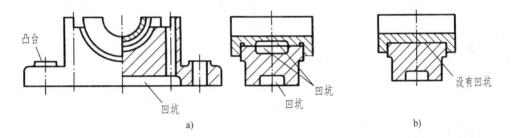

图 10-17　接触面做成凸台或凹坑
a）合理　b）不合理

4. 圆锥面配合处结构

1）圆锥面接触应有足够的长度，同时不能再有其他端面接触，以保证配合的可靠性，如图 10-18 所示。

2）定位销孔应做成通孔，便于取出，如图 10-18 所示。

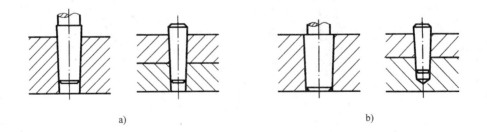

图 10-18　定位销孔
a）合理　b）不合理

5. 紧固件装配工艺结构

螺栓、螺钉连接时考虑装拆方便，应注意留出装拆空间，如图 10-19 所示。

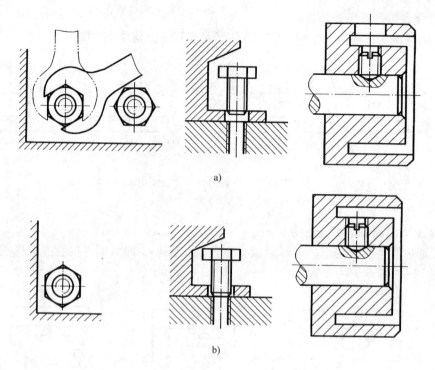

图 10-19　螺栓、螺钉连接时应留出装拆空间
a）合理　b）不合理

6. 并紧及防松结构

　　轮毂长应大于与之配合轴段长，以保证螺母、垫圈靠紧，如图 10-20 所示。为了防松可采用开槽六角螺母和开口销。

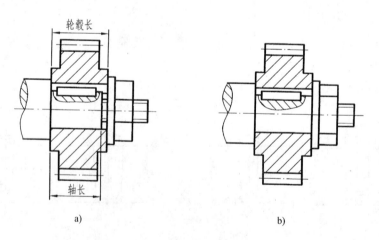

图 10-20　轮毂长应大于轴段长
a）合理　b）不合理

7. 滚动轴承轴向定位

　　轴上零件应有可靠的定位装置，保证零件不在轴上移动。图 10-21a 所示为用轴肩定位和用弹性挡圈固定轴承；图 10-22a 所示的滚动轴承左侧用轴肩定位，右侧用端盖压紧。

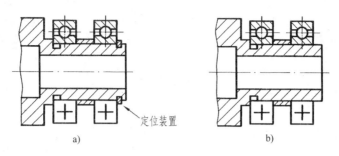

图 10-21　弹性挡圈固定滚动轴承

a）合理　b）不合理

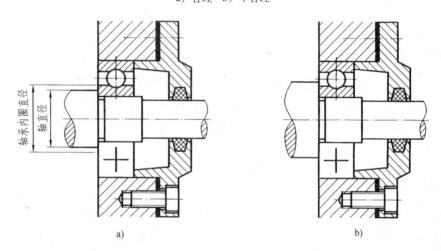

图 10-22　轴承轴向定位

a）合理　b）不合理

8. 考虑零件装、拆方便

要考虑零件装、拆方便，如图 10-21a 和图 10-22a 所示轴肩直径应小于轴承的内圈直径。

9. 填料密封结构

填料密封结构的填料与轴之间不应留有间隙；而端盖与轴之间应留有间隙（以免轴转动时与端盖摩擦，损坏零件）；同时填料压盖不要画成压紧的极限状态，应留有压紧的余地，如图 10-23 所示。

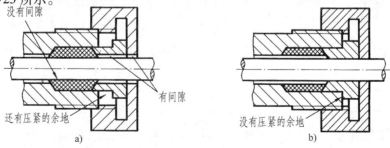

图 10-23　填料密封结构

a）合理　b）不合理

10.8　读装配图

在机器（或部件）的设计、装配、技术交流及使用、维修中，都需要读装配图。因此，读装配图是工程技术人员必须具备的基本技能。

10.8.1　读装配图的方法和步骤

读装配图的目的是了解机器（或部件）的性能和工作原理，搞清各零件的装配关系、各零件的主要结构形状和作用。下面以图 10-24 所示机用虎钳装配图为例，说明读装配图的一般步骤。

1. 概括了解

首先看标题栏，从部件（或机器）的名称可大致了解其用途。通过画图的比例，结合图上的总体尺寸可想象出该装配体的总体大小。再看明细栏，结合图中的序号了解零件的数目，估计部件的复杂程度。图 10-24 所示为机用虎钳装配图，可见其为比较简单的装配体，用于夹紧固定。

2. 分析视图，了解零件间的装配关系

了解各个视图、剖视图、断面图等的相互关系及表达意图，为下一步深入读图作准备。图 10-24 中有三个基本视图、一个断面图、一个局部放大图和一个局部视图。主视图运用了全剖，主要表达各零件的装配关系、连接方式和传动关系。左视图为半剖视图，半个视图反映外形，半个剖视图主要表达固定钳身 9、活动钳身 7、螺母 6、螺钉 5 和螺杆 4 的装配关系。俯视图主要反映外形，其中的局部剖用于表达钳口板 8 和固定钳身 9 的连接方式。断面图反映螺杆 4 右端的断面形状。局部放大图反映螺杆 4 的牙型。局部视图表达钳口板 8 的形状。

3. 分析工作原理及传动关系

一般可从图样上直接分析，当对象比较复杂时，需要参考说明书弄清工作原理和传动关系。机用虎钳工作原理：旋转螺杆，使螺母沿螺杆轴线作直线运动，螺母带动活动钳身、钳口板移动，实现夹紧或放松。

4. 深入了解零件的主要结构形状及部件的整体结构

前面三个步骤的分析是比较粗略的，下面进一步深入细致地读图。先把不同的零件区分开，弄清每个零件的主要结构形状。要做到这一点，除了利用投影关系想象零件外，还要充分利用机件的表达方法和绘制装配图的一些基本规定来区分不同零件。最常用的方法有以下几种：

1）由各零件剖面线的不同方向和间隔来分清零件轮廓的范围。如区分活动钳身 7、固定钳身 9、螺母 6 与钳口板 8。

2）利用装配图的规定画法和特殊表达方法来区分零件。如利用标准件和实心件不剖的规定可区分螺钉、油标、键和球等零件；利用常见结构的画法，可识别轴承、弹簧及密封结构等。如图 10-24 中的螺杆、螺钉及销等，很容易从图中分离出来。

251

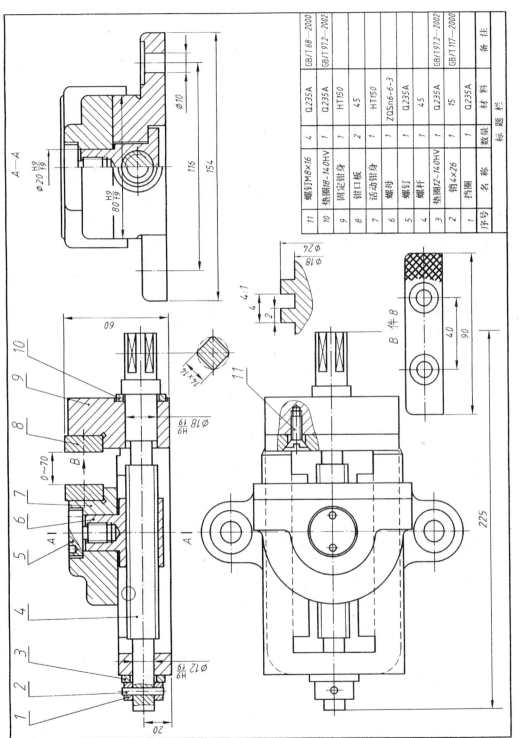

图 10-24 机用虎钳装配图

序号	名 称	数量	材 料	备 注
11	螺钉JM8×16	4	Q235A	GB/T 68—2000
10	垫圈18-140HV	1	Q235A	GB/T 97.2—2002
9	固定钳身	1	HT150	
8	钳口板	2	45	
7	活动钳身	1	HT150	
6	螺母	1	ZQSn6-6-3	
5	螺钉	1	Q235A	
4	螺杆	1	45	
3	垫圈12-140HV	1	Q235A	GB/T 97.2—2002
2	销4×26	1	15	GB/T 117—2000
1	挡圈	1	Q235A	
	标 题 栏			

3）利用零件的编号对照明细栏，找出零件数量、材料和规格等，帮助了解零件的形状、作用及确定零件在装配图中的位置和范围。

根据投影关系和上述区分零件的方法，就可以想象出各个零件的主要结构形状，进而确定零件的作用和装配方式。例如，螺钉5连接螺母与活动钳身，为方便装拆，螺钉头部有两个圆孔。

接下来分析部件的整体结构。机用虎钳由11种零件组成，结合前面对各零件的了解，可知机用虎钳的整体结构是：螺杆4装在固定钳身9上，通过垫圈3、挡圈1和销2使螺杆4只能转动而不能沿轴向运动。螺母6旋在螺杆4上，通过螺钉5，螺母6和活动钳身7连在一起。活动钳身7和固定钳身9在钳口部位用两个螺钉11固定上钳口板8。至此，机用虎钳工作原理和各零件间的装配关系更加清楚。

5. 分析尺寸和技术要求

机用虎钳的性能尺寸是 0～70mm，它指明了活动钳身的运动范围。$\phi 12H9/f9$ 和 $\phi 18H9/f9$ 是螺杆4与固定钳身9的配合尺寸；80H9/f9 是活动钳身7与固定钳身9的配合尺寸；$\phi 20H9/f9$ 是螺母6与活动钳身7的配合尺寸。116mm、40mm、$\phi 10mm$ 是安装尺寸。225mm、154mm、60mm 是总体尺寸。其余尺寸是零件的定形尺寸和定位尺寸。

如果部件有技术要求，还要进一步分析其技术要求。

经过以上步骤，对整个机用虎钳的结构、功能、装配关系和尺寸大小等就有了全面的认识，完成了读图过程。

10.8.2 读装配图要点

要读懂较复杂装配图，除了按以上步骤进行外，还要注意围绕装配干线，弄清以下几个要点：

（1）**运动关系** 运动如何传递，哪些零件运动，哪些零件不动，运动的形式如何（转动、移动、摆动、往复……），由哪些零件实现运动的传递。

（2）**配合关系** 凡有配合的零件，都要弄清基准制、配合种类和公差代号。

（3）**连接和固定方式** 各零件之间是用什么方式连接和固定的。

（4）**定位和调整** 零件上何处是定位表面，哪些面与其他零件接触，哪些地方需要调整，用什么方法调整等。

（5）**装拆顺序** 图10-24所示机用虎钳的装配顺序是：固定钳身9→垫圈10→螺杆4→螺母6→垫圈3→挡圈1→销2，活动钳身7→螺钉5→钳口板8→螺钉11。

（6）**主要零件的结构形状** 想象出主要零件的形状对看懂装配图十分重要。对少数较复杂的零件，可采用形体分析或线面分析等投影分析方法。

10.9 由装配图拆画零件图

在设计新机器时，经常是先画出装配图，确定主要结构，然后根据装配图来画零件图，这称为拆画零件图，简称拆图。拆图的过程也是继续设计零件的过程，其步骤如下：

1. 确定零件的基本形状

首先要看懂装配图，清楚所画零件的基本结构形状、大致尺寸及作用。这是拆图的基础。

2. 选择表达方案

装配图上的视图选择方案主要从表达装配关系和整个部件情况来考虑。因此，在选择零件的视图时不应简单照抄，而应从零件的形状、作用及加工工艺等各方面考虑，采用更为合适的零件表达方案。

图 10-25 所示为机用虎钳的活动钳身零件图，其主视图和其他视图的表达方案就与该零件在装配图上的表达方案不一样，其主视图的投射方向是按该零件的加工位置和主工序确定的。

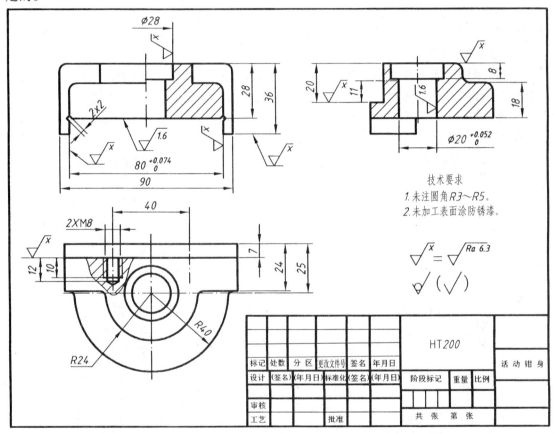

图 10-25　机用虎钳的活动钳身零件图

3. 画图

表达方案确定后，即可按照通常的绘图步骤画图。实际绘图时还会遇到下面的问题：

（1）零件的尺寸确定　装配图上对零件的尺寸标注不完全，所以拆画零件图时，要确定零件的所有尺寸。可按如下方法确定零件的尺寸：

1）已在装配图上标注出的零件尺寸是与设计和装配有关的尺寸，要全部应用到零件图上。

2）零件上的工艺结构和标准结构的尺寸应查阅有关标准后确定，如齿轮的分度圆尺寸，键槽尺寸等。

3）除零件上的工艺结构和标准结构尺寸外，装配图上没有的尺寸，可由装配图上按比例大小直接量取、计算或根据实际自行确定，但要注意圆整。

（2）完善零件形状 由于装配图主要表达装配关系，因此，对某些零件的形状往往表达不完全，可按如下方法完善零件形状：

1）根据零件的功用、零件结构知识和装配结构知识补充完善零件形状。某些局部结构甚至要重新设计。

2）补充装配图上省略的零件上的工艺结构。如倒角、退刀槽、圆角、顶尖孔等，在拆图时均应画出。

4. 标注尺寸

按照零件图的尺寸标注要求标注尺寸，包括装配图上已标注出的零件尺寸、查阅国家标准得到的工艺结构尺寸、标准结构尺寸以及自行确定或计算出的尺寸。

5. 注写技术要求

根据装配图上该零件的作用及与其他零件的装配关系，结合自己掌握的结构和工艺方面的知识、经验，或者参考同类产品的图样资料，确定零件各表面的表面结构要求，各要素的尺寸公差、几何公差要求，以及工艺处理等技术要求，然后将其注写在零件图上。

6. 校核图样，填写标题栏

仔细检查图形、尺寸、技术要求，确信无误后填写标题栏，完成全图。

第11章 零部件测绘

测绘就是对现有机器或部件进行实物测量，绘制零件草图，然后根据零件草图和测量的尺寸绘制装配图，再由装配图拆画零件图的过程。

11.1 测绘的目的和步骤

11.1.1 测绘的目的

测绘在生产中的应用比较广泛，主要用于仿制机器或部件、推广学习先进技术、技术改造或修配、技术资料存档与技术交流等。测绘是工程技术人员必须熟练掌握的基本技能。测绘工作需要多方面的知识，如机械设计、金属工艺学、公差与技术测量、金属材料及热处理等。在学习机械制图课程阶段所进行的部件测绘，重点在于图形表达、尺寸标注以及一般技术要求拟订等。更深入的问题则有待后续课程去完成。

通过零部件测绘这一环节应达到以下目的：

1）全面、系统地复习已学知识，进一步培养分析问题和解决问题的能力，继续提高绘图技能和技巧，并在测绘中综合应用。

2）熟悉测绘的基本方法和步骤，培养初步的整机或部件测绘能力，为实际生产中的测绘打下基础。

3）学会常用测量工具的使用方法，学会查阅有关资料。

4）为后续课程的课程设计和毕业设计奠定基础。

11.1.2 测绘的步骤

1. 测绘准备工作

被测对象准备：教学模型或生产实际中使用的机器或部件。

测绘工具准备：拆卸工具、量具、检测仪器、绘图用品。

测绘场地准备：做好场地的清洁工作。

教学测绘一般分组进行。

2. 了解被测对象

通过观察和研究被测对象（机器或部件）以及参阅有关产品说明书等资料，了解被测对象的功用、性能、工作运动情况、结构特点、零件间的装配关系、零件的形状、作用以及装拆方法。

3. 拆卸零件及注意事项

拆卸零件必须按顺序进行。拆卸零件时还要注意：

1）拆卸时要选用合适的拆卸工具，不可盲目敲打，以免损坏零件。对于不可拆的连接（如焊接、铆接、过盈配合连接）一般不要拆开；对于较紧的配合或不拆也可测绘的零件，尽量不拆，以免破坏零件间的配合精度，并可节省测绘时间。

2）对拆下的零件，要及时按顺序编号，加上号签，妥善保管，防止螺钉、垫片、键、销等小零件丢失。对重要的精度较高的零件要防止碰伤、变形和生锈，以便再装时仍能保证部件的性能和精度要求。

3）拆卸零件时要测量并记录必要的原始数据（几何精度、主要间隙、活动范围等），以便重新装复后能够恢复原有性能。

4）对于结构复杂的部件，为了便于拆散后装配复原，最好在拆卸时绘制出部件装配示意图。

4. 绘制装配示意图

装配示意图是在机器或部件拆卸过程中所画的记录图样，是绘制装配图和重新进行装配的依据。它应表达出所有零件之间的相对位置、装配与连接关系、传动路线等。

装配示意图的画法没有严格的规定，通常用简单的线条画出零件的大致轮廓，有些零件可参考机构运动简图符号（查阅《技术制图》国家标准）画出。绘制示意图时，把装配体看成是透明体，既要画出外部轮廓，又要画出内部结构。对零件的表达一般不受前后、上下等层次的限制，可以先从主要零件着手，依次按装配顺序把其他零件逐个画出。示意图一般只画一两个视图，而且接触面之间应留有间隙，以便区分不同的零件。

装配示意图上应按顺序编写零件序号，并在图样的适当位置上按序号注写出零件的名称及数量，也可以直接将零件名称注写在指引水平线上。零件序号、名称应与拆卸时加上的号签一致。

图 11-1 所示为机用虎钳轴测图，图 11-2 所示为其装配示意图。示意图中螺杆、螺钉、销等都是按照规定的符号画出的，固定钳身、活动钳身等零件没有规定的符号，则只画出大致轮廓，而且各零件不受其他零件遮挡的限制，作为透明体来表达。

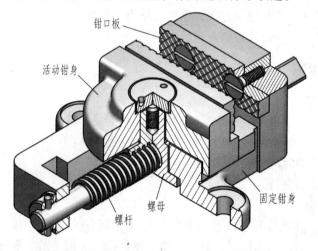

图 11-1　机用虎钳轴测图（剖掉左前角）

5. 绘制零件草图

零件草图是画装配图和零件图的依据。它的内容、要求、画图步骤都与零件图相同，不同的是草图要凭目测零件各部分尺寸比例徒手绘制。一般先画好图形，再进行尺寸标注。画草图时应注意以下几点：

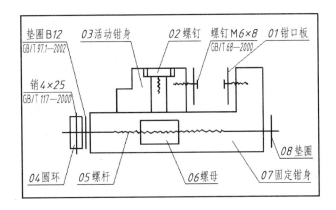

图 11-2　机用虎钳装配示意图

1）画非标准件的草图时，所有工艺结构如倒角、凸台、退刀槽等都应画出。但制造时产生的误差或缺陷不应画在图上，如对称形状不太对称、圆形不圆以及砂眼、裂纹等。

2）零件上的标准结构要素（如螺纹、键槽等）的尺寸在测量以后，应查阅有关国家标准，核对确定。零件上的非加工面和非主要尺寸测量后应圆整为整数。如果零件（或结构）有国家标准尺寸系列，测量后尺寸要符合该系列。

3）两零件的配合尺寸和互有联系的尺寸应在测量后同时填入两个零件的草图中，以保证相关尺寸的协调一致，并节约时间和避免差错。

4）零件的技术要求，如表面结构、公差与配合、几何公差、热处理方式和硬度要求、材料牌号等可根据零件的作用、工作要求确定，也可参阅同类产品图样和资料类比确定。

5）标准件可不画草图，但要测出主要参数的尺寸，然后查有关标准，确定标准件的类型、规格和标准代号。

如果测绘对象是教学模型应当注意：一般教具与实际工程对象相比，结构完全仿真，体积较小，制作比较粗糙；为便于装拆，各配合连接处都较松；为了轻巧防锈，用料也与实际工程对象不符。因此，草图上有关技术要求的内容，应在教师指导下参考相关资料注出。

6. 绘制装配图

根据装配示意图和全套零件草图绘制装配图。装配图要表达出装配体的工作原理和装配关系以及主要零件的结构形状。

在绘制装配图的过程中，要检查零件草图上的尺寸是否协调合理，若发现零件草图上的形状和尺寸有错，应及时更正再画图。

装配图画好后，必须注明该机器或部件的规格、性能及装配、检验、安装时的尺寸，还必须用文字说明或采用符号形式指明机器或部件在装配调试、安装使用中必要的技术条件。最后应按规定要求填写零件序号和明细栏、标题栏的各项内容。

7. 绘制零件图

由零件草图和装配图绘制零件工作图，并完整、正确、清晰、合理地标注尺寸，在教师指导下注写技术要求，按规定要求填写标题栏。

完成以上测绘任务后，对图样进行全面检查、整理，装订成册。

11.2 常用测绘工具及零件尺寸测量方法

11.2.1 测绘工具

1. 拆卸工具

常用的拆卸工具有：扳手、锤子、手钳、螺钉旋具等。生产实际中为拆卸过盈、过渡配合的零件，需要采用专用设备或器具，如压力机、拔轮器等。

2. 测量工具

测量尺寸用的简单工具有：钢直尺、外卡钳、内卡钳、螺纹样板、圆角规、塞尺；测量较精密的零件时，要用百分表、游标万能角度尺、游标卡尺、千分尺或其他工具。

钢直尺、游标卡尺和千分尺上有刻度，测量零件时可直接从刻度上读出零件的尺寸。用内、外卡钳测量后，还需用钢直尺测量卡钳口读出零件的尺寸。

11.2.2 常用的测量方法

在测绘中，测量零件的尺寸是很重要的一项内容。正确的测量方法和使用准确、方便的测量工具，不仅会减少尺寸测量误差，而且还会加快测绘速度。下面介绍常见的测量方法。

1. 测量直线尺寸（长、宽、高）

直线尺寸一般可用钢直尺或游标卡尺直接测得，如图 11-3 所示。

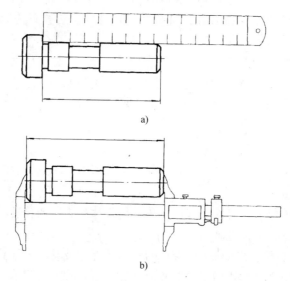

a)

b)

图 11-3　测量直线尺寸

a) 用钢直尺直接测量尺寸　b) 用游标卡尺测量尺寸

2. 测量回转面的直径

回转面直径尺寸可用内、外卡钳测量，测绘中也常用游标卡尺测量，如图 11-4a、b、c 所示。精密零件用千分尺或百分表测量内、外径，如图 11-4d、e、f 所示。

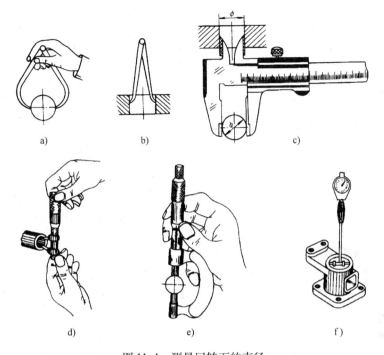

图 11-4　测量回转面的直径

a）外卡钳测量外径　b）内卡钳测量内径　c）游标卡尺测量内、外径
d）千分尺测量内径　e）千分尺测量外径　f）百分表测量内径

3. 深度的测量

深度可以用钢直尺或带有尾伸杆的游标卡尺直接测得，如图 11-5 所示。

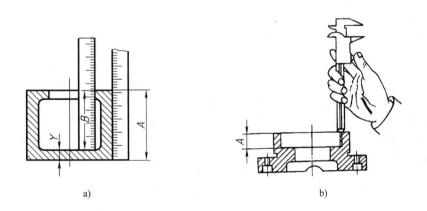

图 11-5　深度的测量

a）用钢直尺测量深度　b）用游标卡尺的尾伸杆测量深度

4. 壁厚的测量

壁厚可用钢直尺和外卡钳结合进行测量，也可用游标卡尺和垫块结合进行测量，如图 11-6 所示。

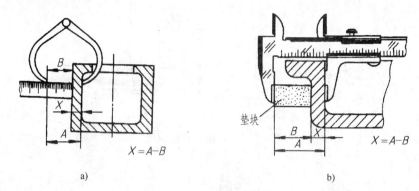

图 11-6 壁厚的测量

a) 用钢直尺和外卡钳结合测量壁厚 b) 用游标卡尺和垫块结合测量壁厚

5. 两孔中心距的测量

当两孔直径相等时，如图 11-7a 所示，可先测出 K 和 d，则孔中心距 $A = K + d$。当两孔直径不等时，如图 11-7b 所示，可先测出 K、孔径 D 和 d，则孔中心距 $A = K - (D + d)/2$。

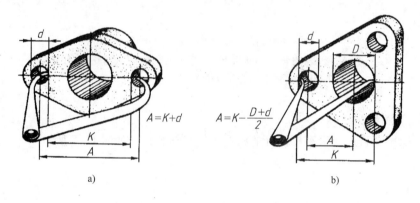

图 11-7 两孔中心距的测量

a) 两孔直径相等时测量孔中心距 b) 两孔直径不等时测量孔中心距

6. 圆角和圆弧半径的测量

各种圆角和圆弧半径的大小可用半径样板进行测量，如图 11-8 所示。

7. 间隙的测量

两平面之间的间隙通常用塞尺进行测量，如图 11-9 所示。

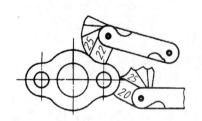

图 11-8 用半径样板测量圆角和圆弧半径

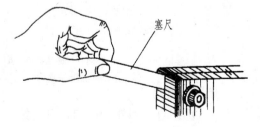

图 11-9 用塞尺测量间隙

8. 角度的测量

角度通常用游标万能角度尺进行测量，如图 11-10 所示。

9. 螺纹的测绘

测绘螺纹时，可采用如下步骤：

1）确定螺纹线数和旋向。

2）测量螺距。可用拓印法，即将螺纹放在纸上压出痕迹并测量，如图 11-11a 所示；也可用螺纹规测量，选择与被测螺纹能完全吻合的规片（其上刻有螺纹牙型和螺距）即可直接确定，如图 11-11b 所示。

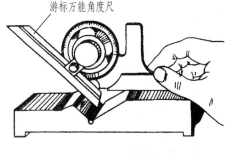

图 11-10　用游标万能角度尺测量角度

3）用游标卡尺测量外螺纹大径。内螺纹的大径无法直接测得，可先测量小径，然后由标准查出大径。

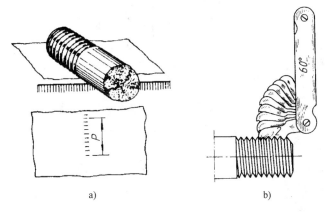

a)　　　　　　　　　　　　　b)

图 11-11　螺纹的测绘

a）拓印法　b）螺纹规测量

4）查标准，定代号。根据牙型、螺距和大径，查有关标准，确定螺纹代号。

10. 曲线和曲面的测绘

曲线和曲面要求测量得很准确时，必须用专门的量仪，如三坐标测量仪等。要求测量得不太准确时，常用下面三种方法测量。

1）拓印法：对于柱面部分的曲率半径的测量，可用纸拓印其轮廓，得到如实的平面曲线，然后判定该曲线的圆弧连接情况，测量其半径，如图 11-12a 所示。

2）铅丝法：对于曲线回转面零件的母线曲率半径的测量，可用铅丝弯成实形后，得到如实的平面曲线，然后判定曲线的圆弧连接情况，最后用中垂线法求得各段圆弧的中心，测量其半径，如图 11-12b 所示。

3）坐标法：一般的曲线和曲面都可用钢直尺和三角板定出曲面上各点的坐标，在图上画出曲线，或求出曲率半径，如图 11-12c 所示。

11. 标准圆柱齿轮的测绘

这里所讲的齿轮测绘的方法，只适用于技术要求不高的标准齿轮。

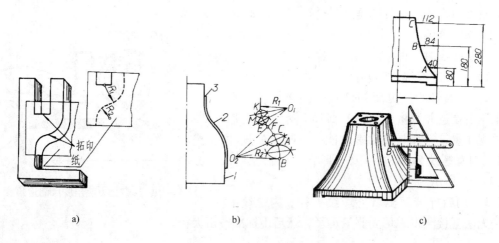

图 11-12　曲线和曲面的测绘

a）拓印法　b）铅丝法　c）坐标法

齿轮测绘时，除轮齿外，其余部分与一般零件的测绘方法相同，因而这里只介绍圆柱齿轮的轮齿部分的测绘方法。

（1）直齿圆柱齿轮的测绘　测绘直齿圆柱齿轮时，主要是确定齿数 z 与模数 m，然后根据表 8-5 中的计算公式算出各部分尺寸，其步骤如下：

1）数出被测齿轮的齿数 z。

2）测量出齿顶圆直径 d_a。当齿轮的齿数是偶数时，d_a 可以直接量出；若齿轮的齿数为奇数，如图 11-13 所示，$d_a = 2e + D$，其中 e 是齿顶到轴孔的距离，D 为齿轮的轴孔直径。为了减少测量误差，可在齿轮上选择三个不同的位置，分别进行测量，然后取平均值。

3）根据公式 $m = d_a / (z + 2)$，计算出模数 m。然后根据表 8-4，选取与其相近的标准模数。

4）根据标准模数，算出分度圆直径 d、齿顶圆直径 d_a、齿根圆直径 d_f 等几何尺寸。

5）所得尺寸要与实测的啮合两齿轮的中心距 a 核对，必须符合公式

$$a = d_1/2 + d_2/2 = mz_1/2 + mz_2/2 = m (z_1 + z_2) /2$$

式中，d_1、z_1 是齿轮 1 的分度圆直径和齿数；d_2、z_2 是齿轮 2 的分度圆直径和齿数。

6）测量其他各部分尺寸。

（2）斜齿圆柱齿轮的测绘　斜齿圆柱齿轮的轮齿与轴线有一倾角 β，称为螺旋角，因此，它的端面齿形与法向（垂直于齿向）齿形不同。由此而出现端面模数 m_t、端面齿距 p_t 与法向模数 m_n、法向齿距 p_n，如图 11-14 所示。它们的尺寸关系为

$$p_n = p_t \cos\beta, \quad m_n = m_t \cos\beta$$

法向模数是斜齿圆柱齿轮的主要参数，设计时取标准值。斜齿圆柱齿轮各部分尺寸计算公式见表 11-1。

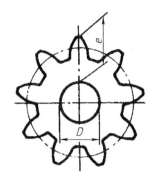

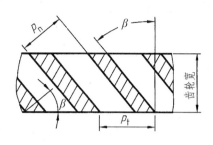

图 11-13　奇数齿齿轮齿顶圆直径的测量　　　　　　　图 11-14　斜齿圆柱齿轮的螺旋角

表 11-1　斜齿圆柱齿轮各部分尺寸计算公式

基本参数：法向模数 m_n，齿数 z，螺旋角 β

名　称	符　号	计算公式
法向齿距	p_n	$p_n = m_n\pi$
齿顶高	h_a	$h_a = m_n$
齿根高	h_f	$h_f = 1.25m_n$
齿高	h	$h = 2.25m_n$
分度圆直径	d	$d = m_n z/\cos\beta$
齿顶圆直径	d_a	$d_a = d + 2m_n$
齿根圆直径	d_f	$d_f = d - 2.5m_n$
中心距	a	$a = m_n\ (z_1 + z_2)\ /\ (2\cos\beta)$

　　测绘斜齿圆柱齿轮时，主要是确定出基本参数：齿数 z、法向模数 m_n、螺旋角 β，然后根据表 11-1 有关计算公式，算出各部分尺寸，其具体步骤如下：

　　1）数出被测量齿轮的齿数 z。

　　2）测量出齿顶圆直径 d_a 和齿根圆直径 d_f（方法与测绘直齿轮时相同）。

　　3）由 $d_a = d + 2m_n$ 和 $d_f = d - 2.5m_n$，得出 $m_n = (d_a - d_f)/4.5$，算出法向模数 m_n。算出的模数应按照表 8-4 选取与其相近的标准模数。

　　4）由 $d_a = d + 2m_n$，算出分度圆直径 $d = d_a - 2m_n$。

　　5）由 $d = m_n z/\cos\beta$，算出螺旋角 β，并记下螺旋线的旋向。

　　6）所得螺旋角 β 要与实测的中心距 a 核对，必须符合公式

$$a = d_1/2 + d_2/2 = m_t\ (z_1 + z_2)\ /2 = m_n\ (z_1 + z_2)\ /\ (2\cos\beta)$$

　　7）测量其他各部分尺寸。

11.3　一级圆柱齿轮减速器的测绘步骤

11.3.1　减速器测绘的任务、要求与时间安排

　　测绘开始前，教师布置任务，学生购买坐标纸、图纸，准备绘图用具等。根据减速器的

数量及学生人数，学生分组测绘。

减速器测绘的具体任务、要求及时间安排（约 30 学时）见表 11-2。

表 11-2　减速器测绘的具体任务、要求及时间安排

参考学时	任务	具体内容和要求
约 2 学时	拆卸减速器，画装配示意图	了解减速器的工作原理和装配关系。用专用工具按正确的拆卸顺序拆卸各零件，同时将拆卸下来的每一个零件按照先后顺序编号，并作适当记录，分清标准件和非标准件，画出部件装配示意图
约 12 学时	绘制一套减速器所有非标准件的零件草图	草图用坐标纸徒手绘制。注意零件的表达方案应正确。将全部零件草图的图形绘制完成后，再统一测量并标注尺寸，相关零件的关联尺寸要同时注出，避免矛盾。标准件不需要测绘，只需测量尺寸后查阅标准，写出规定标记即可
约 10 学时	绘制一张减速器装配图	确定减速器装配图的表达方案，根据测绘的零件图和装配示意图拼画装配图。注意，在此过程中要同时修改已测绘的零件图
约 6 学时	绘制两张主要零件图	将主要零件整理成零件工作图。零件工作图应由装配图中拆画得到，在画零件工作图的过程中也可参考已绘制的零件草图

注意，在绘制零件草图、装配图和拆画零件图的过程中，可随时参阅本书的有关章节。

11.3.2　减速器的测绘过程

1. 了解减速器的工作原理、主要结构

（1）减速器的工作原理　减速器是通过装在箱体内的一对或多对啮合的齿轮，由小齿轮带动大齿轮，以降低大齿轮轴转速的一种机构。

啮合齿轮的对数称为减速器的级数。图 11-15 所示减速器中只有一对啮合的直齿圆柱齿轮，故称为一级直齿轮减速器。

（2）减速器的结构　弄清减速器各零件的结构形状、装配关系，对于零件的测绘和装配图的绘制都非常重要。下面以图 11-15 所示减速器为例，说明其结构。

一级减速器有两条轴系，两轴分别由滚动轴承支承在箱体上。箱体前后对称，轴承和端盖以对称位置安装在齿轮的两侧。轴承内圈与轴、外圈与箱体座孔一般采用过渡配合。四个端盖分别嵌入箱体座孔的环槽内（这种端盖称为嵌入式端盖），从而确定了轴和轴上零件的轴向位置。装配时只需修磨两轴上调整环的厚度，就可使轴向间隙达到设计要求。

箱体采用剖分式，沿齿轮轴线所在平面分为机盖和机体，两者采用普通螺栓连接。为使机盖和机体对正，在零件左右两边的凸缘处对角位置采用两圆锥销定位。箱体轴承孔和端盖孔要求有较好的同轴度，为保证精度，应将机盖和机体合在一起配加工这些孔。

机体内装有机油，用于齿轮啮合润滑。液面高度通过油尺观察。机体底面有斜度，放油螺塞孔低于机体底面，以便清洗时旋下螺塞能放尽油泥。为了密封，螺塞和螺塞孔一般采用细牙螺纹。

机盖上有窥视孔，用螺钉装配视孔盖，拆去视孔盖可检验齿轮磨损情况或加油。

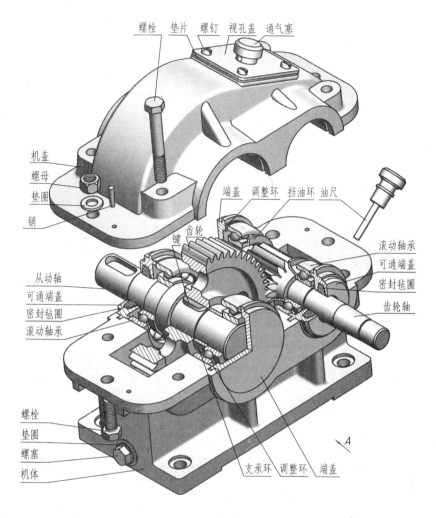

螺栓　垫片　螺钉　视孔盖　通气塞

机盖
螺母
垫圈
销

端盖　调整环　挡油环　油尺

键　齿轮

从动轴
可通端盖
密封毡圈
滚动轴承

滚动轴承
可通端盖
密封毡圈
齿轮轴

螺栓
垫圈
螺塞
机体

支承环　调整环　端盖

图 11-15　减速器立体图

有些减速器为了防止机盖与机体的结合面渗漏油或者为轴承汇集润滑油，会在机体结合面四周铣出（或铸出）回油槽。为了减小因传动件工作使箱体内温度升高而增大的压力，有些减速器会在视孔盖上装上通气塞。

较大减速器箱体的左右两边会有两个吊钩（或吊孔），用于起吊运输。

2. 拆卸减速器

拆下连接机盖与机体的螺栓，将机盖拿掉。若有起盖螺钉则可以拧动它将机盖顶起再拿掉。对于轴系上的零件，整个取下该轴系，依次拆下各零件。其他各部分拆卸比较简单，不再赘述。

装配时，按照后拆的零件先装、先拆的零件后装的顺序，即可完成装配。

3. 画出装配示意图

减速器装配示意图如图 11-16 所示。

4. 画全部非标准件的零件草图

（1）零件草图布置　在草图纸上绘制零件草图时，为了使相关零件标注尺寸正确、相

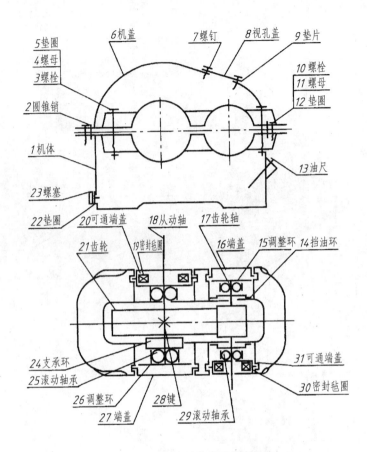

图 11-16 减速器装配示意图

符，方便绘制装配图时参考，同时又节省图纸，通常可在一张草图纸上绘制若干相关零件草图。各个零件草图可根据图形的大小在纸上灵活布置。草图中可采用简易标题栏，只说明零件名称或示意图中的序号以及零件材料即可。图 11-17 所示为减速器上几个零件草图绘在一张图纸上的示例。

（2）零件草图的绘制 对于每一个非标准件零件，首先选择表达方案。可参考第 9 章中四类典型零件的表达方案，分析所画零件为哪一类，然后根据其形状结构及在减速器中的位置、作用，采用合适的表达方法。

实际绘制草图时，为提高绘图速度及准确性，可按拓印法把一些较轻、较小的零件直接在纸上拓印其轮廓。

1）主、从动轴：因主动齿轮径向尺寸较小，将其与轴制成一体，称为主动齿轮轴。从动轴为阶梯轴。按轴套类零件绘制主、从动轴的草图，注意正确图示轴上键槽和主动齿轮轴上的轮齿。

2）大齿轮：大齿轮多为辐板连接轮齿和轮毂，辐板上常有均布的减轻孔。按 11.2.2 "11. 标准圆柱齿轮的测绘"中的方法测其轮齿的齿数和模数等。按轮盘类零件绘制其草图，注意正确图示轮毂上轴向贯通的键槽及辐板上的减轻孔。

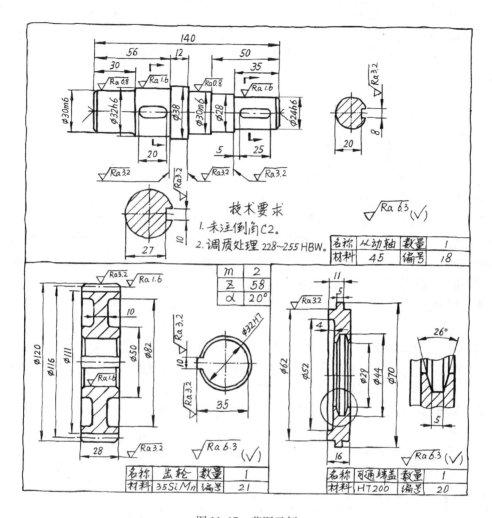

图 11-17　草图示例

3）机盖、机体结构的测绘：机盖、机体是减速器最复杂的零件，用于承载和包容两轴系。在绘制其草图（或零件图）时，一般要有两个基本视图结合局部视图或三个基本视图才能表达清楚。除了要准确绘制机盖、机体的主要外廓和内腔结构外，还要在相应的视图中对机盖、机体上的螺栓孔、安装孔、定位销孔、机盖的窥视孔、起盖螺钉孔以及机体的油尺孔、排油孔进行表达并定位。在这些孔的轴线视图中常采用局部剖。对于多个相同的孔，一般只表达一个，其余用细点画线表示位置。在绘图时，还要注意机盖、机体的铸造工艺结构和机械加工工艺结构，如圆角、螺栓孔和凹坑等。

4）轴承端盖：分为可通端盖和不通端盖，也可分为嵌入式端盖和凸缘端盖。本例所示的端盖为嵌入式端盖，通过端盖外缘上的凸肩嵌入箱体座孔的环槽内。端盖按轮盘类零件绘制草图，主视图一般轴线水平放置，且为剖视图。

5）挡油环：减速器的滚动轴承采用脂润滑，大、小齿轮的啮合通过大齿轮浸油而润滑。挡油环可避免大齿轮将油池中的油飞溅至滚动轴承，稀释润滑脂，降低轴承的润滑效果。挡油环按轮盘类零件绘制草图。

6）调整环：调整环的作用是调整轴上零件的轴向定位和调整滚动轴承的轴向间隙。调整环按轮盘类零件绘制草图，可用一个图形加尺寸表达。

7）支承环：支承环的作用是定位轴上的齿轮，其草图绘制同调整环相同。

8）视孔盖：视孔盖常用钢板或铸件制成（教学模型一般用透明材料），按轮盘类零件绘制草图。

9）通气塞：通气塞内一般制有轴向和径向垂直贯通的孔，既保证箱体内外通气，又不致使灰尘进入箱内。由于通气塞较小，可采用放大的比例绘图，并采用局部剖视表达其垂直贯通的孔。

10）油尺：油标尺用来测量箱体内机油液面高度，可采用放大的比例绘制草图。

（3）零件草图标注尺寸　在绘制草图的同时，应引出零件所有尺寸的尺寸界线、尺寸线，以备标注尺寸。草图绘完后，用测量工具逐个测量每一个零件，并将所得尺寸在草图上标注出来。应注意，尺寸要标注齐全，涉及零件间相互配合、装配的尺寸不能产生矛盾。例如，机盖、机体要测量的尺寸较多，不能缺少，尤其是与两个轴承孔相关的定形和定位尺寸要准确，否则绘制装配图时会出现矛盾。另外，零件上的标准化结构，如退刀槽、键槽、倒角、圆角、螺纹和齿轮的模数等，在测出尺寸后应查相应国家标准，取最相近的标准值标注在图中。

（4）注写草图上的技术要求　草图上也应注写零件的尺寸公差、表面结构、几何公差、材料和热处理的方式等。可根据零件的作用和工作要求，在教师的指导下，查阅相关资料或参考同类产品的图样，类比确定。

（5）填写简易标题栏　在每一个零件草图的右下方，画一个简易标题栏，填写零件的名称、材料、数量和编号等。

5. 确定标准件的规格

轴承、连接螺栓、螺母、键、定位销、起盖螺钉和螺塞是标准件，应测量其主要尺寸，查相关国家标准，确定其规格标记，做好记录。

轴承的主要参数为内径、外径及宽度。螺纹紧固件的主要参数是其长度和螺纹的公称直径、螺母的厚度等。键的主要参数为键宽、键高及键长。圆锥销的主要参数为小端直径及长度。

6. 画装配图

根据零件草图及装配示意图选择适当的表达方案画装配图。

（1）确定表达方案　宜采用如下视图表达减速器。

1）主视图应符合减速器工作位置，重点表达其外形。注意区分机盖、机体，其结合面要画粗实线。对于螺栓连接、销连接、视孔盖、放油螺塞、油尺等采用局部剖视。对螺栓连接、销连接采用局部剖，表达机盖和机体之间的装配连接关系。对视孔盖采用局部剖，可显示机盖的壁厚、视孔盖的厚度、窥视孔的长度等。注意，要表达视孔盖与机盖的螺钉连接，要采用剖中剖。对放油螺塞部位、油尺部位采用局部剖，可显示放油螺塞、油尺的安装情况，同时可显示机体的壁厚、机油液面高度等。

2）俯视图采用沿机盖和机体的结合面剖切的画法，重点表达两轴系的装配关系、零件之间的相互位置、齿轮的啮合情况等，同时显示螺栓孔、销孔的位置。如果机体上有回油槽，也可清晰显示其形状。另外，对俯视图采用局部剖，可表达机体下面的安装孔的形状及位置。

3）为了表达机盖和机体前后方向的外部轮廓，反映放油螺塞、油尺的位置，吊装孔（或吊装钩）的位置，以及标注安装尺寸等，还应画左视图（或右视图）或局部左视图（或局部右视图）。结合主视图和俯视图，也可以考虑在其上作局部剖。

另外，还应画一个从上向下投影的局部视图，表达机盖上安装螺栓凸台的形状。

（2）画装配图

1）根据减速器的大小选择合适的绘图比例及图纸。

2）合理布图，画出作图基准线。主视图中，箱体座孔的对称线和机体底面为作图基准线；俯视图中，两轴线为作图基准线；左视图中，轴线及机体底面为作图基准线。

3）一般是先画装配线上起定位作用的零件，然后按装配顺序画出各个零件。对减速器，从俯视图入手，先画相啮合的齿轮，由此按各个零件的尺寸及安装顺序画出各零件。而后按照投影关系，几个视图结合起来画，保证图形准确，同时提高绘图速度。

具体绘图时除了零件的自身画法要正确，还要注意各个零件的装配关系要清楚、合理。以俯视图中大齿轮轴系为例予以说明：不通端盖外缘上的凸肩，嵌入箱体座孔的环槽内，以固定轴向位置；为保证滚动轴承的轴向定位，端盖的内侧凸缘应与调整环端面接触，调整环的另一端面与滚动轴承外圈端面应有合适的间隙（很小，不必画出）；轴承与大齿轮轮毂之间装上支承环，固定大齿轮与轴承之间的间隔；支承环的高度要小于轴承内圈的高度；大齿轮的轮毂另一侧紧贴轴肩，在轴肩的另一侧装配轴承。在可通端盖和轴承之间，如有必要，也要加调整环。可通端盖的环槽内应画出密封毡圈（防止灰尘侵入磨损轴承）。轴承为标准部件，在装配图上可采用国家标准规定的规定画法、通用画法或特征画法。

绘制装配图时，若发现零件的结构或尺寸与装配结构不符或有错误，应及时对草图或其尺寸进行修正。

4）详细检查，补画装配细节，擦掉多余图线，加深各类图线。

5）编排序号，填写零件明细栏。

（3）标注装配图的尺寸　减速器装配图应标注如下尺寸：

1）特性尺寸：两轴中心距、中心高。

2）装配尺寸：滚动轴承内圈与轴、外圈与座孔的配合尺寸（只注轴或座孔的尺寸），齿轮与轴的配合尺寸。

3）外形尺寸：长、宽、高。总宽应分别标注两轴端距中心的尺寸。

4）安装尺寸：安装孔中心距。

5）其他重要尺寸：如齿轮宽度等。

（4）注写装配图的技术要求　减速器装配图上应考虑提出以下技术要求内容：

1）轴向间隙应调整在（0.10 ±0.02）mm 范围内。

2）运转平稳，无松动现象，无异常噪声。

3）各连接密封处不应有渗油现象。

（5）装配图图例　减速器装配图（部分）如图 11-18 所示；减速器装配图明细栏见表 11-3。

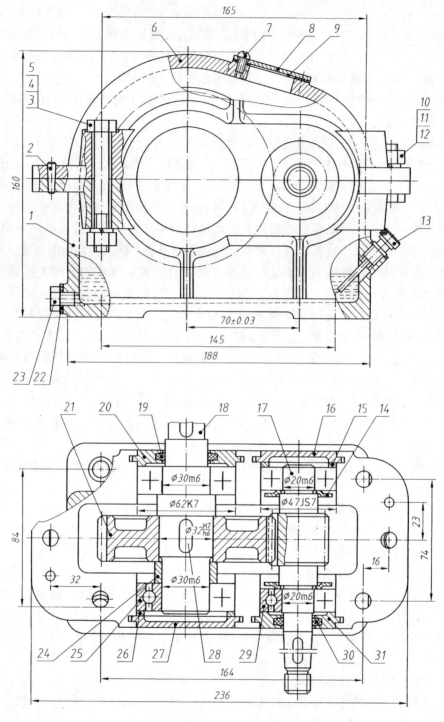

图 11-18 减速器装配图

7. 拆画零件图

完成减速器装配图后，要根据装配图和零件草图绘制主要零件的零件图。具体方法参看第 10 章 10.9 节。

表 11-3　减速器装配图明细栏

序号	名称	数量	材料	备注
1	机体	1	HT200	
2	圆锥销 4×18	2	45	GB/T 117—2000
3	螺栓 $M10 \times 65$	4	Q235	GB/T 5782—2000
4	螺母 M10	4	Q235	GB/T 6170—2000
5	垫圈 10	4	65Mn	GB/T 97.1—2002
6	机盖	1	HT200	
7	螺钉 $M3 \times 10$	2	Q235	GB/T 69—2000
8	视孔盖	1	Q235	
9	垫片	1	石棉橡胶纸	
10	螺栓 $M8 \times 25$	2	Q235	GB/T 5780—2000
11	螺母 M8	2	Q235	GB/T 6170—2000
12	垫圈 8	2	65Mn	GB/T 93—1987
13	油尺	1	Q235	
14	挡油环	2	Q235	
15	调整环	1	Q235	
16	端盖	1	HT200	
17	齿轮轴	1	35SiMn	
18	从动轴	1	45	
19	密封毡圈	1	毛毡	
20	可通端盖	1	HT200	
21	齿轮	1	35SiMn	
22	垫圈	1	石棉橡胶纸	
23	螺塞	1	Q235	
24	支承环	1	Q235	
25	滚动轴承 6206	2		GB/T 276—1994
26	调整环	1	Q235	
27	端盖	1	HT200	
28	键 $8 \times 7 \times 20$	1	45	GB/T 1096—2003
29	滚动轴承 6204	2		GB/T 276—1994
30	齿轮轴密封毡圈	1	毛毡	
31	可通端盖	1	HT200	

附　　录

附表1　普通螺纹的直径和螺距（GB/T 193—2003，GB/T 196—2003）（单位：mm）

D—内螺纹大径；d—外螺纹大径；D_2—内螺纹中径；d_2—外螺纹中径；D_1—内螺纹小径；d_1—外螺纹小径；P—螺距；H—原始三角形高度

标　注　示　例

公称直径为24mm的粗牙普通螺纹，标记为

M24

公称直径为24mm，螺距为1.5mm的细牙普通螺纹，标记为

M24×1.5

公称直径为24mm，螺距为1.5mm，旋向为左旋的细牙普通螺纹，标记为

M24×1.5 - LH

公称直径 D、d		螺距 P		粗牙小径 D_1、d_1
第一系列	第二系列	粗　牙	细　牙	
3		0.5	0.35	2.459
	3.5	0.6		2.850
4		0.7		3.242
	4.5	0.75	0.5	3.688
5		0.8		4.134
6		1	0.75	4.917
	7			5.917
8		1.25	1，0.75	6.647
10		1.5	1.25，1，0.75	8.376
12		1.75	1.25，1	10.106
	14	2	1.5，1.25，1	11.835
16			1.5，1	13.835
	18	2.5	2，1.5，1	15.294
20				17.294
	22			19.294
24		3		20.752
	27			23.752
30		3.5	（3），2，1.5，1	26.211
	33		（3），2，1.5	29.211
36		4	3，2，1.5	31.670

注：1. 优先选用第一系列，第三系列未列入。

2. M14×1.25 仅用于火花塞。

3. 括号内的螺距应尽可能不用。

附表2　六角头螺栓　　　　　　　　　　　　　　　　　　（单位：mm）

六角头螺栓　A 和 B 级　　　　　　　　　　　　　　　　六角头螺栓　全螺纹　A 和 B 级
GB/T 5782—2000　　　　　　　　　　　　　　　　　　　GB/T 5783—2000

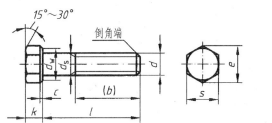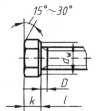

螺纹规格 d = M12，公称长度 l = 80mm，性能等级为 8.8 级，表面氧化，产品等级为 A 级的六角头螺栓，标记为

　　　　螺栓　GB/T 5782　M12×80

若为全螺纹，则标记为

　　　　螺栓　GB/T 5783　M12×80

螺纹规格 d			M3	M4	M5	M6	M8	M10	M12	M16	M20	M24	M30	M36
e_{min}	产品等级	A	6.01	7.66	8.79	11.05	14.38	17.77	20.03	26.75	33.53	39.98	—	—
		B	5.88	7.50	8.63	10.89	14.20	17.59	19.85	26.17	32.95	39.55	50.85	60.79
s_{max} 公称			5.5	7	8	10	13	16	18	24	30	36	46	55
k 公称			2	2.8	3.5	4	5.3	6.4	7.5	10	12.5	15	18.7	22.5
c	max		0.4	0.4	0.5	0.5	0.6	0.6	0.6	0.8	0.8	0.8	0.8	0.8
	min		0.15	0.15	0.15	0.15	0.15	0.15	0.15	0.2	0.2	0.2	0.2	0.2
d_{wmin}	产品等级	A	4.57	5.88	6.88	8.88	11.63	14.63	16.63	22.49	28.19	33.61	—	—
		B	4.45	5.74	6.74	8.74	11.47	14.47	16.47	22	27.7	33.25	42.75	51.11
GB/T 5782— 2000	b 参考	$l\leqslant125$	12	14	16	18	22	26	30	38	46	54	66	—
		$125<l\leqslant200$	18	20	22	24	28	32	36	44	52	60	72	84
		$l>200$	31	33	35	37	41	45	49	57	65	73	85	97
	l 公称		20~30	25~40	25~50	30~60	40~80	45~100	50~120	65~160	80~200	90~240	110~300	140~360
GB/T 5783— 2000	a_{max}		1.5	2.1	2.4	3	4	4.5	5.3	6	7.5	9	10.5	12
	l 公称		6~30	8~40	10~50	12~60	16~80	20~100	25~120	30~200	40~200	50~200	60~200	70~200

注：螺栓的长度 l 系列（单位为 mm）为：6，8，10，12，16，20，25，30，35，40，45，50，55，60，65，70~160
　　（10 进制），180，200。

附表 3　双头螺柱　　　　　　　　　　　　　　　　（单位：mm）

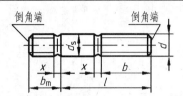 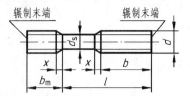

$b_m = 1d$（GB/T 897—1988），$b_m = 1.25d$（GB/T 898—1988）

$b_m = 1.5d$（GB/T 899—1988），$b_m = 2d$（GB/T 900—1988）

两端均为粗牙普通螺纹，$d = 10$mm，$l = 50$mm，性能等级为 4.8 级，不经热处理及表面处理，B 型，$b_m = 1d$ 的双头螺柱，标记为

螺柱　GB/T 897 M10×50

旋入机体一端为粗牙普通螺纹，旋螺母一端为螺距 $P = 1$mm 的细牙普通螺纹，$d = 10$mm，$l = 50$mm，性能等级为 4.8 级，不经表面处理，A 型，$b_m = 1d$ 的双头螺柱，标记为

螺柱　GB/T 897 AM10 – M10×1×50

两端均为粗牙普通螺纹，$d = 10$mm，$l = 50$mm，性能等级为 4.8 级，不经表面处理，B 型，$b_m = 1.25d$ 的双头螺柱，标记为

螺柱　GB/T 898　M10×50

螺纹规格 d		M5	M6	M8	M10	M12	M16	M20	M24	M30	M36	M42
b_m	GB/T 897	5	6	8	10	12	16	20	24	30	36	42
	GB/T 898	6	8	10	12	15	20	25	30	38	45	52
	GB/T 899	8	10	12	15	18	24	30	36	45	54	63
	GB/T 900	10	12	16	20	24	32	40	48	60	72	84
d_s		5	6	8	10	12	16	20	24	30	36	42
X_{max}		2.5P	2.5P	2.5P	2.5P	2.5P	2.5P	2.5P	2.5P	2.5P	2.5P	2.5P
$\dfrac{l}{b}$		$\dfrac{16 \sim 22}{10}$	$\dfrac{20 \sim 22}{10}$	$\dfrac{20 \sim 22}{12}$	$\dfrac{25 \sim 28}{14}$	$\dfrac{25 \sim 30}{16}$	$\dfrac{30 \sim 38}{20}$	$\dfrac{35 \sim 40}{25}$	$\dfrac{45 \sim 50}{30}$	$\dfrac{60 \sim 65}{40}$	$\dfrac{65 \sim 75}{45}$	$\dfrac{70 \sim 80}{50}$
		$\dfrac{25 \sim 50}{16}$	$\dfrac{25 \sim 30}{14}$	$\dfrac{25 \sim 30}{16}$	$\dfrac{30 \sim 38}{16}$	$\dfrac{32 \sim 40}{20}$	$\dfrac{40 \sim 55}{30}$	$\dfrac{45 \sim 65}{35}$	$\dfrac{55 \sim 75}{45}$	$\dfrac{70 \sim 90}{50}$	$\dfrac{80 \sim 110}{60}$	$\dfrac{85 \sim 110}{70}$
			$\dfrac{32 \sim 75}{18}$	$\dfrac{32 \sim 90}{22}$	$\dfrac{40 \sim 120}{26}$	$\dfrac{45 \sim 120}{30}$	$\dfrac{60 \sim 120}{38}$	$\dfrac{70 \sim 120}{46}$	$\dfrac{80 \sim 120}{54}$	$\dfrac{95 \sim 120}{66}$	$\dfrac{120}{78}$	$\dfrac{120}{90}$
					$\dfrac{130}{32}$	$\dfrac{130 \sim 180}{36}$	$\dfrac{130 \sim 200}{44}$	$\dfrac{130 \sim 200}{52}$	$\dfrac{130 \sim 200}{60}$	$\dfrac{130 \sim 200}{72}$	$\dfrac{130 \sim 200}{84}$	$\dfrac{130 \sim 200}{96}$
										$\dfrac{210 \sim 250}{85}$	$\dfrac{210 \sim 300}{97}$	$\dfrac{210 \sim 300}{109}$
l（系列）		16，(18)，20，(22)，25，(28)，30，(32)，35，(38)，40，45，50，(55)，60，(65)，70，(75)，80，(85)，90，(95)，100，110，120，130，140，150，160，170，180，190，200，210，220，230，240，250，260，280，300										

注：P 是粗牙螺纹的螺距。螺柱的长度 l 系列尽可能不采用括号内的规格。

附表 4 螺钉 （单位：mm）

开槽圆柱头螺钉（GB/T 65—2000） 开槽盘头螺钉（GB/T 67—2008）

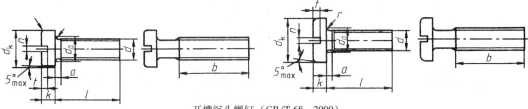

开槽沉头螺钉（GB/T 68—2000）

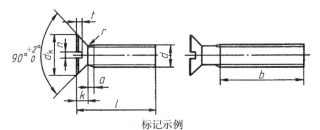

标记示例

螺纹规格 d = M5，公称长度 l = 20mm，性能等级为 4.8 级，不经表面处理的 A 级开槽圆柱头螺钉，标记为

螺钉 GB/T 65 M5 × 20

螺纹规格 d		M1.6	M2	M2.5	M3	(M3.5)	M4	M5	M6	M8	M10
a_{max}		0.7	0.8	0.9	1	1.2	1.4	1.6	2	2.5	3
b_{min}		25				38					
n 公称		0.4	0.5	0.6	0.8	1	1.2		1.6	2	2.5
GB/T 65	d_{kmax}	3	3.8	4.5	5.5	6	7	8.5	10	13	16
	k_{max}	1.1	1.4	1.8	2	2.4	2.6	3.3	3.9	5	6
	t_{min}	0.45	0.6	0.7	0.85	1	1.1	1.3	1.6	2	2.4
	d_{amax}	2	2.6	3.1	3.6	4.1	4.7	5.7	6.8	9.2	11.2
	r_{min}	0.1					0.2		0.25	0.4	
	公称长度 l	2 ~ 16	3 ~ 20	3 ~ 25	4 ~ 30	5 ~ 35	5 ~ 40	6 ~ 50	8 ~ 60	10 ~ 80	12 ~ 80
	全螺纹长度 l	2 ~ 30	3 ~ 30	3 ~ 30	4 ~ 30	5 ~ 40	5 ~ 40	6 ~ 40	8 ~ 40	10 ~ 40	12 ~ 40
GB/T 67	d_{kmax}	3.2	4	5	5.6	7	8	9.5	12	16	20
	k_{max}	1	1.3	1.5	1.8	2.1	2.4	3	3.6	4.8	6
	t_{min}	0.35	0.5	0.6	0.7	0.8	1	1.2	1.4	1.9	2.4
	d_{amax}	2	2.6	3.1	3.6	4.1	4.7	5.7	6.8	9.2	11.2
	r_{min}	0.1					0.2		0.25	0.4	
	公称长度 l	2 ~ 16	2.5 ~ 20	3 ~ 25	4 ~ 30	5 ~ 35	5 ~ 40	6 ~ 50	8 ~ 60	10 ~ 80	12 ~ 80
	全螺纹长度 l	2 ~ 30	2.5 ~ 30	3 ~ 30	4 ~ 30	5 ~ 40	5 ~ 40	6 ~ 40	8 ~ 40	10 ~ 40	12 ~ 40
GB/T 68	d_{kmax}	3	3.8	4.7	5.5	7.3	8.4	9.3	11.3	15.8	18.3
	k_{max}	1	1.2	1.5	1.65	2.35	2.7	2.7	3.3	4.65	5
	t_{min}	0.32	0.4	0.5	0.6	0.9	1	1.1	1.2	1.8	2
	r_{max}	0.4	0.5	0.6	0.8	0.9	1	1.3	1.5	2	2.5
	公称长度 l	2.5 ~ 16	3 ~ 20	4 ~ 25	5 ~ 30	6 ~ 35	6 ~ 40	8 ~ 50	8 ~ 60	10 ~ 80	12 ~ 80
	全螺纹长度 l	2.5 ~ 30	3 ~ 30	4 ~ 30	5 ~ 30	6 ~ 45	6 ~ 45	8 ~ 45	8 ~ 45	10 ~ 45	12 ~ 45
l（系列）		2, 2.5, 3, 4, 5, 6, 8, 10, 12, (14), 16, 20, 25, 30, 35, 40, 45, 50, (55), 60, (65), 70, (75), 80									

注：1. 括号内的规格尽可能不采用。

2. M1.6 ~ M3 的螺钉，公称长度在 30mm 以内的制出全螺纹；M4 ~ M10 的螺钉，公称长度在 40mm 以内的制出全螺纹。

附表5　紧定螺钉　　　　　　　（单位：mm）

开槽锥端紧定螺钉
（GB/T 71—1985）

开槽平端紧定螺钉
（GB/T 73—1985）

开槽长圆柱端紧定螺钉
（GB/T 75—1985）

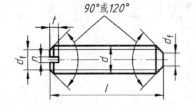 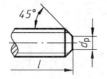 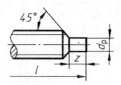

标记示例

螺纹规格 d = M5，公称长度 l = 12mm，性能等级为 4H 级，表面氧化的开槽锥端紧定螺钉，标记为

螺钉　GB/T 71　M5 × 12

螺纹规格 d			M2	M2.5	M3	M4	M5	M6	M8	M10	M12
$d_f \approx$			螺纹小径								
n 公称			0.25	0.4	0.4	0.6	0.8	1	1.2	1.6	2
t		min	0.64	0.72	0.8	1.12	1.28	1.6	2	2.4	2.8
		max	0.84	0.95	1.05	1.42	1.63	2	2.5	3	3.6
GB/T 71—1985	d_t	min	—	—	—	—	—	—	—	—	—
		max	0.2	0.25	0.3	0.4	0.5	1.5	2	2.5	3
	l		3 ~ 10	3 ~ 12	4 ~ 16	6 ~ 20	8 ~ 25	8 ~ 30	10 ~ 40	12 ~ 50	(14) ~ 60
GB/T 73—1985 GB/T 75—1985	d_p	min	0.75	1.25	1.75	2.25	3.2	3.7	5.2	6.64	8.14
		max	1	1.5	2	2.5	3.5	4	5.5	7	8.5
GB/T 73—1985	l	120°	2 ~ 2.5	2.5 ~ 3	3	4	5	6	—	—	—
		90°	3 ~ 10	4 ~ 12	4 ~ 16	5 ~ 20	6 ~ 25	8 ~ 30	8 ~ 40	10 ~ 50	12 ~ 60
GB/T 75—1985	z	min	1	1.25	1.5	2	2.5	3	4	5	6
		max	1.25	1.5	1.75	2.25	2.75	3.25	4.3	5.3	6.3
	l	120°	3	4	5	6	8	8 ~ 10	10 ~ (14)	12 ~ 16	(14) ~ 20
		90°	4 ~ 10	5 ~ 12	6 ~ 16	8 ~ 20	10 ~ 25	12 ~ 30	16 ~ 40	20 ~ 50	25 ~ 60

注：1. 在 GB/T 71—1985 中，当 d = M2.5，l = 3mm 时，螺钉两端的倒角均为 120°。

2. l 公称尺寸（单位为 mm）：2，2.5，3，4，5，6，8，10，12，（14），16，20，25，30，40，45，50，（55），60。

3. 尽可能不采用括号的规格。

附表 6　螺母　　　　　　　　　　　　　（单位：mm）

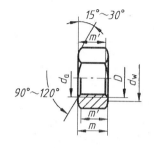

1 型六角螺母　A 和 B 级
GB/T 6170—2000

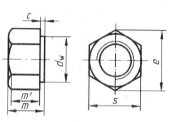

2 型六角螺母　A 和 B 级
GB/T 6175—2000

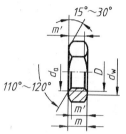

六角薄螺母　A 和 B 级
GB/T 6172.1—2000

螺纹规格 D = M12，不经表面处理，
产品等级为 A 级的六角螺母，
性能等级为 8 级，1 型，
标记为
螺母　GB/T 6170　M12

标记示例

性能等级为 9 级，2 型，
标记为
螺母　GB/T 6175　M12

性能等级为 04 级，六角薄螺母，
标记为
螺母　GB/T 6172.1　M12

螺纹规格 D		M3[①]	M4[①]	M5	M6	M8	M10	M12	M16	M20	M24	M30	M36
e_{min}		6.01	7.66	8.79	11.05	14.38	17.77	20.03	26.75	32.95	39.55	50.85	60.79
s	公称 max	5.5	7	8	10	13	16	18	24	30	36	46	55
	min	5.32	6.78	7.78	9.78	12.73	15.73	17.73	23.67	29.16	35	45	53.8
c_{max}[②]		0.4	0.4	0.5	0.5	0.6	0.6	0.6	0.8	0.8	0.8	0.8	0.8
d_{wmin}		4.6	5.9	6.9	8.9	11.6	14.6	16.6	22.5	27.7	33.3	42.8[③]	51.1
d_{amax}		3.45	4.6	5.75	6.75	8.75	10.8	13	17.3	21.6	25.9	32.4	38.9
GB/T 6170—2000 m	max	2.4	3.2	4.7	5.2	6.8	8.4	10.8	14.8	18	21.5	25.6	31
	min	2.15	2.9	4.4	4.9	6.44	8.04	10.37	14.1	16.9	20.2	24.3	29.4
GB/T 6172.1—2000 m	max	1.8	2.2	2.7	3.2	4	5	6	8	10	12	15	18
	min	1.55	1.95	2.45	2.9	3.7	4.7	5.7	7.42	9.10	10.9	13.9	16.9
GB/T 6175—2000 m	max	—	—	5.1	5.7	7.5	9.3	12	16.4	20.3	23.9	28.6	34.7
	min	—	—	4.8	5.4	7.14	8.94	11.57	15.7	19	22.6	27.3	33.1

① GB/T 6175—2000 的螺纹规格 D 系列值中无 M3、M4 规格。

② GB/T 6172.1—2000 中无 c 值。

③ GB/T 6175—2000 中此值为 42.7。

附表7 垫圈 　　　　　　　　　　　　　　　　　　　　（单位：mm）

小垫圈　A级	平垫圈　A级	平垫圈倒角型　A级
（GB/T 848—2002）	（GB/T 97.1—2002）	（GB/T 97.2—2002）

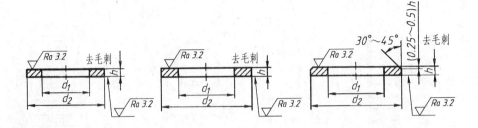

标记示例

标准系列，公称规格8mm，由钢制造的硬度等级为200HV级，不经表面处理，产品等级为A级，倒角型平垫圈，标记为

垫圈　GB/T 97.2　8

公称规格（螺纹大径 d）		3	4	5	6	8	10	12	14	16	20	24	30	36
内径 d_1 公称		3.2	4.3	5.3	6.4	8.4	10.5	13	15	17	21	25	31	37
GB/T 848—2002	外径 d_2 公称	6	8	9	11	15	18	20	24	28	34	39	50	60
	厚度 h 公称	0.5	0.5	1	1.6	1.6	1.6	2	2.5	2.5	3	4	4	5
GB/T 97.1—2002	外径 d_2 公称	7	9	10	12	16	20	24	28	30	37	44	56	66
GB/T 97.2—2002[①]	厚度 h 公称	0.5	0.8	1	1.6	1.6	2	2.5	2.5	3	3	4	4	5

注：200HV 表示材料的硬度，HV 表示维氏硬度，200 为硬度值。有 200HV 和 300HV 两种。

① GB/T 97.2—2002 没有规格 3mm 和 4mm。

附表8　标准型弹簧垫圈（GB/T 93—1987）　　　　　　　（单位：mm）

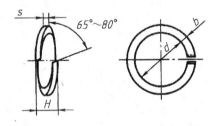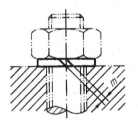

标记示例

规格16mm，材料为65Mn、表面氧化的标准型弹簧垫圈，标记为

垫圈　GB/T 93　16

规格（螺纹大径）		4	5	6	8	10	12	16	20	24	30
d	min	4.1	5.1	6.1	8.1	10.2	12.2	16.2	20.2	24.5	30.5
	max	4.4	5.4	6.68	8.68	10.9	12.9	16.9	21.04	25.5	31.5
$S(b)$	公称	1.1	1.3	1.6	2.1	2.6	3.1	4.1	5	6	7.5
	min	1	1.2	1.5	2	2.45	2.95	3.9	4.8	5.8	7.2
	max	1.2	1.4	1.7	2.2	2.75	3.25	4.3	5.2	6.2	7.8
H	min	2.2	2.6	3.2	4.2	5.2	6.2	8.2	10	12	15
	max	2.75	3.25	4	5.25	6.5	7.75	10.25	12.5	15	18.75
$m \leqslant$		0.55	0.65	0.8	1.05	1.3	1.55	2.05	2.5	3	3.75

附表 9　平键及键槽的剖面尺寸（GB/T 1095～1096—2003）　　（单位：mm）

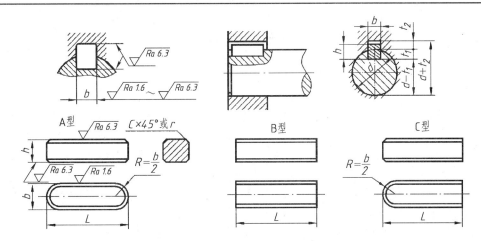

A型　　　　　　　　　　　　B型　　　　　　　　　　　　C型

标记示例

普通 A 型平键，$b=18\text{mm}$，$h=11\text{mm}$，$L=100\text{mm}$，标记为

GB/T 1096　键 $18\times11\times100$

普通 B 型平键，$b=18\text{mm}$，$h=11\text{mm}$，$L=100\text{mm}$，标记为

GB/T 1096　键 B $18\times11\times100$

普通 C 型平键，$b=18\text{mm}$，$h=11\text{mm}$，$L=100\text{mm}$，标记为

GB/T 1096　键 C $18\times11\times100$

轴径 d	键的公称尺寸			键　槽									
				宽度 b						深　度			r 小于
				松联接		正常联接		紧密联接		轴 t_1		毂 t_2	
	b	h	L	轴 H9	毂 D10	轴 N9	毂 JS9	轴和毂 P9		公称尺寸	极限偏差	公称尺寸	极限偏差	
自 6~8	2	2	6~20	+0.025 0	+0.060 +0.020	-0.004 -0.029	±0.0125	-0.006 -0.031		1.2	+0.1 0	1	+0.1 0	0.16
>8~10	3	3	6~36							1.8		1.4		
>10~12	4	4	8~45	+0.030 0	+0.078 +0.030	0 -0.030	±0.015	-0.012 -0.042		2.5		1.8		0.25
>12~17	5	5	10~56							3.0		2.3		
>17~22	6	6	14~70							3.5		2.8		
>22~30	8	7	18~90	+0.036 0	+0.098 0.040	0 -0.036	±0.018	-0.015 -0.051		4.0	+0.2 0	3.3	+0.2 0	
>30~38	10	8	22~110							5.0		3.3		
>38~44	12	8	28~140	+0.043 0	+0.120 +0.050	0 -0.043	±0.0215	-0.018 -0.061		5.0		3.3		0.40
>44~50	14	9	36~160							5.5		3.8		
>50~58	16	10	45~180							6.0		4.3		
>58~65	18	11	50~200							7.0		4.4		

L（系列）	6, 8, 10, 12, 14, 16, 18, 20, 22, 25, 28, 32, 36, 40, 45, 50, 56, 63, 70, 80, 90, 100, 110, 125, 140, 160, 180, 200, 220, 250, 280

注：在工作图中轴槽深用 $d-t_1$ 或 t_1 标注，轮毂槽深用 $d+t_2$ 标注。

附表10　圆柱销（不淬硬钢和奥氏体不锈钢）（GB/T 119.1—2000）　（单位：mm）

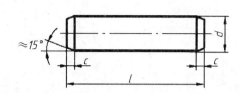
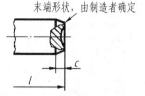

末端形状，由制造者确定

标记示例

公称直径 $d=6$mm，公差为 m6，公称长度 $l=30$mm，材料为钢，不经淬火，不经表面处理的圆柱销，标记为

销　GB/T 119.1　6 m6×30

公称直径 $d=6$mm，公差为 m6，公称长度 $l=30$mm，材料为 A1 组奥氏体不锈钢，表面简单处理的圆柱销，标记为

销　GB/T 119.1　6 m6×30－A1

d 公称	0.6	0.8	1	1.2	1.5	2	2.5	3	4	5
$c\approx$	0.12	0.16	0.20	0.25	0.30	0.35	0.40	0.50	0.63	0.80
l	2~6	2~8	4~10	4~12	4~16	6~20	6~24	8~30	8~40	10~50
d 公称	6	8	10	12	16	20	25	30	40	50
$c\approx$	1.2	1.6	2.0	2.5	3.0	3.5	4.0	5.0	6.3	8.0
l	12~60	14~80	18~95	22~140	26~180	35~200	50~200	60~200	80~200	95~200
l（系列）	2，3，4，5，6，8，10，12，14，16，18，20，22，24，26，28，30，32，35，40，45，50，55，60，65，70，75，80，85，90，95，100，120，140，160，180，200									

附表11　圆锥销（GB/T 117—2000）　　　　（单位：mm）

A 型（磨削）：锥面表面粗糙度 $Ra=0.8\mu m$；B 型（切削或冷镦）：锥面表面粗糙度 $Ra=3.2\mu m$

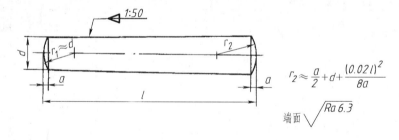

$$r_2\approx\frac{a}{2}+d+\frac{(0.021l)^2}{8a}$$

端面 $\sqrt{Ra6.3}$

标记示例

公称直径 $d=6$mm，公称长度 $l=30$mm，材料为 35 钢，热处理硬度 28~38HRC，表面氧化处理的 A 型圆锥销，标记为

销　GB/T 117　6×30

d 公称　h10	0.6	0.8	1	1.2	1.5	2	2.5	3	4	5
$a\approx$	0.08	0.1	0.12	0.16	0.2	0.25	0.3	0.4	0.5	0.63
l	4~8	5~12	6~16	6~20	8~24	10~35	10~35	12~45	14~55	18~60
d 公称	6	8	10	12	16	20	25	30	40	50
$a\approx$	0.8	1	1.2	1.6	2	2.5	3	4	5	6.3
l	22~90	22~120	26~160	32~180	40~200	45~200	50~200	55~200	60~200	65~200
l（系列）	2，3，4，5，6，8，10，12，14，16，18，20，22，24，26，28，30，32，35，40，45，50，55，60，65，70，75，80，85，90，95，100，120，140，160，180，200									

附表 12　深沟球轴承（GB/T 276—2013）　　　　　　（单位：mm）

外形尺寸	类型代号	标记示例
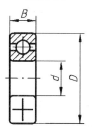	6	滚动轴承　6208　GB/T 276

轴承型号		外 形 尺 寸			轴承型号		外 形 尺 寸		
		d	D	B			d	D	B
10系列	6004	20	42	12	03系列	6304	20	52	15
	6005	25	47	12		6305	25	62	17
	6006	30	55	13		6306	30	72	19
	6007	35	62	14		6307	35	80	21
	6008	40	68	15		6308	40	90	23
	6009	45	75	16		6309	45	100	25
	6010	50	80	16		6310	50	110	27
	6011	55	90	18		6311	55	120	29
	6012	60	95	18		6312	60	130	31
	6013	65	100	18		6313	65	140	33
	6014	70	110	20		6314	70	150	35
	6015	75	115	20		6315	75	160	37
	6016	80	125	22		6316	80	170	39
	6017	85	130	22		6317	85	180	41
	6018	90	140	24		6318	90	190	43
	6019	95	145	24		6319	95	200	45
	6020	100	150	24		6320	100	215	47
02系列	6204	20	47	14	04系列	6404	20	72	19
	6205	25	52	15		6405	25	80	21
	6206	30	62	16		6406	30	90	23
	6207	35	72	17		6407	35	100	25
	6208	40	80	18		6408	40	110	27
	6209	45	85	19		6409	45	120	29
	6210	50	90	20		6410	50	130	31
	6211	55	100	21		6411	55	140	33
	6212	60	110	22		6412	60	150	35
	6213	65	120	23		6413	65	160	37
	6214	70	125	24		6414	70	180	42
	6215	75	130	25		6415	75	190	45
	6216	80	140	26		6416	80	200	48
	6217	85	150	28		6417	85	210	52
	6218	90	160	30		6418	90	225	54
	6219	95	170	32		6419	95	240	55
	6220	100	180	34		6420	100	250	58

附表 13　圆锥滚子轴承（GB/T 297—2015）　　　　　（单位：mm）

外形尺寸　　　　　　　类型代号　　　　　　　标记示例

3　　　　　　　滚动轴承　32306　GB/T 297

轴承型号		外 形 尺 寸					轴承型号		外 形 尺 寸				
		d	D	T	B	C			d	D	T	B	C
	30204	20	47	15.25	14	12		32204	20	47	19.25	18	15
	30205	25	52	16.25	15	13		32205	25	52	19.25	18	16
	30206	30	62	17.25	16	14		32206	30	62	21.25	20	17
	30207	35	72	18.25	17	15		32207	35	72	24.25	23	19
	30208	40	80	19.75	18	16		32208	40	80	24.75	23	19
	30209	45	85	20.75	19	16		32209	45	85	24.75	23	19
	30210	50	90	21.75	20	17		32210	50	90	24.75	23	19
（02）系列	30211	55	100	22.75	21	18	（22）系列	32211	55	100	26.75	25	21
	30212	60	110	23.75	22	19		32212	60	110	29.75	28	24
	30213	65	120	24.75	23	20		32213	65	120	32.75	31	27
	30214	70	125	26.25	24	21		32214	70	125	33.75	31	27
	30215	75	130	27.25	25	22		32215	75	130	33.75	31	27
	30216	80	140	28.25	26	22		32216	80	140	35.25	33	28
	30217	85	150	30.50	28	24		32217	85	150	38.50	36	30
	30218	90	160	32.50	30	26		32218	90	160	42.50	40	34
	30219	95	170	34.50	32	27		32219	95	170	45.50	43	37
	30220	100	180	37	34	29		32220	100	180	49	46	39
	30304	20	52	16.25	15	13		32304	20	52	22.25	21	18
	30305	25	62	18.25	17	15		32305	25	62	25.25	24	20
	30306	30	72	20.75	19	16		32306	30	72	28.75	27	23
	30307	35	80	22.75	21	18		32307	35	80	32.75	31	25
	30308	40	90	25.25	23	20		32308	40	90	35.25	33	27
	30309	45	100	27.25	25	22		32309	45	100	38.25	36	30
	30310	50	110	29.25	27	23		32310	50	110	42.25	40	33
（03）系列	30311	55	120	31.50	29	25	（23）系列	32311	55	120	45.50	43	35
	30312	60	130	33.50	31	26		32312	60	130	48.50	46	37
	30313	65	140	36	33	28		32313	65	140	51	48	39
	30314	70	150	38	35	30		32314	70	150	54	51	42
	30315	75	160	40	37	31		32315	75	160	58	55	45
	30316	80	170	42.50	39	33		32316	80	170	61.50	58	48
	30317	85	180	44.50	41	34		32317	85	180	63.50	60	49
	30318	90	190	46.50	43	36		32318	90	190	67.50	64	53
	30319	95	200	49.50	45	38		32319	95	200	71.50	67	55
	30320	100	215	51.50	47	39		32220	100	215	77.50	73	60

附表14 推力球轴承（GB/T 301—1995） （单位：mm）

外形尺寸	类型代号	标记示例
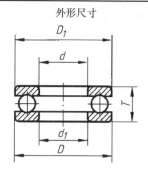	5	滚动轴承 51210 GB/T 301

轴承类型		外 形 尺 寸					轴承类型		外 形 尺 寸				
		d	D	T	d_{1min}	D_{1smax}			d	D	T	d_{1min}	D_{1smax}
11 系列 （51000 型）	51104	20	35	10	21	35	13 系列 （51000 型）	51304	20	47	18	22	47
	51105	25	42	11	26	42		51305	25	52	18	27	52
	51106	30	47	11	32	47		51306	30	60	21	32	60
	51107	35	52	12	37	52		51307	35	68	24	37	68
	51108	40	60	13	42	60		51308	40	78	26	42	78
	51109	45	65	14	47	65		51309	45	85	28	47	85
	51110	50	70	14	52	70		51310	50	95	31	52	95
	51111	55	78	16	57	78		51311	55	105	35	57	105
	51112	60	85	17	62	85		51312	60	110	35	62	110
	51113	65	90	18	67	90		51313	65	115	36	67	115
	51114	70	95	18	72	95		51314	70	125	40	72	125
	51115	75	100	19	77	100		51315	75	135	44	77	135
	51116	80	105	19	82	105		51316	80	140	44	82	140
	51117	85	110	19	87	110		51317	85	150	49	88	150
	51118	90	120	22	92	120		51318	90	155	50	93	155
	51120	100	135	25	102	135		51320	100	170	55	103	170
12 系列 （51000 型）	51204	20	40	14	22	40	14 系列 （51000 型）	51405	25	60	24	27	60
	51205	25	47	15	27	47		51406	30	70	28	32	70
	51206	30	52	16	32	52		51407	35	80	32	37	80
	51207	35	62	18	37	62		51408	40	90	36	42	90
	51208	40	68	19	42	68		51409	45	100	39	47	100
	51209	45	73	20	47	73		51410	50	110	43	52	110
	51210	50	78	22	52	78		51411	55	120	48	57	120
	51211	55	90	25	57	90		51412	60	130	51	62	130
	51212	60	95	26	62	95		51413	65	140	56	68	140
	51213	65	100	27	67	100		51414	70	150	60	73	150
	51214	70	105	27	72	105		51415	75	160	65	78	160
	51215	75	100	27	77	110		51416	80	170	68	83	170
	51216	80	115	28	82	115		51417	85	180	72	88	177
	51217	85	125	31	88	125		51418	90	190	77	93	187
	51218	90	135	35	93	135		51420	100	210	85	103	205
	51220	100	150	38	103	150		51422	110	230	95	113	225

附表 15　砂轮越程槽（回转面及端面）（GB/T 6403.5—2008）　（单位：mm）

磨外圆	磨内圆	磨外端面	磨内端面	磨外圆及端面	磨内圆及端面

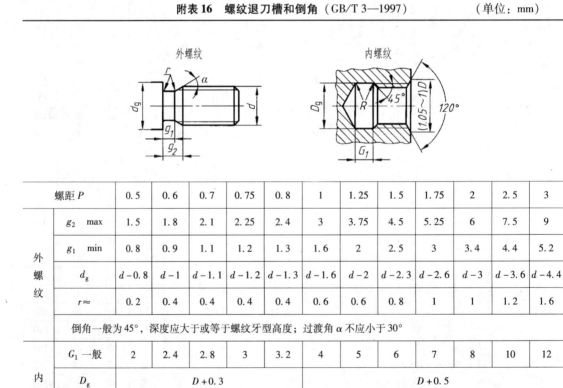

d		~10			10~50		50~100		>100	
b_1	0.6	1.0	1.6	2.0	3.0	4.0	5.0	8.0		10
b_2	2.0	3.0		4.0			5.0			
h	0.1	0.2		0.3	0.4			0.6	0.8	1.2
r	0.2	0.5		0.8	1.0		1.6		2.0	3.0

附表 16　螺纹退刀槽和倒角（GB/T 3—1997）　（单位：mm）

	螺距 P	0.5	0.6	0.7	0.75	0.8	1	1.25	1.5	1.75	2	2.5	3
外螺纹	g_2 max	1.5	1.8	2.1	2.25	2.4	3	3.75	4.5	5.25	6	7.5	9
	g_1 min	0.8	0.9	1.1	1.2	1.3	1.6	2	2.5	3	3.4	4.4	5.2
	d_g	$d-0.8$	$d-1$	$d-1.1$	$d-1.2$	$d-1.3$	$d-1.6$	$d-2$	$d-2.3$	$d-2.6$	$d-3$	$d-3.6$	$d-4.4$
	$r\approx$	0.2	0.4	0.4	0.4	0.4	0.6	0.6	0.8	1	1	1.2	1.6
	倒角一般为45°，深度应大于或等于螺纹牙型高度；过渡角 α 不应小于30°												
内螺纹	G_1 一般	2	2.4	2.8	3	3.2	4	5	6	7	8	10	12
	D_g	$D+0.3$					$D+0.5$						
	$R\approx$	0.2	0.3	0.4	0.4	0.4	0.5	0.6	0.8	0.9	1	1.2	1.5
	倒角一般为120°，端面倒角直径为（1.05~1）D												

附表 17　与直径 ϕ 相应的倒角 C、倒圆 R 的推荐值（GB/T 6403.4—2008）

（单位：mm）

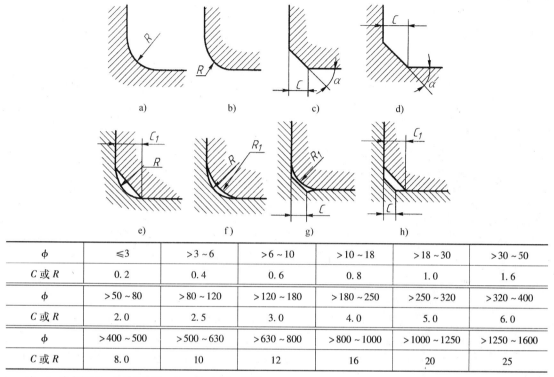

ϕ	≤3	>3～6	>6～10	>10～18	>18～30	>30～50
C 或 R	0.2	0.4	0.6	0.8	1.0	1.6
ϕ	>50～80	>80～120	>120～180	>180～250	>250～320	>320～400
C 或 R	2.0	2.5	3.0	4.0	5.0	6.0
ϕ	>400～500	>500～630	>630～800	>800～1000	>1000～1250	>1250～1600
C 或 R	8.0	10	12	16	20	25

注：1. 内角倒圆，外角倒角时，$C_1 > R$，如图 e 所示。
　　2. 内角倒圆，外角倒圆时，$R_1 > R$，如图 f 所示。
　　3. 内角倒角，外角倒圆时，$C < 0.58 R_1$，如图 g 所示。
　　4. 内角倒角，外角倒角时，$C_1 > C$，如图 h 所示。

附表 18　孔的极限偏差（GB/T 1800.2—2009）

公称尺寸/mm	常用及优先公差带（带圈者为优先公差带）/μm												
	A	B		C	D				E		F		
	11	11	12	⑪	8	⑨	10	11	8	9	6	7	⑧	9
≤3	+330 +270	+200 +140	+240 +140	+120 +60	+34 +20	+45 +20	+60 +20	+80 +20	+28 +14	+39 +14	+12 +6	+16 +6	+20 +6	+31 +6
>3～6	+345 +270	+215 +140	+260 +140	+145 +70	+48 +30	+60 +30	+78 +30	+105 +30	+38 +20	+50 +20	+18 +10	+22 +10	+28 +10	+40 +10
>6～10	+370 +280	+240 +150	+300 +150	+170 +80	+62 +40	+76 +40	+98 +40	+130 +40	+47 +25	+61 +25	+22 +13	+28 +13	+35 +13	+49 +13
>10～14 >14～18	+400 +290	+260 +150	+330 +150	+205 +95	+77 +50	+93 +50	+120 +50	+160 +50	+59 +32	+75 +32	+27 +16	+34 +16	+43 +16	+59 +16
>18～24 >24～30	+430 +300	+290 +160	+370 +160	+240 +110	+98 +65	+117 +65	+149 +65	+195 +65	+73 +40	+92 +40	+33 +20	+41 +20	+53 +20	+72 +20

（续）

公称尺寸/mm	常用及优先公差带（带圈者为优先公差带）/μm													
	A	B		C	D				E		F			
	11	11	12	⑪	8	⑨	10	11	8	9	6	7	⑧	9
>30~40	+470 +310	+330 +170	+420 +170	+280 +120	+119 +80	+142 +80	+180 +80	+240 +80	+89 +50	+112 +50	+41 +25	+50 +25	+64 +25	+87 +25
>40~50	+480 +320	+340 +180	+430 +180	+290 +130										
>50~65	+530 +340	+380 +190	+490 +190	+330 +140	+146 +100	+174 +100	+220 +100	+290 +100	+106 +60	+134 +60	+49 +30	+60 +30	+76 +30	+104 +30
>65~80	+550 +360	+390 +200	+500 +200	+340 +150										
>80~100	+600 +380	+440 +220	+570 +220	+390 +170	+174 +120	+207 +120	+260 +120	+340 +120	+125 +72	+159 +72	+58 +36	+71 +36	+90 +36	+123 +36
>100~120	+630 +410	+460 +240	+590 +240	+400 +180										
>120~140	+710 +460	+510 +260	+660 +260	+450 +200	+208 +145	+245 +145	+305 +145	+395 +145	+148 +85	+185 +85	+68 +43	+83 +43	+106 +43	+143 +43
>140~160	+770 +520	+530 +280	+680 +280	+460 +210										
>160~180	+830 +580	+560 +310	+710 +310	+480 +230										
>180~200	+950 +660	+630 +340	+800 +340	+530 +240	+242 +170	+285 +170	+355 +170	+460 +170	+172 +100	+215 +100	+79 +50	+96 +50	+122 +50	+165 +50
>200~225	+1030 +740	+670 +380	+840 +380	+550 +260										
>225~250	+1110 +820	+710 +420	+880 +420	+570 +280										
>250~280	+1240 +920	+800 +480	+1000 +480	+620 +300	+271 +190	+320 +190	+400 +190	+510 +190	+191 +110	+240 +110	+88 +56	+108 +56	+137 +56	+186 +56
>280~315	+1370 +1050	+860 +540	+1060 +540	+650 +330										
>315~355	+1560 +1200	+960 +600	+1170 +600	+720 +360	+299 +210	+350 +210	+440 +210	+570 +210	+214 +125	+265 +125	+98 +62	+119 +62	+151 +62	+202 +62
>355~400	+1710 +1350	+1040 +680	+1250 +680	+760 +400										
>400~450	+1900 +1500	+1160 +760	+1390 +760	+840 +400	+327 +230	+385 +230	+480 +230	+630 +230	+232 +135	+290 +135	+108 +68	+131 +68	+165 +68	+223 +68
>450~500	+2050 +1650	+1240 +840	+1470 +840	+880 +480										

公称尺寸/mm	常用及优先公差带（带圈者为优先公差带）/μm																
	G		H							JS			K			M		
	6	⑦	6	⑦	⑧	⑨	10	⑪	12	6	7	8	6	⑦	8	6	7	8
≤3	+8 +2	+12 +2	+6 0	+10 0	+14 0	+25 0	+40 0	+60 0	+100 0	±3	±5	±7	0 −6	0 −10	0 −14	−2 −8	−2 −12	−2 −16
>3~6	+12 +4	+16 +4	+8 0	+12 0	+18 0	+30 0	+48 0	+75 0	+120 0	±4	±6	±9	+2 −6	+3 −9	+5 −13	−1 −9	0 −12	+2 −16
>6~10	+14 +5	+20 +5	+9 0	+15 0	+22 0	+36 0	+58 0	+90 0	+150 0	±4.5	±7	±11	+2 −7	+5 −10	+6 −16	−3 −12	0 −15	+1 −21
>10~14	+17 +6	+24 +6	+11 0	+18 0	+27 0	+43 0	+70 0	+110 0	+180 0	±5.5	±9	±13	+2 −9	+6 −12	+8 −19	−4 −15	0 −18	+2 −25
>14~18																		
>18~24	+20 +7	+28 +7	+13 0	+21 0	+33 0	+52 0	+84 0	+130 0	+210 0	±6.5	±10	±16	+2 −11	+6 −15	+10 −23	−4 −17	0 −21	+4 −29
>24~30																		
>30~40	+25 +9	+34 +9	+16 0	+25 0	+39 0	+62 0	+100 0	+160 0	+250 0	±8	±12	±19	+3 −13	+7 −18	+12 −27	−4 −20	0 −25	+5 −34
>40~50																		
>50~65	+29 +10	+40 +10	+19 0	+30 0	+46 0	+74 0	+120 0	+190 0	+300 0	±9.5	±15	±23	+4 −15	+9 −21	+14 −32	−5 −24	0 −30	+5 −41
>65~80																		
>80~100	+34 +12	+47 +12	+22 0	+35 0	+54 0	+87 0	+140 0	+220 0	+350 0	±11	±17	±27	+4 −18	+10 −25	+16 −38	−6 −28	0 −35	+6 −48
>100~120																		
>120~140	+39 +14	+54 +14	+25 0	+40 0	+63 0	+100 0	+160 0	+250 0	+400 0	±12.5	±20	±31	+4 −21	+12 −28	+20 −43	−8 −33	0 −40	+8 −55
>140~160																		
>160~180																		
>180~200	+44 +15	+61 +15	+29 0	+46 0	+72 0	+115 0	+185 0	+290 0	+460 0	±14.5	±23	±36	+5 −24	+13 −33	+22 −50	−8 −37	0 −46	+9 −63
>200~225																		
>225~250																		
>250~280	+49 +17	+69 +17	+32 0	+52 0	+81 0	+130 0	+210 0	+320 0	+520 0	±16	±26	±40	+5 −27	+16 −36	+25 −56	−9 −41	0 −52	+9 −72
>280~315																		
>315~355	+54 +18	+75 +18	+36 0	+57 0	+89 0	+140 0	+230 0	+360 0	+570 0	±18	±28	±44	+7 −29	+17 −40	+28 −61	−10 −46	0 −57	+11 −78
>355~400																		
>400~450	+60 +20	+83 +20	+40 0	+63 0	+97 0	+155 0	+250 0	+400 0	+630 0	±20	±31	±48	+8 −32	+18 −45	+29 −68	−10 −50	0 −63	+11 −86
>450~500																		

(续)

公称尺寸/mm	常用及优先公差带（带圈者为优先公差带）/μm											
	N			P		R		S		T		U
	6	⑦	8	6	⑦	6	7	6	⑦	6	7	⑦
≤3	-4	-4	-4	-6	-6	-10	-10	-14	-14	—	—	-18
	-10	-14	-18	-12	-16	-16	-20	-20	-24			-28
>3~6	-5	-4	-2	-9	-8	-12	-11	-16	-15	—	—	-19
	-13	-16	-20	-17	-20	-20	-23	-24	-27			-31
>6~10	-7	-4	-3	-12	-9	-16	-13	-20	-17	—	—	-22
	-16	-19	-25	-21	-24	-25	-28	-29	-32			-37
>10~14	-9	-5	-3	-15	-11	-20	-16	-25	-21	—	—	-26
>14~18	-20	-23	-30	-26	-29	-31	-34	-36	-39			-44
>18~24	-11	-7	-3	-18	-14	-24	-20	-31	-27	—	—	-33
												-54
>24~30	-24	-28	-36	-31	-35	-37	-41	-44	-48	-37	-33	-40
										-50	-54	-61
>30~40	-12	-8	-3	-21	-17	-29	-25	-38	-34	-43	-39	-51
										-59	-64	-76
>40~50	-28	-33	-42	-37	-42	-45	-50	-54	-59	-49	-45	-61
										-65	-70	-86
>50~65	-14	-9	-4	-26	-21	-35	-30	-47	-42	-60	-55	-76
						-54	-60	-66	-72	-79	-85	-106
>65~80	-33	-39	-50	-45	-51	-37	-32	-53	-48	-69	-64	-91
						-56	-62	-72	-78	-88	-94	-121
>80~100	-16	-10	-4	-30	-24	-44	-38	-64	-58	-84	-78	-111
						-66	-73	-86	-93	-106	-113	-146
>100~120	-38	-45	-58	-52	-59	-47	-41	-72	-66	-97	-91	-131
						-69	-76	-94	-101	-119	-126	-166
>120~140						-56	-48	-85	-77	-115	-107	-155
						-81	-88	-110	-117	-140	-147	-195
>140~160	-20	-12	-4	-36	-28	-58	-50	-93	-85	-127	-119	-175
	-45	-52	-67	-61	-68	-83	-90	-118	-125	-152	-159	-215
>160~180						-61	-53	-101	-93	-139	-131	-195
						-86	-93	-126	-133	-164	-171	-235
>180~200						-68	-60	-113	-105	-157	-149	-219
						-97	-106	-142	-151	-186	-195	-265
>200~225	-22	-14	-5	-41	-33	-71	-63	-121	-113	-171	-163	-241
	-51	-60	-77	-70	-79	-100	-109	-150	-159	-200	-209	-287
>225~250						-75	-67	-131	-123	-187	-179	-267
						-104	-113	-160	-169	-216	-225	-313
>250~280	-25	-14	-5	-47	-36	-85	-74	-149	-138	-209	-198	-295
						-117	-126	-181	-190	-241	-250	-347
>280~315	-57	-66	-86	-79	-88	-89	-78	-161	-150	-231	-220	-330
						-121	-130	-193	-202	-263	-272	-382
>315~355	-26	-16	-5	-51	-41	-97	-87	-179	-169	-257	-247	-369
						-133	-144	-215	-226	-293	-304	-426
>355~400	-62	-73	-94	-87	-98	-103	-93	-197	-187	-283	-273	-414
						-139	-150	-233	-244	-319	-330	-471
>400~450	-27	-17	-6	-55	-45	-113	-103	-219	-209	-317	-307	-467
						-153	-166	-259	-272	-357	-370	-530
>450~500	-67	-80	-103	-95	-108	-119	-109	-239	-229	-347	-337	-517
						-159	-172	-279	-292	-387	-400	-580

注：公称尺寸<1mm时，各级的 A 和 B 均不采用。

附表 19 轴的极限偏差（GB/T 1800.2—2009）

公称尺寸 /mm	常用及优先公差带（带圈者为优先公差带）/μm												
	a	b		c			d				e		
	11	11	12	9	10	⑪	8	⑨	10	11	7	8	9
≤3	−270 −330	−140 −200	−140 −240	−60 −85	−60 −100	−60 −120	−20 −34	−20 −45	−20 −60	−20 −80	−14 −24	−14 −28	−14 −39
>3 ~ 6	−270 −345	−140 −215	−140 −260	−70 −100	−70 −118	−70 −145	−30 −48	−30 −60	−30 −78	−30 −105	−20 −32	−20 −38	−20 −50
>6 ~ 10	−280 −370	−150 −240	−150 −300	−80 −116	−80 −138	−80 −170	−40 −62	−40 −76	−40 −98	−40 −130	−25 −40	−25 −47	−25 −61
>10 ~ 14	−290 −400	−150 −260	−150 −330	−95 −138	−95 −165	−95 −205	−50 −77	−50 −93	−50 −120	−50 −160	−32 −50	−32 −59	−32 −75
>14 ~ 18													
>18 ~ 24	−300 −430	−160 −290	−160 −370	−110 −162	−110 −194	−110 −240	−65 −98	−65 −117	−65 −149	−65 −195	−40 −61	−40 −73	−40 −92
>24 ~ 30													
>30 ~ 40	−310 −470	−170 −330	−170 −420	−120 −182	−120 −220	−120 −280	−80 −119	−80 −142	−80 −180	−80 −240	−50 −75	−50 −89	−50 −112
>40 ~ 50	−320 −480	−180 −340	−180 −430	−130 −192	−130 −230	−130 −290							
>50 ~ 65	−340 −530	−190 −380	−190 −490	−140 −214	−140 −260	−140 −330	−100 −146	−100 −174	−100 −220	−100 −290	−60 −90	−60 −106	−60 −134
>65 ~ 80	−360 −550	−200 −390	−200 −500	−150 −224	−150 −270	−150 −340							
>80 ~ 100	−380 −600	−220 −440	−220 −570	−170 −257	−170 −310	−170 −390	−120 −174	−120 −207	−120 −260	−120 −340	−72 −107	−72 −126	−72 −159
>100 ~ 120	−410 −630	−240 −460	−240 −590	−180 −267	−180 −320	−180 −400							
>120 ~ 140	−460 −710	−260 −510	−260 −660	−200 −300	−200 −360	−200 −450	−145 −208	−145 −245	−145 −305	−145 −395	−85 −125	−85 −148	−85 −185
>140 ~ 160	−520 −770	−280 −530	−280 −680	−210 −310	−210 −370	−210 −460							
>160 ~ 180	−580 −830	−310 −560	−310 −710	−230 −330	−230 −390	−230 −480							
>180 ~ 200	−660 −950	−340 −630	−340 −800	−240 −355	−240 −425	−240 −530	−170 −242	−170 −285	−170 −355	−170 −460	−100 −146	−100 −172	−100 −215
>200 ~ 225	−740 −1030	−380 −670	−380 −840	−260 −375	−260 −445	−260 −550							
>225 ~ 250	−820 −1110	−420 −710	−420 880	−280 −395	−280 −465	−280 −570							
>250 ~ 280	−920 −1240	−480 −800	−480 −1000	−300 −430	−300 −510	−300 −620	−190 −271	−190 −320	−190 −400	−190 −510	−110 −162	−110 −191	−110 −240
>280 ~ 315	−1050 −1370	−540 −860	−540 −1060	−330 −460	−330 −540	−330 −650							

（续）

常用及优先公差带（带圈者为优先公差带）/μm

公称尺寸/mm	a	b		c			d				e		
	11	11	12	9	10	⑪	8	⑨	10	11	7	8	9
>315~355	−1200 / −1560	−600 / −960	−600 / −1170	−360 / −500	−360 / −590	−360 / −720	−210 / −299	−210 / −350	−210 / −440	−210 / −570	−125 / −182	−125 / −214	−215 / −265
>355~400	−1350 / −1710	−680 / −1040	−680 / −1250	−400 / −540	−400 / −630	−400 / −760							
>400~450	−1500 / −1900	−760 / −1160	−760 / −1390	−440 / −595	−440 / −690	−440 / −840	−230 / −327	−230 / −385	−230 / −480	−230 / −630	−135 / −198	−135 / −232	−135 / −290
>450~500	−1650 / −2050	−840 / −1240	−840 / −1470	−480 / −635	−480 / −730	−480 / −880							

常用及优先公差带（带圈者为优先公差带）/μm

公称尺寸/mm	f					g			h							
	5	6	⑦	8	9	5	⑥	7	5	⑥	⑦	8	⑨	10	⑪	12
≤3	−6 / −10	−6 / −12	−6 / −16	−6 / −20	−6 / −31	−2 / −6	−2 / −8	−2 / −12	0 / −4	0 / −6	0 / −10	0 / −14	0 / −25	0 / −40	0 / −60	0 / −100
>3~6	−10 / −15	−10 / −18	−10 / −22	−10 / −28	−10 / −40	−4 / −9	−4 / −12	−4 / −16	0 / −5	0 / −8	0 / −12	0 / −18	0 / −30	0 / −48	0 / −75	0 / −120
>6~10	−13 / −19	−13 / −22	−13 / −28	−13 / −35	−13 / −49	−5 / −11	−5 / −14	−5 / −20	0 / −6	0 / −9	0 / −15	0 / −22	0 / −36	0 / −58	0 / −90	0 / −150
>10~14	−16 / −24	−16 / −27	−16 / −34	−16 / −43	−16 / −59	−6 / −14	−6 / −17	−6 / −24	0 / −8	0 / −11	0 / −18	0 / −27	0 / −43	0 / −70	0 / −110	0 / −180
>14~18																
>18~24	−20 / −29	−20 / −33	−20 / −41	−20 / −53	−20 / −72	−7 / −16	−7 / −20	−7 / −28	0 / −9	0 / −13	0 / −21	0 / −33	0 / −52	0 / −84	0 / −130	0 / −210
>24~30																
>30~40	−25 / −36	−25 / −41	−25 / −50	−25 / −64	−25 / −87	−9 / −20	−9 / −25	−9 / −34	0 / −11	0 / −16	0 / −25	0 / −39	0 / −62	0 / −100	0 / −160	0 / −250
>40~50																
>50~65	−30 / −43	−30 / −49	−30 / −60	−30 / −76	−30 / −104	−10 / −23	−10 / −29	−10 / −40	0 / −13	0 / −19	0 / −30	0 / −46	0 / −74	0 / −120	0 / −190	0 / −300
>65~80																
>80~100	−36 / −51	−36 / −58	−36 / −71	−36 / −90	−36 / −123	−12 / −27	−12 / −34	−12 / −47	0 / −15	0 / −22	0 / −35	0 / −54	0 / −87	0 / −140	0 / −220	0 / −350
>100~120																
>120~140	−43 / −61	−43 / −68	−43 / −83	−43 / −106	−43 / −143	−14 / −32	−14 / −39	−14 / −54	0 / −18	0 / −25	0 / −40	0 / −63	0 / −100	0 / −160	0 / −250	0 / −400
>140~160																
>160~180																
>180~200	−50 / −70	−50 / −79	−50 / −96	−50 / −122	−50 / −165	−15 / −35	−15 / −44	−15 / −61	0 / −20	0 / −29	0 / −46	0 / −72	0 / −115	0 / −185	0 / −290	0 / −460
>200~225																
>225~250																
>250~280	−56 / −79	−56 / −88	−56 / −108	−56 / −137	−56 / −185	−17 / −40	−17 / −49	−17 / −69	0 / −23	0 / −32	0 / −52	0 / −81	0 / −130	0 / −210	0 / −320	0 / −520
>280~315																
>315~355	−62 / −87	−62 / −98	−62 / −119	−62 / −151	−62 / −202	−18 / −43	−18 / −54	−18 / −75	0 / −25	0 / −36	0 / −57	0 / −89	0 / −140	0 / −230	0 / −360	0 / −570
>355~400																
>400~450	−68 / −95	−68 / −108	−68 / −131	−68 / −165	−68 / −223	−20 / −47	−20 / −60	−20 / −83	0 / −27	0 / −40	0 / −63	0 / −97	0 / −155	0 / −250	0 / −400	0 / −630
>450~500																

291

（续）

公称尺寸 /mm	js			k			m			n			p		
	5	6	7	5	⑥	7	5	6	7	5	⑥	7	5	⑥	7
≤3	±2	±3	±5	+4 0	+6 0	+10 0	+6 +2	+8 +2	+12 +2	+8 +4	+10 +4	+14 +4	+10 +6	+12 +6	+16 +6
>3~6	±2.5	±4	±6	+6 +1	+9 +1	+13 +1	+9 +4	+12 +4	+16 +4	+13 +8	+16 +8	+20 +8	+17 +12	+20 +12	+24 +12
>6~10	±3	±4.5	±7	+7 +1	+10 +1	+16 +1	+12 +6	+15 +6	+21 +6	+16 +10	+19 +10	+25 +10	+21 +15	+24 +15	+30 +15
>10~14 >14~18	±4	±5.5	±9	+9 +1	+12 +1	+19 +1	+15 +7	+18 +7	+25 +7	+20 +12	+23 +12	+30 +12	+26 +18	+29 +18	+36 +18
>18~24 >24~30	±4.5	±6.5	±10	+11 +2	+15 +2	+23 +2	+17 +8	+21 +8	+29 +8	+24 +15	+28 +15	+36 +15	+31 +22	+35 +22	+43 +22
>30~40 >40~50	±5.5	±8	±12	+13 +2	+18 +2	+27 +2	+20 +9	+25 +9	+34 +9	+28 +17	+33 +17	+42 +17	+37 +26	+42 +26	+51 +26
>50~65 >65~80	±6.5	±9.5	±15	+15 +2	+21 +2	+32 +2	+24 +11	+30 +11	+41 +11	+33 +20	+39 +20	+50 +20	+45 +32	+51 +32	+62 +32
>80~100 >100~120	±7.5	±11	±17	+18 +3	+25 +3	+38 +3	+28 +13	+35 +13	+48 +13	+38 +23	+45 +23	+58 +23	+52 +37	+59 +37	+72 +37
>120~140 >140~160 >160~180	±9	±12.5	±20	+21 +3	+28 +3	+43 +3	+33 +15	+40 +15	+55 +15	+45 +27	+52 +27	+67 +27	+61 +43	+68 +43	+83 +43
>180~200 >200~225 >225~250	±10	±14.5	±23	+24 +4	+33 +4	+50 +4	+37 +17	+46 +17	+63 +17	+51 +31	+60 +31	+77 +31	+70 +50	+79 +50	+96 +50
>250~280 >280~315	±11.5	±16	±26	+27 +4	+36 +4	+56 +4	+43 +20	+52 +20	+72 +20	+57 +34	+66 +34	+86 +34	+79 +56	+88 +56	+108 +56
>315~355 >355~400	±12.5	±18	±28	+29 +4	+40 +4	+61 +4	+46 +21	+57 +21	+78 +21	+62 +37	+73 +37	+94 +37	+87 +62	+98 +62	+119 +62
>400~450 >450~500	±13.5	±20	±31	+32 +5	+45 +5	+68 +5	+50 +23	+63 +23	+86 +23	+67 +40	+80 +40	+103 +40	+95 +68	+108 +68	+131 +68

公称尺寸 /mm	r			s			t			u		v	x	y	z
	5	6	7	5	⑥	7	5	6	7	⑥	7	6	6	6	6
≤3	+14 +10	+16 +10	+20 +10	+18 +14	+20 +14	+24 +14	—	—	—	+24 +18	+28 +18	—	+26 +20	—	+32 +26
>3~6	+20 +15	+23 +15	+27 +15	+24 +19	+27 +19	+31 +19	—	—	—	+31 +23	+35 +23	—	+36 +28	—	+43 +35
>6~10	+25 +19	+28 +19	+34 +19	+29 +23	+32 +23	+38 +23	—	—	—	+37 +28	+43 +28	—	+43 +34	—	+51 +42
>10~14	+31 +23	+34 +23	+41 +23	+36 +28	+39 +28	+46 +28	—	—	—	+44 +33	+51 +33	—	+51 +40	—	+61 +50
>14~18							—	—	—			+50 +39	+56 +45	—	+71 +60
>18~24	+37 +28	+41 +28	+49 +28	+44 +35	+48 +35	+56 +35	—	—	—	+54 +41	+62 +41	+60 +47	+67 +54	+76 +63	+86 +73
>24~30							+50 +41	+54 +41	+62 +41	+61 +48	+69 +48	+68 +55	+77 +64	+88 +75	+101 +88

（续）

公称尺寸 /mm	常用及优先公差带（带圈者为优先公差带）/μm													
	r			s			t			u		v	x	y	z
	5	6	7	5	⑥	7	5	6	7	⑥	7	6	6	6	6
>30~40	+45 +34	+50 +34	+59 +34	+54 +43	+59 +43	+68 +43	+59 +48	+64 +48	+73 +48	+76 +60	+85 +60	+84 +68	+96 +80	+110 +94	+128 +112
>40~50							+65 +54	+70 +54	+79 +54	+86 +70	+95 +70	+97 +81	+113 +97	+130 +114	+152 +136
>50~65	+54 +41	+60 +41	+71 +41	+66 +53	+72 +53	+83 +53	+79 +66	+85 +66	+96 +66	+106 +87	+117 +87	+121 +102	+141 +122	+163 +144	+191 +172
>65~80	+56 +43	+62 +43	+72 +43	+72 +59	+78 +59	+89 +59	+88 +75	+94 +75	+105 +75	+121 +102	+132 +102	+139 +120	+165 +146	+193 +174	+229 +210
>80~100	+66 +51	+73 +51	+86 +51	+86 ÷71	+93 +71	+106 +91	+106 +91	+113 +91	+126 +91	+146 +124	+159 +124	+168 +146	+200 +178	+236 +214	+280 +258
>100~120	+69 +54	+76 +54	+89 +54	+94 +79	+101 +79	+114 +79	+119 +104	+126 +104	+139 +104	+166 +144	+179 +144	+194 +172	+232 +210	+276 +254	+332 +310
>120~140	+81 +63	+88 +63	+103 +63	+110 +92	+117 +92	+132 +92	+140 +122	+147 +122	+162 +122	+195 +170	+210 +170	+227 +202	+273 +248	+325 +300	+390 +365
>140~160	+83 +65	+90 +65	+105 +65	+118 +100	+125 +100	+140 +100	+152 +134	+159 +134	+174 +134	+215 +190	+230 +190	+253 +228	+305 +280	+365 +340	+440 +415
>160~180	+86 +68	+93 +68	+108 +68	+126 +108	+133 +108	+148 +108	+164 +146	+171 +146	+186 +146	+235 +210	+250 +210	+277 +252	+335 +310	+405 +380	+490 +465
>180~200	+97 +77	+106 +77	+123 +77	+142 +122	+151 +122	+168 +122	+186 +166	+195 +166	+212 +166	+265 +236	+282 +236	+313 +284	+379 +350	+454 +425	+549 +520
>200~225	+100 +80	+109 +80	+126 +80	+150 +130	+159 +130	+176 +130	+200 +180	+209 +180	+226 +180	+287 +258	+304 +258	+339 +310	+414 +385	+499 +470	+604 +575
>225~250	+104 +84	+113 +84	+130 +84	+160 +140	+169 +140	+186 +140	+216 +196	+225 +196	+242 +196	+313 +284	+330 +284	+369 +340	+454 +425	+549 +520	+669 +640
>250~280	+117 +94	+126 +94	+146 +94	+181 +158	+190 +158	+210 +158	+241 +218	+250 +218	+270 +218	+347 +315	+367 +315	+417 +385	+507 +475	+612 +580	+742 +710
>280~315	+121 +98	+130 +98	+150 +98	+193 +170	+202 +170	+222 +170	+263 +240	+272 +240	+292 +240	+382 +350	+402 +350	+457 +425	+557 +525	+682 +650	+822 +790
>315~355	+133 +108	+144 +108	+165 +108	+215 +190	+226 +190	+247 +190	+293 +268	+304 +268	+325 +268	+426 +390	+447 +390	+511 +475	+626 +590	+766 +730	+936 +900
>355~400	+139 +114	+150 +114	+171 +114	+233 +208	+244 +208	+265 +208	+319 +294	+330 +294	+351 +294	+471 +435	+492 +435	+566 +530	+696 +660	+856 +820	+1036 +1000
>400~450	+153 +126	+166 +126	+189 +126	+259 +232	+272 +232	+295 +232	+357 +330	+370 +330	+393 +330	+530 +490	+553 +490	+635 +595	+780 +740	+960 +920	+1140 +1100
>450~500	+159 +132	+172 +132	+195 +132	+279 +252	+292 +252	+315 +252	+387 +360	+400 +360	+423 +360	+580 +540	+603 +540	+700 +660	+860 +820	+1040 +1000	+1290 +1250

注：公称尺寸 <1mm 时，各级的 a 和 b 均不采用。

参 考 文 献

[1] 技术产品文件标准汇编. 机械制图卷 [S]. 北京：中国标准出版社，2007.
[2] 技术产品文件标准汇编. 技术制图卷 [S]. 北京：中国标准出版社，2007.
[3] 杨老记，李俊武. 简明机械制图手册 [M]. 北京：机械工业出版社，2009.
[4] 李学京. 机械制图国家标准应用指南 [M]. 北京：中国标准出版社，2003.
[5] 金大鹰. 机械制图 [M]. 北京：机械工业出版社，2008.
[6] 柴富俊. 工程图学与专业绘图基础 [M]. 北京：国防工业出版社，2007.
[7] 南玲玲，杨虹. 机械制图及实训 [M]. 北京：机械工业出版社，2010.
[8] 李淑君，陆英. 机械制图 [M]. 北京：机械工业出版社，2011.
[9] 王永志，李学京. 画法几何及机械制图解题指导 [M]. 北京：机械工业出版社，1998.
[10] 江苏大学工程图学课程组. 工程图学习题集 [M]. 镇江：江苏大学出版社，2010.